미분기하학

| **이선홍** 지음 |

KM 경문사

머리말

이 책의 목적은 다변수 미분적분학을 이용하여 유클리드 공간에 놓인 곡선과 곡면을 탐구함에 있다.

유클리드 공간에 놓인 곡선은 실수 구간에서 유클리드 공간으로 대응하는 사상으로 정의된다. 곡선에서는 일계 미분을 이용하여 곡선이 나아가는 속도벡터를 알 수 있으며, 이계 미분을 이용하여 곡선이 휘는 가속도벡터를 알 수 있고, 삼계 미분을 이용하여 곡선의 비틀림까지 알 수 있다. 곡선의 성질을 나타내는 여러 값을 나타냄에 있어서 유클리드 공간의 기본틀을 이용하지 않고 곡선의 움직임이 반영된 프레네 틀인 움직이는 틀을 이용한다. 이를 통하여 곡선의 성질을 쉽게 파악할 수 있다.

유클리드 공간에 놓인 곡면은 국소적으로 평면의 영역에서 공간으로의 사상의 상으로 나타낼 수 있는 집합으로 정의된다. 곡선이 하나의 사상임과 대조적으로, 일반적인 곡면은 국소적으로 좌표조각을 이용하여 곡면을 나타낸다. 곡면에서는 일계 미분을 이용하여 나타낸 제1 기본형식을 이용하여 작용점에서 곡면의 접평면을 알 수 있고, 이계 미분을 이용하여 나타낸 제2 기본형식을 이용하여 곡면의 이차 근사를 알 수 있다. 제1 기본형식과 제2 기본형식은 곡면의 모양을 결정한다. 곡면의 단위법선벡터장을 이용하여 정의되는 가우스 사상과 단위법선벡터장의 변화율로 정의되는 바인가르텐 사상은 곡면의 성질을 탐구하는데 유용하다.

곡면에서 곡면에 놓인 정보인 제1 기본형식에 종속적인 성질을 곡면의 내재적 성질이라고 한다. 가우스 곡률과 측지선은 곡면의 대표적인 내재적 성질이다. 가우스 곡률이 음수이면 곡면의 이차 근사는 말안장면이며, 가우스 곡률이 양수이면 곡면의 이차 근사는 타원포물면이다. 평면에 놓인 직선에 대응되는 곡선으로서 측지선은 측지적 곡률이 0인 곡선이다. 평면에 놓인 삼각형의 내각의 합이 반 회전각임은 삼각형의 외각의 합이 일 회전각임으로 변형할 수 있다. 모든 다각형의 외각의 합은 일 회전각이다. 이를 곡면에 놓인 단순닫힌 곡선으로 확장시킨 정리가 가우스-보네 공식이다.

이 책은 총 네 개의 장으로 구성된다. 제1장에서는 유클리드 공간을 다룬다. 유클리드 공간에 놓인 점과 그 점이 작용점인 접벡터를 정의하고, 벡터의 합과 실수배 그리고 내적과 외적의 의미를 살펴보고 벡터장과 미분일형식을 정의한다. 접벡터를 이용하여 작용점 근방에 정의되는 함수의 방향미분을 하므로, 접벡터는 함수에 대한 미분 연산자이다. 또한 사상의 미분은 접공간 사이에 대응하는 선형사상이다. 이 장에서는 텐서도 정의하여 사상의 접벡터의 내적과 사상의 미분이 텐서벡터장임을 확인한다.

제2장에서는 곡선을 다룬다. 곡선은 곡선의 길이를 매개변수로 하는 단위속력곡선으로 재매개화할 수 있다. 단위속력곡선에 대한 움직이는 틀인 프레네 틀을 이용하면

곡선의 휘는 정도를 나타내는 곡률과 꼬임 정도는 나타내는 비틀림을 쉽게 표현할 수 있다. 곡선의 곡률과 비틀림은 곡선의 모양을 결정한다.

제3장에서는 곡면을 다룬다. 곡면의 좌표조각을 이용하여 국소적으로 곡면의 단위법선벡터장을 나타낼 수 있고 이를 포함하여 좌표조각에 대한 움직이는 틀을 구성할 수 있다. 곡면의 점에서의 접평면의 내적을 제1 기본형식으로 정의할 수 있는데, 이는 좌표조각의 일계편미분벡터장의 텐서벡터장으로 나타낼 수 있다. 제1 기본형식을 이용하여 곡면에 놓인 곡선의 길이와 영역의 넓이 그리고 두 접벡터의 사잇각 등을 알 수 있다. 좌표조각의 이계편미분벡터장을 이용하여 제2 기본형식을 정의하는데, 제2 기본형식을 이용하여 국소적으로 곡면의 이차 근사를 알 수 있다. 곡면의 작용점에서 단위접벡터에 대한 법곡률 중에서 최대법곡률과 최소법곡률을 주곡률이라고 하고 이때의 단위접벡터를 주방향이라고 한다.

제4장에서는 곡면의 내재적 성질을 다룬다. 가우스 곡률은 곡면의 점에서 최대법곡률과 최소법곡률의 곱으로 정의된다. 가우스 사상에 대한 국소적인 정의역의 부호있는 넓이에 대한 그 상의 부호있는 넓이의 비의 극한이 가우스 곡률이다. 법곡률은 곡면의 외재적 성질인 제2 기본형식을 이용하여 정의되는데, 가우스 곡률이 곡면에 내재적임은 이를 발견한 가우스에게 너무 놀라운 일이었다. 때문에 가우스는 이 정리에 빼어난 정리라는 이름을 붙였다. 평면에서 삼각형의 내각의 합이 반 회전각임을 곡면에 놓인 양의 방향으로 회전하는 단순닫힌 곡선으로 일반화한 정리가 가우스-보네 정리이다. 가우스-보네 정리는 곡면의 가우스 곡률과 곡선의 측지적 곡률 그리고 분기점에서의 뛰각도의 관계를 알려 준다.

끝으로, 이 책의 출판을 쾌히 승낙해주신 경문사에 감사드리며, 독자 여러분의 많은 관심과 조언을 기대한다.

2021년 7월

가좌캠퍼스에서 지은이 씀

차례

제 1 장

유클리드 공간

좌표를 도입하여 공간에 놓인 점을 순서 삼중쌍으로 나타낼 수 있다. 공간의 점에 작용하는 접벡터를 정의하고 벡터합과 실수배를 정의하면 접공간은 벡터공간이 된다.

벡터공간에서 벡터의 내적과 외적은 공간에 놓인 대상을 나타내는데 유용하다. 벡터의 내적을 이용하여 벡터의 크기를 쉽게 계산할 수 있고 두 벡터 사이의 각을 계산할 수 있다. 벡터의 외적을 이용하여 두 벡터가 만드는 평행사변형의 넓이를 계산할 수 있고 또한 두 벡터가 이루는 평면의 방향도 알 수 있다.

접벡터를 작용점에서 함수의 방향도함수로 이해할 수 있으므로 접벡터는 작용점에서 함수에 대한 미분작용소임을 알 수 있다. 영역에 정의된 벡터장은 영역에 정의된 함수에 대한 미분작용소이다.

1.1 유클리드 공간

1.1.1 유클리드 공간

공간을 탐구하기 위하여, 먼저 다음과 같이 공간을 정의한다.

정의 1.1: 유클리드 공간

모든 **순서 삼중쌍**의 집합

$$\{(p^1, p^2, p^3) \mid p^1 \in \mathbb{R},\ p^2 \in \mathbb{R},\ p^3 \in \mathbb{R}\}$$

을 **3차원 유클리드 공간** 또는 간단히 **공간**이라고 하고 $\mathbb{R}^3$으로 나타낸다. 공간 $\mathbb{R}^3$의 원소를 **점**이라고 한다.

점 $\mathbf{o} = (0, 0, 0)$를 **원점**이라고 한다. 유클리드 공간을 다음과 같이 이해할 수 있다. 그림 1.1에서와 같이, 원점 $\mathbf{o}$에서 만나고 서로 직교하는 **좌표축**인 x^1**-축**과 x^2**-축**과 x^3**-축**을 생각하자. 각 x^i-축은 실수좌표가 정의된 수직선이다. 점 $\mathbf{p}$에서 각각의 x^i-축에 내린 수선의 발의 좌표가 p^i이면

$$\mathbf{p} = (p^1, p^2, p^3)$$

이다.

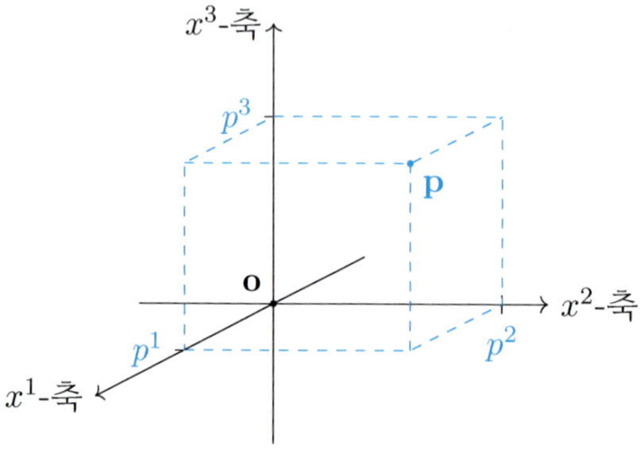

그림 1.1 공간의 좌표

공간에 놓인 두 점 사이의 거리를 구하자. 먼저, 피타고라스의 정리를 적용하면 원점과 점 사이의 거리를 다음과 같이 구할 수 있다.

정리 1.1: 원점과 점 사이의 거리

유클리드 공간 $\mathbb{R}^3$에 놓인 점 $\mathbf{p} = (p^1, p^2, p^3)$에 대하여, 원점 $\mathbf{o}$와 점 $\mathbf{p}$ 사이의 거리는

$$\sqrt{(p^1)^2 + (p^2)^2 + (p^3)^2}$$

이다.

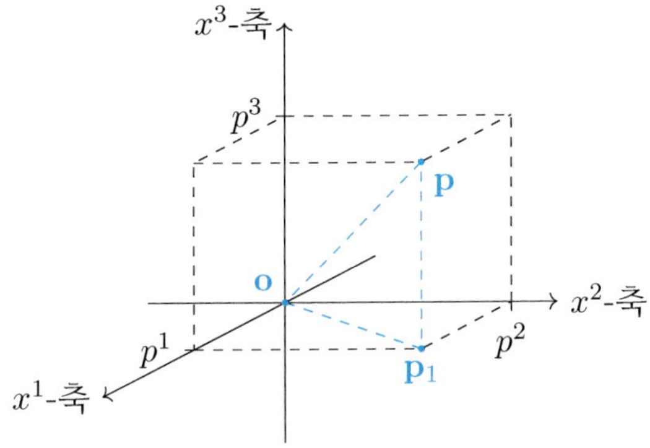

그림 1.2 원점과 점 사이의 거리

증명. 그림 1.2에서와 같이, 점 $\mathbf{p}$를 x^1x^2-평면에 사영한 점을 $\mathbf{p}_1 = (p^1, p^2, 0)$로 놓자. 피타고라스의 정리에 따라서 원점에서 점 $\mathbf{p}_1$까지의 거리는 $\sqrt{(p^1)^2 + (p^2)^2}$이다. 선분 $\overline{\mathbf{op}_1}$의 길이는 $\sqrt{(p^1)^2 + (p^2)^2}$이고 선분 $\overline{\mathbf{pp}_1}$의 길이는 $|p^3|$이므로, 만약 $p^3 \neq 0$이면 직각삼각형 $\triangle\mathbf{opp}_1$에 대한 피타고라스의 정리에 따라서, 원점 $\mathbf{o}$와 점 $\mathbf{p}$ 사이의 거리는 $\sqrt{(p^1)^2 + (p^2)^2 + (p^3)^2}$이다. 만약 $p^3 = 0$이면, $\mathbf{p} = \mathbf{p}_1$이므로 원점 $\mathbf{o}$와 점 $\mathbf{p}$ 사이의 거리는 $\sqrt{(p^1)^2 + (p^2)^2} = \sqrt{(p^1)^2 + (p^2)^2 + (p^3)^2}$이다. 따라서, 일반적으로 원점 $\mathbf{o}$와 점 $\mathbf{p}$ 사이의 거리는

$$\sqrt{(p^1)^2 + (p^2)^2 + (p^3)^2}$$

이다. □

평행이동은 두 점 사이의 거리를 보존하므로, 두 점 사이의 거리를 다음과 같이 구할 수 있다.

따름정리 1.2: 두 점 사이의 거리

유클리드 공간 $\mathbb{R}^3$에 놓인 점 $\mathbf{p} = (p^1, p^2, p^3)$와 $\mathbf{q} = (q^1, q^2, q^3)$에 대하여, 점 $\mathbf{p}$와 $\mathbf{q}$ 사이의 거리는

$$\sqrt{(q^1 - p^1)^2 + (q^2 - p^2)^2 + (q^3 - p^3)^2}$$

이다.

증명. 평행이동 $(x^1, x^2, x^3) \mapsto (x^1 - p^1,\ x^2 - p^2,\ x^3 - p^3)$은 두 점 사이의 거리를 보존하고 이 평행이동이 점 $\mathbf{p}$와 $\mathbf{q}$를 각각 원점 $\mathbf{o}$와 점 $\mathbf{r} = (q^1 - p^1,\ q^2 - p^2,\ q^3 - p^3)$로 이동시키므로, 점 $\mathbf{p} = (p^1, p^2, p^3)$와 $\mathbf{q} = (q^1, q^2, q^3)$ 사이의 거리는 원점 $\mathbf{o}$와 점 $\mathbf{r} = (q^1 - p^1,\ q^2 - p^2,\ q^3 - p^3)$ 사이의 거리와 같다. 그런데, 원점 $\mathbf{o}$와 점 $\mathbf{r}$ 사이의 거리는 $\sqrt{(q^1 - p^1)^2 + (q^2 - p^2)^2 + (q^3 - p^3)^2}$이므로, 점 $\mathbf{p}$와 $\mathbf{q}$ 사이의 거리는

$$\sqrt{(q^1 - p^1)^2 + (q^2 - p^2)^2 + (q^3 - p^3)^2}$$

이다. □

점 $\mathbf{p}$와 $\mathbf{q}$ 사이의 거리를 $d(\mathbf{p}, \mathbf{q})$로 나타낸다.

예제 1.1. 유클리드 공간에 놓인 다음의 두 점 사이의 거리를 구하라.
(가) $\mathbf{p} = (1, 2, -1)$, $\mathbf{q} = (0, 1, 3)$, (나) $\mathbf{p} = (2, 1, -4)$, $\mathbf{q} = (2, 2, -2)$,
(다) $\mathbf{p} = (-1, 2, 1)$, $\mathbf{q} = (1, 3, -2)$, (라) $\mathbf{p} = (-2, 2, 1)$, $\mathbf{q} = (1, 3, 4)$.

풀이. (가) $d(\mathbf{p}, \mathbf{q}) = \sqrt{(0-1)^2 + (1-2)^2 + (3+1)^2} = \sqrt{1+1+16} = 3\sqrt{2}$.

(나) $d(\mathbf{p}, \mathbf{q}) = \sqrt{(2-2)^2 + (2-1)^2 + (-2+4)^2} = \sqrt{0+1+4} = \sqrt{5}$.

(다) $d(\mathbf{p}, \mathbf{q}) = \sqrt{(1+1)^2 + (3-2)^2 + (-2-1)^2} = \sqrt{4+1+9} = \sqrt{14}$.

(라) $d(\mathbf{p}, \mathbf{q}) = \sqrt{(1+2)^2 + (3-2)^2 + (4-1)^2} = \sqrt{9+1+9} = \sqrt{19}$. □

3차원 유클리드 공간에서와 같이, 일반적인 n차원 유클리드 공간을 정의하고 두 점 사이의 거리를 계산할 수 있다. 자연수 n에 대하여, 모든 **순서** n**중쌍** $(x^1, x^2, \ldots, x^n)$의 모임을 n**차원 유클리드 공간**이라고 하고 $\mathbb{R}^n$으로 나타낸다. 유클리드 공간 $\mathbb{R}^n$의 원소를 **점**이라고 한다. 점 $\mathbf{p} = (p^1, p^2, \ldots, p^n)$와 $\mathbf{q} = (q^1, q^2, \ldots, q^n)$ 사이의 거리는

$$d(\mathbf{p}, \mathbf{q}) = \sqrt{(q^1 - p^1)^2 + (q^2 - p^2)^2 + \cdots + (q^n - p^n)^2}$$

이다.

평면은 2차원 유클리드 공간으로 나타낼 수 있다. 평면에 놓인 빗변의 길이가 c이고 다른 두 변의 길이가 a와 b인 직사각형에 대하여,

$$a^2 + b^2 = c^2$$

이다. 이를 직각삼각형에 대한 **피타고라스의 정리**라고 한다. 직각삼각형에 대한 피타고라스의 정리를 다음과 같이 일반적인 삼각형에 대한 정리로 확장할 수 있다.

정리 1.3: 삼각형에 대한 제2코사인법칙

세 변의 길이가 각각 a와 b와 c이고 길이가 a와 b인 두 변의 사잇각의 크기가 θ인 삼각형에 대하여,

$$a^2 + b^2 = c^2 + 2ab\cos\theta$$

이다.

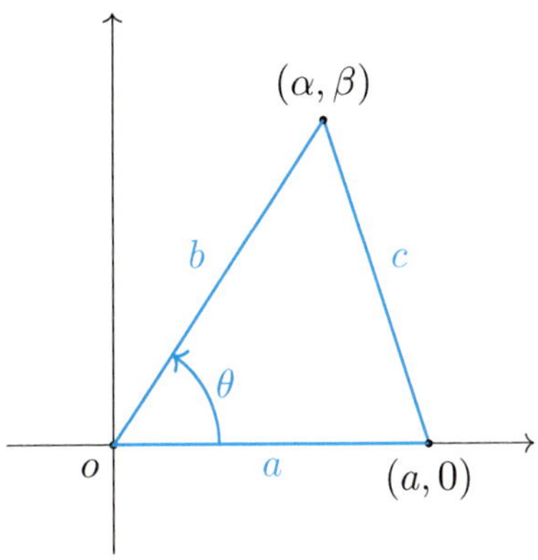

그림 1.3 삼각형에 대한 제2코사인법칙

증명. 주어진 삼각형을 그림 1.3에서와 같이 양의 상수 a와 β와 임의의 상수 α를 이용하여 나타낼 수 있다. 그러면, $b\cos\theta = \alpha$, $b^2 = \alpha^2 + \beta^2$, $c^2 = (\alpha - a)^2 + \beta^2$이므로

$$\begin{aligned} a^2 + b^2 - c^2 &= a^2 + \alpha^2 + \beta^2 - (\alpha - a)^2 - \beta^2 \\ &= 2a\alpha \\ &= 2ab\cos\theta \end{aligned}$$

이다. □

1.1.2 유클리드 벡터공간

움직이는 물체의 속도나 사상의 변화율 등을 나타낼 때 벡터개념이 필요하다. 이 절에서는 벡터를 정의하고 여러 성질을 살펴본다.

정의 1.2: 유클리드 벡터공간

유클리드 공간 $\mathbb{R}^3$과 집합적으로는 같지만 다음의 벡터의 합과 실수배가 정의되는 공간을 **유클리드 벡터공간**이라고 하고 $\mathbb{E}^3$으로 나타낸다. 유클리드 벡터공간 $\mathbb{E}^3$의 원소를 **벡터**라고 한다.

유클리드 벡터공간 $\mathbb{E}^3$에 놓인 벡터 $\mathbf{v} = (v^1, v^2, v^3)$와 $\mathbf{w} = (w^1, w^2, w^3)$에 대하여, 벡터

$$(v^1 + w^1, v^2 + w^2, v^3 + w^3)$$

을 $\mathbf{v}$와 $\mathbf{w}$의 **합**이라고 하고 $\mathbf{v} + \mathbf{w}$로 나타낸다. 이때의 연산 $+$를 **벡터의 덧셈**이라고 한다.

벡터 $\mathbf{v} = (v^1, v^2, v^3) \in \mathbb{R}^3$와 실수 $t \in \mathbb{R}$에 대하여, 벡터 (tv^1, tv^2, tv^3)을 벡터 $\mathbf{v}$의 t배라고 하고 $t\mathbf{v}$로 나타낸다. 이때의 연산을 **실수배**[a]라고 한다.

[a]실수배를 **스칼라배**라고도 한다.

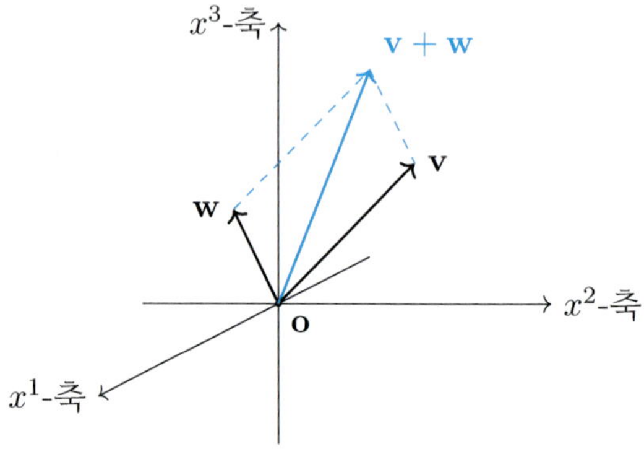

그림 1.4 벡터의 합

그림 1.4에서와 같이, 벡터는 원점 $\mathbf{o}$에서부터 그 점까지의 화살표로 나타낼 수 있다. 두 벡터 $\mathbf{v}$와 $\mathbf{w}$의 합에서, 벡터 $\mathbf{v} + \mathbf{w}$와 $\mathbf{w}$ 사이의 차는 벡터 $\mathbf{v}$와 원점 $\mathbf{o}$의 차와 같기 때문에, 일반적으로 원점 $\mathbf{o}$와 벡터 $\mathbf{v}$, $\mathbf{w}$, $\mathbf{v} + \mathbf{w}$는 평행사변형을 이룬다.

벡터 $\mathbf{v}$가 영벡터가 아닐 때, 그림 1.5에서와 같이 실수배 $t\mathbf{v}$는 영벡터 $\mathbf{o}$와 벡터 $\mathbf{v}$를 지나는 직선에 놓여 있다. 이때, $t > 0$이면 실수배 $t\mathbf{v}$는 직선에서 영벡터를 기준

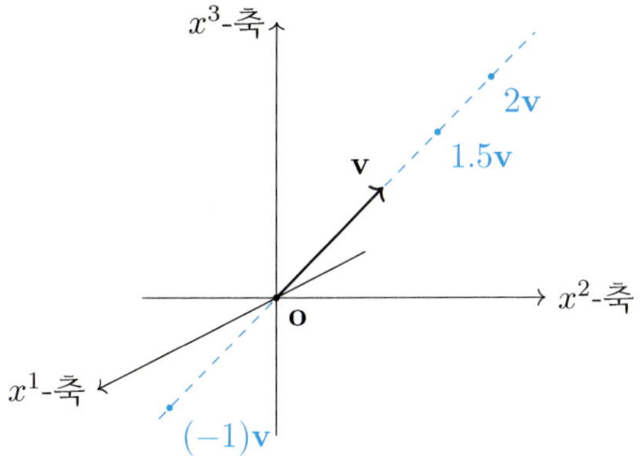

그림 1.5 벡터의 실수배

으로 벡터 $\mathbf{v}$ 방향에 놓여 있고, $t < 0$이면 실수배 $t\mathbf{v}$는 직선에서 영벡터를 기준으로 벡터 $\mathbf{v}$와 다른 방향에 놓여 있다.

벡터의 합에 대하여 다음의 성질이 성립한다.

정리 1.4: 벡터의 합에 대한 성질

벡터 $\mathbf{v}_1 = (v^1, v^2, v^3)$, $\mathbf{v}_2$, $\mathbf{v}_3$와 영벡터 $\mathbf{o}$에 대하여,

(가) (결합법칙) $\mathbf{v}_1 + (\mathbf{v}_2 + \mathbf{v}_3) = (\mathbf{v}_1 + \mathbf{v}_2) + \mathbf{v}_3$,

(나) (항등원) $\mathbf{v}_1 + \mathbf{o} = \mathbf{v}_1, \qquad \mathbf{o} + \mathbf{v}_1 = \mathbf{v}_1$,

(다) (역원) $\mathbf{v}_1 + (-v^1, -v^2, -v^3) = \mathbf{o}, \qquad (-v^1, -v^2, -v^3) + \mathbf{v} = \mathbf{o}$,

(라) (교환법칙) $\mathbf{v}_1 + \mathbf{v}_2 = \mathbf{v}_2 + \mathbf{v}_1$

이다.

증명. 벡터 $\mathbf{v}_2$와 $\mathbf{v}_3$을 $\mathbf{v}_2 = (v_2^1, v_2^2, v_2^3)$와 $\mathbf{v_3} = (v_3^1, v_3^2, v_3^3)$으로 놓자.

(가) 실수에 대한 결합법칙에 따라서

$$\begin{aligned}\mathbf{v}_1 + (\mathbf{v}_2 + \mathbf{v}_3) &= (v^1, v^2, v^3) + (v_2^1 + v_3^1,\ v_2^2 + v_3^2, v_2^3 + v_3^3) \\ &= (v^1 + (v_2^1 + v_3^1),\ v^2 + (v_2^2 + v_3^2),\ v^3 + (v_2^3 + v_3^3)) \\ &= ((v^1 + v_2^1) + v_3^1,\ (v^2 + v_2^2) + v_3^2,\ (v^3 + v_2^3) + v_3^3) \\ &= (\mathbf{v}_1 + \mathbf{v}_2) + \mathbf{v}_3\end{aligned}$$

이다.

(나) 실수에 대한 항등원의 성질에 따라서,

$$\mathbf{v}_1 + \mathbf{o} = (v^1 + 0, v^2 + 0, v^3 + 0) = (v^1, v^2, v^3)$$

이고

$$\mathbf{o} + \mathbf{v}_1 = (0 + v^1, 0 + v^2, 0 + v^3) = (v^1, v^2, v^3)$$

이다.

(다) 실수에 대한 역원의 성질에 따라서,

$$\mathbf{v}_1 + (-v^1, -v^2, -v^3) = (v^1 - v^1, v^2 - v^2, v^3 - v^3) = (0, 0, 0)$$

이고

$$(-v^1, -v^2, -v^3) + \mathbf{v}_1 = (-v^1 + v^1, -v^2 + v^2, -v^3 + v^3) = (0, 0, 0)$$

이다.

(라) 실수에 대한 교환법칙에 따라서

$$\mathbf{v}_1 + \mathbf{v}_2 = (v^1 + v_2^1, v^2 + v_2^2, v^3 + v_2^3) = (v_2^1 + v^1, v_2^2 + v^2, v_2^3 + v^3) = \mathbf{v}_2 + \mathbf{v}_1$$

이다. □

앞으로 벡터 $(-v^1, -v^2, -v^3)$를 $-\mathbf{v}$로 나타낸다.

벡터의 합과 실수배는 성분에 대한 덧셈과 곱셈으로 계산되므로, 벡터의 합과 실수배에 대하여 다음의 성질이 성립한다.

정리 1.5: 벡터의 실수배에 대한 성질

벡터 $\mathbf{v}_1$, $\mathbf{v}_2$와 실수 a, b에 대하여,

(가) $(ab)\mathbf{v}_1 = a(b\mathbf{v}_1)$,

(나) $(a + b)\mathbf{v}_1 = a\mathbf{v}_1 + b\mathbf{v}_1$,

(다) $a(\mathbf{v}_1 + \mathbf{v}_2) = a\mathbf{v}_1 + a\mathbf{v}_2$

이다.

증명. 벡터 $\mathbf{v}_1$과 $\mathbf{v}_2$를 $\mathbf{v}_1 = (v^1, v^2, v^3)$와 $\mathbf{v}_2 = (v_2^1, v_2^2, v_2^3)$로 놓자.

(가) 실수의 곱에 대한 결합법칙에 따라서

$$\begin{aligned}(ab)\mathbf{v}_1 &= ((ab)v^1, (ab)v^2, (ab)v^3)\\ &= (a(bv^1), a(bv^2), a(bv^3))\\ &= a(bv^1, bv^2, bv^3) = a(b\mathbf{v}_1)\end{aligned}$$

이다.

(나) 실수에 대한 분배법칙에 따라서

$$\begin{aligned}(a+b)\mathbf{v}_1 &= ((a+b)v^1, (a+b)v^2, (a+b)v^3)\\ &= (av^1 + bv^1, av^2 + bv^2, av^3 + bv^3)\\ &= (av^1, av^2, av^3) + (bv^1 + bv^2 + bv^3)\\ &= a\mathbf{v}_1 + b\mathbf{v}_1\end{aligned}$$

이다.

(다) 실수에 대한 분배법칙에 따라서

$$\begin{aligned}a(\mathbf{v}_1 + \mathbf{v}_2) &= a(v^1 + v_2^1, v^2 + v_2^2, v^3 + v_2^3)\\ &= (a(v^1 + v_2^1), a(v^2 + v_2^2), a(v^3 + v_2^3))\\ &= (av^1 + av_2^1, av^2 + av_2^2, av^3 + av_2^3)\\ &= (av^1, av^2, av^3) + (av_2^1, av_2^2, av_2^3)\\ &= a\mathbf{v}_1 + a\mathbf{v}_2\end{aligned}$$

이다. □

예제 1.2. 벡터 $\mathbf{v} = (2, 1, -1)$, $\mathbf{w} = (-2, 0, 3)$에 대하여, 다음 벡터를 구하라.

(가) $3\mathbf{v} - 2\mathbf{w}$, (나) $2\mathbf{v} + \mathbf{w}$.

풀이. (가) $3\mathbf{v} - 2\mathbf{w} = 3(2,1,-1) - 2(-2,0,3) = (3\cdot 2 + 2\cdot 2,\ 3\cdot 1 - 2\cdot 0,\ -3\cdot 1 - 2\cdot 3) = (10, 3, -9)$.

(나) $2\mathbf{v} + \mathbf{w} = 2(2,1,-1) + (-2,0,3) = (2\cdot 2 - 2,\ 2\cdot 1 + 0,\ -2\cdot 1 + 3) = (2, 2, 1)$. □

유클리드 벡터공간 $\mathbb{E}^3$에 대하여,

$$\mathbf{e}_1 = (1, 0, 0), \quad \mathbf{e}_2 = (0, 1, 0), \quad \mathbf{e}_3 = (0, 0, 1)$$

인 자연틀 $(\mathbf{e}_1, \mathbf{e}_2, \mathbf{e}_3)$의 성질을 알아보자. 임의의 벡터 $\mathbf{v} = (v^1, v^2, v^3)$에 대하여,

$$\mathbf{v} = v^1\mathbf{e}_1 + v^2\mathbf{e}_2 + v^3\mathbf{e}_3$$

이다. 다시 말하면, 임의의 벡터는 $\mathbf{e}_1, \mathbf{e}_2, \mathbf{e}_3$의 **일차결합**으로 표현되는데, 이를 자연틀 $(\mathbf{e}_1, \mathbf{e}_2, \mathbf{e}_3)$이 벡터공간 $\mathbb{E}^3$을 **생성한다**라고 한다. 이때, 자연틀 $(\mathbf{e}_1, \mathbf{e}_2, \mathbf{e}_3)$에 대한 벡터 $\mathbf{v}$의 일차결합 $\mathbf{v} = v^1\mathbf{e}_1 + v^2\mathbf{e}_2 + v^3\mathbf{e}_3$는 유일하다. 즉, 만약

$$v^1\mathbf{e}_1 + v^2\mathbf{e}_2 + v^3\mathbf{e}_3 = w^1\mathbf{e}_1 + w^2\mathbf{e}_2 + w^3\mathbf{e}_3$$

이면 $v^1 = w^1$, $v^2 = w^2$, $v^3 = w^3$인데, 이를 자연틀 $(\mathbf{e}_1, \mathbf{e}_2, \mathbf{e}_3)$은 **일차독립**이라고 한다.

만약 벡터의 순서 삼중쌍 $(\mathbf{v}_1, \mathbf{v}_2, \mathbf{v}_3)$이 벡터공간 $\mathbb{E}^3$을 생성하고 또한 일차독립이면 순서 삼중쌍 $(\mathbf{v}_1, \mathbf{v}_2, \mathbf{v}_3)$은 벡터공간 $\mathbb{E}^3$의 **기저**라고 한다. 특히 자연틀 $(\mathbf{e}_1, \mathbf{e}_2, \mathbf{e}_3)$을 벡터공간 $\mathbb{E}^3$의 **표준기저**라고 한다.

예제 1.3. 벡터 $\mathbf{v}_1 = (1, 1, 0)$, $\mathbf{v}_2 = (0, 1, 1)$, $\mathbf{v}_3 = (1, 0, 1)$에 대하여, $(\mathbf{v}_1, \mathbf{v}_2, \mathbf{v}_3)$은 벡터공간 $\mathbb{E}^3$의 기저임을 보여라.

풀이. 먼저, $(\mathbf{v}_1, \mathbf{v}_2, \mathbf{v}_3)$이 일차독립임을 보이기 위하여, $v^1\mathbf{v}_1 + v^2\mathbf{v}_2 + v^3\mathbf{v}_3 = \mathbf{o}$라고 가정하자. 그러면

$$v^1 + v^2 = 0, \quad v^2 + v^3 = 0, \quad v^3 + v^1 = 0$$

이므로 위의 세 식을 더하면 $v^1 + v^2 + v^3 = 0$이다. 마지막 식과 위의 세 식을 각각 비교하면 $v^1 = v^2 = v^3 = 0$이다. 따라서, $(\mathbf{v}_1, \mathbf{v}_2, \mathbf{v}_3)$은 일차독립이다.

$(\mathbf{v}_1, \mathbf{v}_2, \mathbf{v}_3)$이 벡터공간 $\mathbb{E}^3$을 생성함을 보이기 위하여, 임의의 벡터 $\mathbf{w} = (w^1, w^2, w^3)$에 대하여 $\mathbf{w} = v^1\mathbf{v}_1 + v^2\mathbf{v}_2 + v^3\mathbf{v}_3$인 실수 v^1, v^2, v^3을 찾자. 위의 등식으로부터

$$w^1 = v^3 + v^1, \quad w^2 = v^1 + v^2, \quad w^3 = v^2 + v^3$$

이므로 $w^1 + w^2 + w^3 = 2(v^1 + v^2 + v^3)$이다. 따라서

$$\begin{aligned}
v^1 &= \frac{w^1 + w^2 + w^3}{2} - (v^2 + v^3) = \frac{w^1 + w^2 - w^3}{2}, \\
v^2 &= \frac{w^1 + w^2 + w^3}{2} - (v^3 + v^1) = \frac{-w^1 + w^2 + w^3}{2}, \\
v^3 &= \frac{w^1 + w^2 + w^3}{2} - (v^1 + v^2) = \frac{w^1 - w^2 + w^3}{2}
\end{aligned}$$

이므로, $(\mathbf{v}_1, \mathbf{v}_2, \mathbf{v}_3)$이 벡터공간 $\mathbb{E}^3$을 생성한다. □

고등학교 과정에서 스칼라는 크기만 있는 값이고, 벡터는 크기와 방향이 있는 값이라고 정의한다. 여기서 벡터의 크기와 방향에 대하여 알아본다.

정의 1.3: 벡터의 크기

벡터 $\mathbf{v} = (v^1, v^2, v^3)$에 대하여, $\sqrt{(v^1)^2 + (v^2)^2 + (v^3)^2}$을 벡터 $\mathbf{v}$의 **크기**라고 하고 $\|\mathbf{v}\|$로 나타낸다.

즉, 벡터 $\mathbf{v}$의 크기는 점 $\mathbf{o}$에서 점 $\mathbf{v}$까지의 거리이다.

영벡터의 방향은 존재하지 않는다. 영벡터가 아닌 벡터 $\mathbf{v} = (v^1, v^2, v^3)$의 방향에 대하여 알아보자. 원점 $\mathbf{o}$을 중심으로 원점에서 출발하는 반직선을 방향이라고 할 수 있다. 이때, 반직선에 놓인 영벡터가 아닌 벡터는 그 방향으로의 벡터로서, 이들 벡터들이 모두 같은 방향을 나타낸다. 이때, 크기가 1인 벡터를 방향이라고 정의할 수 있다.

정의 1.4: 방향

크기가 1인 벡터는 **방향** 또는 **단위벡터**라고 한다.

영벡터가 아닌 벡터 $\mathbf{v} = (v^1, v^2, v^3)$의 크기를 $r = \sqrt{(v^1)^2 + (v^2)^2 + (v^3)^2}$로 놓으면, 벡터 $\mathbf{v}$의 방향은 $(v^1/r, v^2/r, v^3/r)$이다. 따라서, 벡터 $\mathbf{v}$는 방향 $(v^1/r, v^2/r, v^3/r)$의 r배, 즉

$$\mathbf{v} = r\left(\frac{v^1}{r}, \frac{v^2}{r}, \frac{v^3}{r}\right)$$

이다.

예제 1.4. 다음 벡터의 크기와 방향을 구하라.

(가) $\mathbf{v} = (2, 1, -1)$, (나) $\mathbf{v} = (1, 3, -1)$,
(다) $\mathbf{v} = (3, -1, 2)$, (라) $\mathbf{v} = (-1, 2, 2)$.

풀이. (가) 벡터 $\mathbf{v}$의 크기는 $\sqrt{2^2 + 1^2 + 1^2} = \sqrt{6}$이고 방향은 $(2/\sqrt{6}, 1/\sqrt{6}, -1/\sqrt{6})$이다.

(나) 벡터 $\mathbf{v}$의 크기는 $\sqrt{1^2 + 3^2 + 1^2} = \sqrt{11}$이고 방향은 $(1/\sqrt{11}, 3/\sqrt{11}, -1/\sqrt{11})$이다.

(다) 벡터 $\mathbf{v}$의 크기는 $\sqrt{3^2+1^2+2^2}=\sqrt{14}$이고 방향은 $(3/\sqrt{14}, -1/\sqrt{14}, 2/\sqrt{14})$이다.

(라) 벡터 $\mathbf{v}$의 크기는 $\sqrt{1^2+2^2+2^2}=3$이고 방향은 $(-1/3, 2/3, 2/3)$이다. □

예제 1.5. 다음의 벡터를 구하라.

(가) 크기가 2이고 방향은 $(1/\sqrt{2}, 0, -1/\sqrt{2})$인 벡터,

(나) 크기가 3이고 방향은 $(2/3, 1/3, -2/3)$인 벡터,

(다) 크기가 4이고 방향은 벡터 $(1, 2, 2)$와 같은 벡터,

(라) 크기는 벡터 $(2, 1, 1)$과 같고 방향이 $(1/\sqrt{2}, 1/2, -1/2)$인 벡터.

풀이. (가) $2(1/\sqrt{2}, 0, -1/\sqrt{2}) = (2/\sqrt{2}, 0, -2/\sqrt{2})$.

(나) $3(2/3, 1/3, -2/3) = (2, 1, -2)$.

(다) 벡터 $(1, 2, 2)$의 크기는 $\sqrt{1^2+2^2+2^2}=3$이므로 방향은 $(1/3, 2/3, 2/3)$이다. 따라서 구하는 벡터는 $4(1/3, 2/3, 2/3) = (4/3, 8/3, 8/3)$이다.

(라) 벡터 $(2, 1, 1)$의 크기는 $\sqrt{2^2+1^2+1^2}=\sqrt{6}$이므로, 구하는 벡터는

$$\sqrt{6}\left(\frac{1}{\sqrt{2}}, \frac{1}{2}, -\frac{1}{2}\right) = \left(\sqrt{3}, \frac{\sqrt{6}}{2}, -\frac{\sqrt{6}}{2}\right)$$

이다. □

벡터의 실수배와 벡터의 크기에 대한 관계를 다음과 같이 정리할 수 있다.

정리 1.6: 벡터의 실수배에 대한 벡터의 크기의 성질

벡터 $\mathbf{v}$와 실수 a에 대하여 $\|a\mathbf{v}\| = |a| \cdot \|\mathbf{v}\|$ 이다.

증명. $\mathbf{v} = (v^1, v^2, v^3)$로 놓으면

$$\begin{aligned}\|a\mathbf{v}\| &= \sqrt{(av^1)^2+(av^2)^2+(av^3)^2} \\ &= |a|\sqrt{(v^1)^2+(v^2)^2+(v^3)^2} \\ &= |a| \cdot \|\mathbf{v}\|\end{aligned}$$

이다. □

벡터의 합과 벡터의 크기에 대하여 알아보기 위하여, 다음의 부등식을 살펴보자.

정리 1.7: 코시-슈바르츠의 부등식

실수 $v^1, v^2, v^3, w^1, w^2, w^3$에 대하여,

$$\left(\sum_{k=1}^{3} v^k w^k\right)^2 \leq \left(\sum_{k=1}^{3} (v^k)^2\right)\left(\sum_{k=1}^{3} (w^k)^2\right)$$

이다.

증명. 임의의 실수 t에 대하여,

$$\begin{aligned} 0 &\leq \sum_{k=1}^{3} (v^k t + w^k)^2 \\ &= \left(\sum_{k=1}^{3} (v^k)^2\right) t^2 + 2\left(\sum_{k=1}^{3} v^k w^k\right) t + \sum_{k=1}^{3} (w^k)^2 \end{aligned}$$

이다. 따라서, 변수 t에 대한 마지막 식의 판별식은 영보다 작거나 같으므로

$$0 \geq D/4 = \left(\sum_{k=1}^{3} v^k w^k\right)^2 - \left(\sum_{k=1}^{3} (v^k)^2\right)\left(\sum_{k=1}^{3} (w^k)^2\right)$$

이다. □

코시-슈바르츠의 부등식을 이용하여, 다음의 벡터의 합에 대한 삼각부등식이 성립함을 알 수 있다.

정리 1.8: 벡터의 합에 대한 삼각부등식

벡터 $\mathbf{v}, \mathbf{w} \in \mathbb{E}^3$에 대하여,

$$\|\mathbf{v} + \mathbf{w}\| \leq \|\mathbf{v}\| + \|\mathbf{w}\|$$

이다.

증명. 벡터 $\mathbf{v}$와 $\mathbf{w}$를 각각 $\mathbf{v} = (v^1, v^2, v^3)$와 $\mathbf{w} = (w^1, w^2, w^3)$로 놓으면, 코시-슈바르츠의 부등식에 따라서

$$|v^1 w^1 + v^2 w^2 + v^3 w^3| \leq \|\mathbf{v}\| \cdot \|\mathbf{w}\|$$

이므로

$$\begin{aligned}\|\mathbf{v}+\mathbf{w}\|^2 &= (v^1+w^1)^2+(v^2+w^2)^2+(v^3+w^3)^2\\ &= \big((v^1)^2+(v^2)^2+(v^3)^2\big)+\big((w^1)^2+(w^2)^2+(w^3)^2\big)\\ &\qquad +2(v^1w^1+v^2w^2+v^3w^3)\\ &\leq \|\mathbf{v}\|^2+\|\mathbf{w}\|^2+2\|\mathbf{v}\|\cdot\|\mathbf{w}\|\\ &= (\|\mathbf{v}\|+\|\mathbf{w}\|)^2\end{aligned}$$

이다. □

연습문제 1.1

1. 유클리드 공간 $\mathbb{R}^3$에서 다음 두 점 사이의 거리를 구하라.

   (가) $\mathbf{p} = (1,0,2)$, $\mathbf{q} = (2,-1,4)$, (나) $\mathbf{p} = (-1,1,3)$, $\mathbf{q} = (1,2,2)$,
   (다) $\mathbf{p} = (2,3,1)$, $\mathbf{q} = (1,4,-2)$, (라) $\mathbf{p} = (0,3,1)$, $\mathbf{q} = (2,5,1)$.

2. 점 $\mathbf{a} = (1,-2,0)$, $\mathbf{b} = (4,9,1)$, $\mathbf{c} = (8,7,-1)$는 이등변삼각형의 꼭짓점임을 보여라.

3. 벡터 $\mathbf{v} = (3,-1,2)$, $\mathbf{w} = (2,0,-3)$에 대하여, 다음을 구하라.

   (가) $\mathbf{v} - 3\mathbf{w}$, (나) $2\mathbf{v} - \mathbf{w}$,
   (다) $\|\mathbf{v} + \mathbf{w}\|$, (라) $\|\mathbf{v}\| + \|\mathbf{w}\|$.

4. 벡터 $\mathbf{v}_1 = (1,0,0)$, $\mathbf{v}_2 = (1,1,0)$, $\mathbf{v}_3 = (1,1,1)$에 대하여, $(\mathbf{v}_1, \mathbf{v}_2, \mathbf{v}_3)$은 벡터 공간 $\mathbb{E}^3$의 기저임을 보여라.

5. 벡터 $\mathbf{v}_1 = (1,0,0)$, $\mathbf{v}_2 = (1,1,0)$, $\mathbf{v}_3 = (1,1,1)$에 대하여, 다음의 벡터를 $\mathbf{v}_1, \mathbf{v}_2, \mathbf{v}_3$의 일차결합으로 나타내라.

   (가) $\mathbf{w} = (1,1,2)$, (나) $\mathbf{w} = (2,1,3)$,
   (다) $\mathbf{w} = (1,3,-1)$, (라) $\mathbf{w} = (-2,1,3)$.

6. 다음 벡터의 크기와 방향을 구하라.

   (가) $\mathbf{v} = (1,3,-2)$, (나) $\mathbf{v} = (4,1,-1)$,
   (다) $\mathbf{v} = (1,-1,2)$, (라) $\mathbf{v} = (-1,1,1)$.

7. 다음의 벡터를 구하라.

   (가) 크기가 2이고 방향은 $(1/2, 1/2, -1/\sqrt{2})$인 벡터,

   (나) 크기가 4이고 방향은 $(1/3, 2/3, -2/3)$인 벡터,

   (다) 크기가 3이고 방향은 벡터 $(1,3,2)$와 같은 벡터,

   (라) 크기는 벡터 $(2,2,1)$과 같고 방향이 $(1/\sqrt{6}, 1/\sqrt{2}, -1/\sqrt{3})$인 벡터.

8. 벡터 $\mathbf{v}, \mathbf{w} \in \mathbb{E}^3$에 대하여,

$$\|\mathbf{v} + \mathbf{w}\|^2 + \|\mathbf{v} - \mathbf{w}\|^2 = 2\left(\|\mathbf{v}\|^2 + \|\mathbf{w}\|^2\right)$$

   임을 보여라.

1.2 벡터의 내적

1.2.1 벡터 내적의 정의

공간에 놓인 두 벡터의 내적을 다음과 같이 정의한다.

정의 1.5: 벡터의 내적

유클리드 벡터공간 $\mathbb{E}^3$에 놓인 벡터 $\mathbf{v}$와 $\mathbf{w}$에 대하여,

$$\|\mathbf{v}\|\,\|\mathbf{w}\|\,\cos\theta$$

를 $\mathbf{v}$와 $\mathbf{w}$의 **내적**[a]이라고 하고 $\mathbf{v}\cdot\mathbf{w}$로 나타낸다. 여기서 θ는 벡터 $\mathbf{v}$와 $\mathbf{w}$의 사잇각 크기이다.

[a]내적을 **스칼라곱**이라고도 한다.

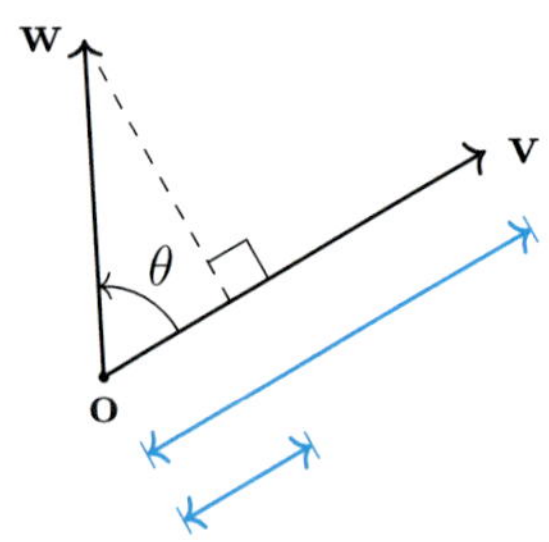

그림 1.6 벡터의 내적

그림 1.6은 벡터 $\mathbf{v}$와 $\mathbf{w}$의 내적의 의미를 살펴보기 위하여 두 벡터를 포함하는 평면에서 두 벡터를 나타낸 것이다. 이때 벡터 $\mathbf{v}$와 $\mathbf{w}$의 내적 $\mathbf{v}\cdot\mathbf{w}$는 벡터 $\mathbf{v}$의 크기 $\|\mathbf{v}\|$에 벡터 $\mathbf{w}$의 벡터 $\mathbf{v}$ 방향의 성분 $\|\mathbf{w}\|\cos\theta$를 곱한 값이다. 다르게 보면, 이것은 벡터 $\mathbf{w}$의 크기 $\|\mathbf{w}\|$에 벡터 $\mathbf{v}$의 벡터 $\mathbf{w}$ 방향의 성분 $\|\mathbf{v}\|\cos\theta$를 곱한 값이다.

보기 1.1. 역학에서, 물체가 변위 $\overrightarrow{\mathbf{pq}}$만큼 움직일 때 일정한 힘 $\mathbf{F}$가 작용되면 이때 힘이 한 일의 양은 $\mathbf{F}\cdot\overrightarrow{\mathbf{pq}}$이다.

내적의 정의에 따라서, 벡터 $\mathbf{v}$에 대하여

$$\|\mathbf{v}\|^2 = \mathbf{v}\cdot\mathbf{v}$$

이다. 또한, 영벡터가 아닌 두 벡터 $\mathbf{v}$와 $\mathbf{w}$의 사잇각 크기를 θ로 놓으면

$$\cos\theta = \frac{\mathbf{v}\cdot\mathbf{w}}{\|\mathbf{v}\|\,\|\mathbf{w}\|}$$

이다.

한편 두 벡터의 내적을 다음과 같이 벡터의 성분으로 나타낼 수 있다. 따라서 두 벡터의 내적을 쉽게 계산할 수 있다.

정리 1.9: 벡터 내적의 성분표현

벡터 $\mathbf{v} = (v^1, v^2, v^3)$와 $\mathbf{w} = (w^1, w^2, w^3)$에 대하여,

$$\mathbf{v}\cdot\mathbf{w} = v^1\,w^1 + v^2\,w^2 + v^3\,w^3$$

이다.

증명. 벡터 $\mathbf{v} = (v^1, v^2, v^3)$와 $\mathbf{w} = (w^1, w^2, w^3)$에 대하여, 벡터 $\mathbf{u}$를 $\mathbf{u} = \mathbf{w} - \mathbf{v}$로 놓으면, 제2코사인법칙에 따라서

$$\|\mathbf{v}\|^2 + \|\mathbf{w}\|^2 = \|\mathbf{u}\|^2 + 2\|\mathbf{v}\|\,\|\mathbf{w}\|\cos\theta$$

이므로

$$\begin{aligned}
\mathbf{v}\cdot\mathbf{w} &= \|\mathbf{v}\|\,\|\mathbf{w}\|\cos\theta \\
&= \frac{1}{2}\left(\|\mathbf{v}\|^2 + \|\mathbf{w}\|^2 - \|\mathbf{u}\|^2\right) \\
&= \frac{1}{2}\{(v^1)^2 + (v^2)^2 + (v^3)^2 + (w^1)^2 + (w^2)^2 + (w^3)^2 \\
&\qquad -(w^1 - v^1)^2 - (w^2 - v^2)^2 - (w^3 - v^3)^2\} \\
&= \frac{1}{2}(2v^1\,w^1 + 2v^2\,w^2 + 2v^3\,w^3) \\
&= v^1\,w^1 + v^2\,w^2 + v^3\,w^3
\end{aligned}$$

이다. □

벡터에 대한 코시-슈바르츠의 부등식

$$\left(\sum_{k=1}^{3} v^k w^k\right)^2 \le \left(\sum_{k=1}^{3}(v^k)^2\right)\left(\sum_{k=1}^{3}(w^k)^2\right)$$

을

$$|\mathbf{v} \cdot \mathbf{w}| \leq \|\mathbf{v}\| \cdot \|\mathbf{w}\|$$

로 나타낼 수 있다.

예제 1.6. 다음 두 벡터의 내적을 구하라.

(가) $\mathbf{v} = (1, -2, 2)$, $\mathbf{w} = (0, 1, 3)$, (나) $\mathbf{v} = (2, 0, 3)$, $\mathbf{w} = (1, 4, 2)$.

풀이. (가) $\mathbf{v} \cdot \mathbf{w} = 1 \cdot 0 + (-2) \cdot 1 + 2 \cdot 3 = 4$.
(나) $\mathbf{v} \cdot \mathbf{w} = 2 \cdot 1 + 0 \cdot 4 + 3 \cdot 2 = 8$. □

영벡터는 모든 벡터와 직교한다고 단정하면 직교하는 두 벡터를 다음과 같이 정의할 수 있다.

정의 1.6: 직교하는 벡터

벡터 $\mathbf{v}, \mathbf{w} \in \mathbb{E}^3$에 대하여, $\mathbf{v} \cdot \mathbf{w} = 0$이면 벡터 $\mathbf{v}$와 $\mathbf{w}$는 **직교한다**고 하고 $\mathbf{v} \perp \mathbf{w}$로 나타낸다.

벡터 $\mathbf{v}, \mathbf{w}$에 대하여,

$$\mathbf{v} \cdot \mathbf{w} = \|\mathbf{v}\| \, \|\mathbf{w}\| \cos\theta$$

이므로 벡터 $\mathbf{v}$와 $\mathbf{w}$가 영벡터가 아니면서 $\mathbf{v} \perp \mathbf{w}$이면 $\cos\theta = 0$이다.

예제 1.7. 벡터 $\mathbf{v} = (1, 2, 3)$와 $\mathbf{w} = (3, 3, -3)$가 직교함을 보여라.

풀이. 벡터 $\mathbf{v} = (1, 2, 3)$와 $\mathbf{w} = (3, 3, -3)$의 사잇각 크기를 θ로 놓으면,

$$\cos\theta = \frac{\mathbf{v} \cdot \mathbf{w}}{\|\mathbf{v}\| \, \|\mathbf{w}\|} = \frac{1 \cdot 3 + 2 \cdot 3 + 3 \cdot (-3)}{\|\mathbf{v}\| \, \|\mathbf{w}\|} = 0$$

이므로, 두 벡터는 직교한다. □

1.2.2 벡터 내적의 기본성질

벡터의 성분을 이용한 벡터 내적의 표현에 따라서 다음을 알 수 있다.

정리 1.10: 벡터 내적의 양의 정부호성

벡터 $\mathbf{v} \in \mathbb{E}^3$에 대하여,

$$0 \leq \mathbf{v} \cdot \mathbf{v}$$

이다. 이때, $\mathbf{v} = \mathbf{o}$은 위의 부등식이 등식이기 위한 필요충분조건이다.

증명. 벡터 $\mathbf{v} = (v^1, v^2, v^3)$에 대하여,

$$\mathbf{v} \cdot \mathbf{v} = (v^1)^2 + (v^2)^2 + (v^3)^2 \geq 0$$

이다. 이때, $v^1 = v^2 = v^3 = 0$은 위의 부등식이 등식이기 위한 필요충분조건이다. □

특히, $\|\mathbf{v}\| = \sqrt{(v^1)^2 + (v^2)^2 + (v^3)^2}$이므로

$$\|\mathbf{v}\|^2 = \mathbf{v} \cdot \mathbf{v}$$

이다.

벡터의 내적에 대하여, 다음과 같은 이중선형성이 성립한다.

정리 1.11: 벡터 내적의 이중선형성

벡터 $\mathbf{v}, \mathbf{w}, \mathbf{u} \in \mathbb{E}^3$와 실수 $a, b \in \mathbb{R}$에 대하여,

$$\begin{aligned}\mathbf{v} \cdot (a\mathbf{w} + b\mathbf{u}) &= a(\mathbf{v} \cdot \mathbf{w}) + b(\mathbf{v} \cdot \mathbf{u}),\\ (a\mathbf{w} + b\mathbf{u}) \cdot \mathbf{v} &= a(\mathbf{w} \cdot \mathbf{v}) + b(\mathbf{u} \cdot \mathbf{v})\end{aligned}$$

이다.

증명. 벡터 $\mathbf{v} = (v^1, v^2, v^3)$, $\mathbf{w} = (w^1, w^2, w^3)$, $\mathbf{u} = (u^1, u^2, u^3)$와 실수 $a, b \in \mathbb{R}$에 대하여,

$$\begin{aligned}\mathbf{v} \cdot (a\mathbf{w} + b\mathbf{u}) &= v^1(aw^1 + bu^1) + v^2(av^2 + bu^2) + v^3(aw^3 + bu^3)\\ &= a(v^1w^1 + v^2w^2 + v^3w^3) + b(v^1u^1 + v^2u^2 + v^3u^3)\\ &= a(\mathbf{v} \cdot \mathbf{w}) + b(\mathbf{v} \cdot \mathbf{u})\end{aligned}$$

그리고

$$
\begin{aligned}
(a\mathbf{w} + b\mathbf{u}) \cdot \mathbf{v} &= (aw^1 + bu^1)v^1 + (aw^2 + bu^2)v^2 + (aw^3 + bu^3)v^3 \\
&= a(w^1v^1 + w^2v^2 + w^3v^3) + b(u^1v^1 + u^2v^2 + u^3v^3) \\
&= a(\mathbf{w} \cdot \mathbf{v}) + b(\mathbf{u} \cdot \mathbf{v})
\end{aligned}
$$

이다. □

벡터의 내적에 대하여, 다음과 같이 교환법칙이 성립한다.

정리 1.12: 벡터 내적의 교환법칙

벡터 $\mathbf{v}, \mathbf{w} \in \mathbb{E}^3$에 대하여,

$$\mathbf{v} \cdot \mathbf{w} = \mathbf{w} \cdot \mathbf{v}$$

이다.

증명. 벡터 $\mathbf{v} = (v^1, v^2, v^3)$와 $\mathbf{w} = (w^1, w^2, w^3)$에 대하여, 실수에 대한 교환법칙에 따라서

$$\mathbf{v} \cdot \mathbf{w} = v^1w^1 + v^2w^2 + v^3w^3 = w^1v^1 + w^2v^2 + w^3v^3 = \mathbf{w} \cdot \mathbf{v}$$

이다. □

1.2.3 벡터의 사영

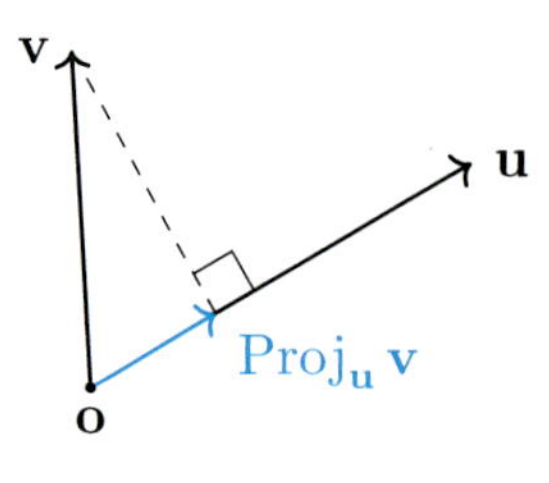

그림 1.7 벡터의 사영

그림 1.7에서와 같이, 영벡터가 아닌 벡터 $\mathbf{u}$ 위로의 벡터 $\mathbf{v}$의 **사영벡터**를 $\mathrm{Proj}_{\mathbf{u}}\,\mathbf{v}$로 나타내자. 이제 사영벡터 $\mathrm{Proj}_{\mathbf{u}}\,\mathbf{v}$를 벡터 $\mathbf{v}$와 $\mathbf{u}$로 나타내는 방법을 찾아보자.

정리 1.13: 벡터의 사영

영벡터가 아닌 벡터 $\mathbf{u}$와 벡터 $\mathbf{v}$에 대하여, 벡터 $\mathbf{u}$ 위로의 벡터 $\mathbf{v}$의 사영벡터는

$$\mathrm{Proj}_{\mathbf{u}}\,\mathbf{v} = \frac{\mathbf{v}\cdot\mathbf{u}}{\mathbf{u}\cdot\mathbf{u}}\mathbf{u}$$

이다.

증명. 만약 $\mathbf{v} = \mathbf{o}$이면 위의 결과가 성립한다. 이제 벡터 $\mathbf{v}$가 영벡터가 아니라고 가정하고 벡터 $\mathbf{u}$와 $\mathbf{v}$의 사잇각 크기를 θ로 놓자. 그러면, 벡터 $\mathbf{u}$의 방향은 $(1/\|\mathbf{u}\|)\mathbf{u}$이고, 사영벡터 $\mathrm{Proj}_{\mathbf{u}}\,\mathbf{v}$의 크기는 $\|\mathbf{v}\|\cos\theta$이므로,

$$\mathrm{Proj}_{\mathbf{u}}\,\mathbf{v} = \left(\|\mathbf{v}\|\cos\theta\frac{1}{\|\mathbf{u}\|}\right)\mathbf{u} = \frac{\|\mathbf{v}\|\|\mathbf{u}\|\cos\theta}{\|\mathbf{u}\|\,\|\mathbf{u}\|}\mathbf{u} = \frac{\mathbf{v}\cdot\mathbf{u}}{\mathbf{u}\cdot\mathbf{u}}\mathbf{u}$$

이다. □

만약 벡터 $\mathbf{u}$가 단위벡터이면, $\mathbf{u}\cdot\mathbf{u} = 1$이므로

$$\mathrm{Proj}_{\mathbf{u}}\,\mathbf{v} = (\mathbf{v}\cdot\mathbf{u})\mathbf{u}$$

이다.

예제 1.8. 벡터 $\mathbf{u} = (2, 1, 1)$ 위로의 벡터 $\mathbf{v} = (3, 4, 1)$의 사영벡터 $\mathrm{Proj}_{\mathbf{u}}\,\mathbf{v}$를 구하라.

풀이. 벡터 $\mathbf{v}$와 $\mathbf{u}$의 내적은

$$\mathbf{v}\cdot\mathbf{u} = 3\cdot 2 + 4\cdot 1 + 1\cdot 1 = 11$$

이고 벡터 $\mathbf{u}$와 $\mathbf{u}$의 내적은

$$\mathbf{u}\cdot\mathbf{u} = 2\cdot 2 + 1\cdot 1 + 1\cdot 1 = 6$$

이므로, 구하는 벡터는

$$\mathrm{Proj}_{\mathbf{u}}\,\mathbf{v} = \frac{\mathbf{v}\cdot\mathbf{u}}{\mathbf{u}\cdot\mathbf{u}}\mathbf{u} = \frac{11}{6}(2, 1, 1) = \left(\frac{11}{3}, \frac{11}{6}, \frac{11}{6}\right)$$

이다. □

자연수 i와 j에 대하여,

$$\delta_{ij} = \begin{cases} 1 & i = j\text{일 때}, \\ 0 & i \neq j\text{일 때} \end{cases}$$

로 정의되는 δ_{ij}를 **크로네커 델타**라고 한다. 크로네커 델타를 δ^i_j로 나타내기도 한다. 벡터를 기저의 일차결합으로 나타내기 위하여, 다음을 정의하자.

정의 1.7: 정규직교틀

유클리드 벡터공간 $\mathbb{E}^3$에 놓인 벡터 $\mathbf{f}_1$, $\mathbf{f}_2$, $\mathbf{f}_3$에 대하여,

$$\mathbf{f}_i \cdot \mathbf{f}_j = \delta_{ij}$$

이면 순서 삼중쌍 $(\mathbf{f}_1, \mathbf{f}_2, \mathbf{f}_3)$은 **정규직교틀**이라고 한다.

정의에 따라서, $(\mathbf{f}_1, \mathbf{f}_2, \mathbf{f}_3)$이 정교직교틀이면 벡터 $\mathbf{f}_1$, $\mathbf{f}_2$, $\mathbf{f}_3$은 모두 크기가 1이며 서로 직교한다.

보기 1.2. 벡터 $\mathbf{e}_1 = (1, 0, 0)$, $\mathbf{e}_2 = (0, 1, 0)$, $\mathbf{e}_3 = (0, 0, 1)$에 대하여, $(\mathbf{e}_1, \mathbf{e}_2, \mathbf{e}_3)$은 정규직교틀이다. 이때, 정규직교틀 $(\mathbf{e}_1, \mathbf{e}_2, \mathbf{e}_3)$을 **자연틀**이라고 한다.

예제 1.9. 벡터

$$\mathbf{f}_1 = (1, 0, 0), \quad \mathbf{f}_2 = \left(0, \frac{1}{\sqrt{2}}, \frac{1}{\sqrt{2}}\right), \quad \mathbf{f}_3 = \left(0, \frac{1}{\sqrt{2}}, -\frac{1}{\sqrt{2}}\right),$$

에 대하여, $(\mathbf{f}_1, \mathbf{f}_2, \mathbf{f}_3)$이 정규직교틀인지를 판별하라.

풀이. 벡터 $\mathbf{f}_1, \mathbf{f}_2, \mathbf{f}_3$에 대하여,

$$\begin{aligned} \mathbf{f}_1 \cdot \mathbf{f}_1 &= 1 \cdot 1 + 0 \cdot 0 + 0 \cdot 0 = 1, \\ \mathbf{f}_1 \cdot \mathbf{f}_2 &= 1 \cdot 0 + 0 \cdot \frac{1}{\sqrt{2}} + 0 \cdot \frac{1}{\sqrt{2}} = 0, \\ \mathbf{f}_1 \cdot \mathbf{f}_3 &= 1 \cdot 0 + 0 \cdot \frac{1}{\sqrt{2}} - 0 \cdot \frac{1}{\sqrt{2}} = 0 \end{aligned}$$

이고

$$\begin{aligned} \mathbf{f}_2 \cdot \mathbf{f}_2 &= 0 \cdot 0 + \frac{1}{\sqrt{2}} \cdot \frac{1}{\sqrt{2}} + \frac{1}{\sqrt{2}} \cdot \frac{1}{\sqrt{2}} = 0 + \frac{1}{2} + \frac{1}{2} = 1, \\ \mathbf{f}_2 \cdot \mathbf{f}_3 &= 0 \cdot 0 + \frac{1}{\sqrt{2}} \cdot \frac{1}{\sqrt{2}} - \frac{1}{\sqrt{2}} \cdot \frac{1}{\sqrt{2}} = 0 + \frac{1}{2} - \frac{1}{2} = 0, \\ \mathbf{f}_3 \cdot \mathbf{f}_3 &= 0 \cdot 0 + \frac{1}{\sqrt{2}} \cdot \frac{1}{\sqrt{2}} + \frac{1}{\sqrt{2}} \cdot \frac{1}{\sqrt{2}} = 0 + \frac{1}{2} + \frac{1}{2} = 1 \end{aligned}$$

이므로, $(\mathbf{f}_1, \mathbf{f}_2, \mathbf{f}_3)$은 정규직교틀이다. □

식

$$\sum_{i=1}^{3} a_i v^i = a_1 v^1 + a_2 v^2 + a_3 v^3$$

에서와 같이 합의 지표가 각 항에서 아래첨자와 위첨자가 쌍으로 나타날 때 위의 식을

$$a_i v^i$$

와 같이 간단히 나타내는 방법을 **아인슈타인의 합 규약**이라고 한다.

정리 1.14: 정규직교틀에 대한 벡터의 일차전개

유클리드 공간 $\mathbf{E}^3$에 대한 정규직교틀 $(\mathbf{f}_1, \mathbf{f}_2, \mathbf{f}_3)$와 벡터 $\mathbf{v}$에 대하여,

$$\mathbf{v} = (\mathbf{v} \cdot \mathbf{f}_1)\mathbf{f}_1 + (\mathbf{v} \cdot \mathbf{f}_2)\mathbf{f}_2 + (\mathbf{v} \cdot \mathbf{f}_3)\mathbf{f}_3$$

이다.

증명. 정규직교틀 $(\mathbf{f}_1, \mathbf{f}_2, \mathbf{f}_3)$에 대하여,

$$\mathbf{v} = v^i \mathbf{f}_i$$

인 실수 v^1, v^2, v^3이 유일하게 존재한다. $i = 1, 2, 3$일 때,

$$\mathbf{v} \cdot \mathbf{f}_i = (v^j \mathbf{f}_j) \cdot \mathbf{f}_i = v^j \delta_{ji} = v^i$$

이다. □

예제 1.10. 벡터

$$\mathbf{f}_1 = (1,0,0)), \quad \mathbf{f}_2 = \left(0, \frac{1}{\sqrt{2}}, \frac{1}{\sqrt{2}}\right), \quad \mathbf{f}_3 = \left(0, \frac{1}{\sqrt{2}}, -\frac{1}{\sqrt{2}}\right)$$

의 정규직교틀 $(\mathbf{f}_1, \mathbf{f}_2, \mathbf{f}_3)$에 대하여, 벡터 $\mathbf{v} = (2,1,3)$을 $\mathbf{f}_1, \mathbf{f}_2, \mathbf{f}_3$의 일차결합으로 나타내라.

풀이. 정규직교틀 $(\mathbf{f}_1, \mathbf{f}_2, \mathbf{f}_3)$에 대하여,

$$\begin{aligned}
\mathbf{v} \cdot \mathbf{f}_1 &= 2 \cdot 1 + 1 \cdot 0 + 3 \cdot 0 = 2, \\
\mathbf{v} \cdot \mathbf{f}_2 &= 2 \cdot 0 + 1 \cdot \frac{1}{\sqrt{2}} + 3 \cdot \frac{1}{\sqrt{2}} = \frac{4}{\sqrt{2}} = 2\sqrt{2}, \\
\mathbf{v} \cdot \mathbf{f}_3 &= 2 \cdot 0 + 1 \cdot \frac{1}{\sqrt{2}} - 3 \cdot \frac{1}{\sqrt{2}} = -\frac{2}{\sqrt{2}} = -\sqrt{2}
\end{aligned}$$

이므로,

$$\mathbf{v} = 2\mathbf{f}_1 + 2\sqrt{2}\mathbf{f}_2 - \sqrt{2}\mathbf{f}_3$$

이다. □

일반적인 n차원 유클리드 벡터공간 $\mathbb{E}^n$에서도 3차원 벡터공간에서와 같은 방식으로 벡터의 합과 실수배 그리고 내적을 정의할 수 있다. 벡터 $\mathbf{v} = (v^1, v^2, \ldots, v^n)$와 $\mathbf{w} = (w^1, w^2, \ldots, w^n)$와 실수 t에 대하여,

$$\begin{aligned}
\mathbf{v} + \mathbf{w} &= (v^1 + w^1,\ v^2 + w^2,\ \ldots,\ v^n + w^n), \\
t\mathbf{v} &= (tv^1,\ tv^2,\ \ldots,\ tv^n), \\
\mathbf{v} \cdot \mathbf{w} &= v^1 w^1 + v^2 w^2 + \cdots + v^n w^n
\end{aligned}$$

이다. 이때

$$\sqrt{(v^1)^2 + (v^2)^2 + \cdots + (v^n)^2}$$

을 벡터 $\mathbf{v}$의 **크기**라고 하고 $\|\mathbf{v}\|$로 나타낸다. 또한 벡터 $\mathbf{v}$와 $\mathbf{w}$의 사잇각 크기 θ를

$$\theta = \cos^{-1} \frac{\mathbf{v} \cdot \mathbf{w}}{\|\mathbf{v}\|\,\|\mathbf{w}\|}$$

로 정의한다.

연습문제 1.2

1. 다음 두 벡터의 내적을 구하라.

   (가) $\mathbf{v} = (1, 1, 0)$, $\mathbf{w} = (0, 1, 1)$, (나) $\mathbf{v} = (2, 1, 2)$, $\mathbf{w} = (1, -2, 3)$,
   (다) $\mathbf{v} = (3, 1, -2)$, $\mathbf{w} = (1, -4, 2)$, (라) $\mathbf{v} = (-1, 2, 3)$, $\mathbf{w} = (2, 1, 2)$.

2. 벡터 $\mathbf{v} = (2, -1, 4)$와 $\mathbf{w} = (2, 4, 0)$가 직교함을 보여라.

3. 벡터 $\mathbf{u} = (1, 3, -1)$ 위로의 벡터 $\mathbf{v} = (2, 2, 1)$의 사영벡터 $\mathrm{Proj}_{\mathbf{u}}\,\mathbf{v}$를 구하라.

4. 유클리드 공간 $\mathbb{E}^3$에 놓인 영벡터가 아닌 벡터 $\mathbf{u}$와 벡터 $\mathbf{v}$에 대하여,

$$\mathbf{u} \perp (\mathbf{v} - \mathrm{Proj}_{\mathbf{u}}\,\mathbf{v})$$

   임을 보여라.

5. 벡터 $\mathbf{v} = (v^1, v^2, v^3)$와 $\mathbf{w} = (w^1, w^2, w^3)$를 이웃하는 두 변으로 하는 평행사변형의 넓이를 구하라.

6. 벡터

$$\mathbf{f}_1 = \left(\frac{1}{2}, \frac{\sqrt{3}}{2}, 0\right), \quad \mathbf{f}_2 = \left(\frac{\sqrt{3}}{2}, -\frac{1}{2}, 0\right), \quad \mathbf{f}_3 = (0, 0, 1),$$

   에 대하여, 다음 물음에 답하라.

   (가) 틀 $(\mathbf{f}_1, \mathbf{f}_2, \mathbf{f}_3)$이 정규직교틀인지 판별하라.
   (나) 벡터 $\mathbf{v} = (-3, 1, 1)$을 $\mathbf{f}_1, \mathbf{f}_2, \mathbf{f}_3$의 일차결합으로 나타내라.

7. 유클리드 공간 $\mathbb{E}^3$에 놓인 벡터 $\mathbf{v}$와 $\mathbf{w}$에 대하여,

$$\mathbf{v} \cdot \mathbf{w} = \frac{\|\mathbf{v} + \mathbf{w}\|^2 - \|\mathbf{v} - \mathbf{w}\|^2}{4}$$

   임을 보여라.

8. 유클리드 공간 $\mathbb{E}^3$에 놓인 벡터 $\mathbf{v}, \mathbf{w}$에 대하여, $(\mathbf{v}+\mathbf{w})\cdot(\mathbf{v}-\mathbf{w}) = 0$은 $\|\mathbf{v}\| = \|\mathbf{w}\|$이기 위한 필요충분조건임을 보여라.

1.3 벡터의 외적

이 절에서는 두 벡터의 외적에 대하여 알아본다.

1.3.1 행렬식함수

먼저, 세 벡터 $\mathbf{u}, \mathbf{v}, \mathbf{w}$에 대한 다음의 함수를 정의하자.

정의 1.8: 행렬식함수

벡터 $\mathbf{u} = (u^1, u^2, u^3)$, $\mathbf{v} = (v^1, v^2, v^3)$, $\mathbf{w} = (w^1, w^2, w^3)$에 대하여,

$$\det(\mathbf{u}, \mathbf{v}, \mathbf{w}) = u^1(v^2w^3 - v^3w^2) + u^2(v^3w^1 - v^1w^3) + u^3(v^1w^2 - v^2w^1)$$

로 정의되는 함수 $\det : \mathbb{E}^3 \times \mathbb{E}^3 \times \mathbb{E}^3 \to \mathbb{R}$를 **행렬식함수**라고 한다.

예제 1.11. 다음 벡터에 대하여, $\det(\mathbf{u}, \mathbf{v}, \mathbf{w})$를 구하라.

(가) $\mathbf{u} = (1, 2, -1)$, $\mathbf{v} = (3, 1, 0)$, $\mathbf{w} = (3, 1, 0)$,
(나) $\mathbf{u} = (1, 2, -1)$, $\mathbf{v} = (3, 1, 0)$, $\mathbf{w} = (1, 0, -1)$,
(다) $\mathbf{u} = (1, 0, 0)$, $\mathbf{v} = (0, 0, 1)$, $\mathbf{w} = (0, 1, 0)$,
(라) $\mathbf{u} = (1, 0, 0)$, $\mathbf{v} = (0, 1, 0)$, $\mathbf{w} = (0, 0, 1)$.

풀이. (가) $\det(\mathbf{u}, \mathbf{v}, \mathbf{w}) = 1(1 \cdot 0 - 0 \cdot 1) + 2(0 \cdot 3 - 3 \cdot 0) - (3 \cdot 1 - 1 \cdot 3) = 0.$
(나) $\det(\mathbf{u}, \mathbf{v}, \mathbf{w}) = 1(1(-1) - 0 \cdot 0) + 2(0 \cdot 1 - 3 \cdot (-1)) - (3 \cdot 0 - 1 \cdot 1) = 6.$
(다) $\det(\mathbf{u}, \mathbf{v}, \mathbf{w}) = 1(0 \cdot 0 - 1 \cdot 1) + 0(1 \cdot 0 - 0 \cdot 0) + 0(0 \cdot 1 - 0 \cdot 0) = -1.$
(라) $\det(\mathbf{u}, \mathbf{v}, \mathbf{w}) = 1(1 \cdot 1 - 0 \cdot 0) + 0(0 \cdot 0 - 0 \cdot 1) + 0(0 \cdot 0 - 1 \cdot 0) = 1.$ □

벡터 $\mathbf{u}, \mathbf{v}, \mathbf{w}$에 대한 행렬식함수는 벡터의 성분을 이용하여 정확하게 정의되지만 이 정의만으로는 행렬식함수의 의미를 쉽게 알 수 없다. 이제 행렬식함수의 의미를 알아보자.

행렬식함수 $\det(\mathbf{u}, \mathbf{v}, \mathbf{w})$는 세 벡터 $\mathbf{u}, \mathbf{v}, \mathbf{w}$가 만드는 평행육면체의 부피임을 확인할 것이다. 이때 부피는 부호가 있는 부피이다.

먼저 두 벡터의 일차종속성을 정의하자.

정의 1.9: 일차종속인 두 벡터

두 벡터 $\mathbf{v}$와 $\mathbf{w}$에 대하여, $\mathbf{w} = a\mathbf{v}$ 또는 $\mathbf{v} = a\mathbf{w}$인 실수 a가 존재하면 벡터 $\mathbf{v}$와 $\mathbf{w}$는 **일차종속**이라고 한다.

영벡터는 모든 벡터와 일차종속이다.

예제 1.12. 벡터 $\mathbf{v} = (1, 0, 2)$와 $\mathbf{w} = (3, 2, 4)$는 일차종속인지 판별하라.

풀이. 두 벡터 $\mathbf{v}$와 $\mathbf{w}$는 모두 영벡터가 아니고,

$$3 = 3 \cdot 1, \qquad 4 = 2 \cdot 2$$

이므로 $\mathbf{w} = a\mathbf{v}$ 또는 $\mathbf{v} = a\mathbf{w}$인 실수 a가 존재하지 않는다. 따라서, 벡터 $\mathbf{v}$와 $\mathbf{w}$는 일차종속이 아니다. □

세 벡터 $\mathbf{u}, \mathbf{v}, \mathbf{w}$가 만드는 평행육면체의 부피를 $f(\mathbf{u}, \mathbf{v}, \mathbf{w})$로 나타내자. 만약 벡터 $\mathbf{v}$와 $\mathbf{w}$가 일차종속이면 $f(\mathbf{u}, \mathbf{v}, \mathbf{w}) = 0$이다. 만약 벡터 $\mathbf{v}$와 $\mathbf{w}$가 일차종속이 아니면, $f(\mathbf{u}, \mathbf{v}, \mathbf{w})$는 밑면이 벡터 $\mathbf{v}$와 $\mathbf{w}$가 만드는 평행사변형인 평행육면체의 부피이다. 이 때, 함수 f에 대하여, 두 번째와 세 번째 항이 고정될 때 첫 번째 항에 대하여 선형성이 성립한다. 같은 방식으로 함수 f에 대하여, 세 번째와 첫 번째 항이 고정될 때 두 번째 항에 대하여 선형성이 성립하고, 첫 번째와 두 번째 항이 고정될 때 세 번째 항에 대하여 선형성이 성립함을 알 수 있다.

정의 1.10: 삼중선형함수

함수 $f\colon \mathbb{E}^3 \times \mathbb{E}^3 \times \mathbb{E}^3 \to \mathbb{R}$에 대하여, 벡터 $\mathbf{u}_1, \mathbf{u}_2, \mathbf{v}, \mathbf{w}$와 실수 a, b에 대하여

$$\begin{aligned} f(a\mathbf{u}_1 + b\mathbf{u}_2, \mathbf{v}, \mathbf{w}) &= af(\mathbf{u}_1, \mathbf{v}, \mathbf{w}) + bf(\mathbf{u}_2, \mathbf{v}, \mathbf{w}), \\ f(\mathbf{v}, a\mathbf{u}_1 + b\mathbf{u}_2, \mathbf{w}) &= af(\mathbf{v}, \mathbf{u}_1, \mathbf{w}) + bf(\mathbf{v}, \mathbf{u}_2, \mathbf{w}), \\ f(\mathbf{v}, \mathbf{w}, a\mathbf{u}_1 + b\mathbf{u}_2) &= af(\mathbf{v}, \mathbf{w}, \mathbf{u}_1) + bf(\mathbf{v}, \mathbf{w}, \mathbf{u}_2) \end{aligned}$$

이면 f는 **삼중선형함수**라고 한다.

함숫값 $f(\mathbf{u}, \mathbf{v}, \mathbf{w})$에서, 다음과 같이 $\mathbf{u}, \mathbf{v}, \mathbf{w}$ 중에서 두 개를 교환한 함숫값의 부호가 원래의 함숫값의 부호와 다른 함수를 정의하자.

정의 1.11: 교대함수

함수 $f\colon \mathbb{E}^3 \times \mathbb{E}^3 \times \mathbb{E}^3 \to \mathbb{R}$에 대하여, 벡터 $\mathbf{u}, \mathbf{v}, \mathbf{w}$에 대하여

$$f(\mathbf{u}, \mathbf{v}, \mathbf{w}) = -f(\mathbf{v}, \mathbf{u}, \mathbf{w}) = -f(\mathbf{w}, \mathbf{v}, \mathbf{u}) = -f(\mathbf{u}, \mathbf{w}, \mathbf{v})$$

이면 f는 **교대함수**라고 한다.

세 벡터 $\mathbf{u}, \mathbf{v}, \mathbf{w}$가 만드는 평행육면체의 부피를 $f(\mathbf{u}, \mathbf{v}, \mathbf{w})$로 나타내면, 세 벡터 $\mathbf{u}, \mathbf{v}, \mathbf{w}$ 중에서 두 벡터가 같으면 $f(\mathbf{u}, \mathbf{v}, \mathbf{w}) = 0$이다. 삼중선형함수에 대해서는 교대성을 위의 성질로 나타낼 수 있다.

정리 1.15: 삼중선형함수에 대한 교대성질

삼중선형함수 $f\colon \mathbb{E}^3 \times \mathbb{E}^3 \times \mathbb{E}^3 \to \mathbb{R}$에 대하여,

모든 벡터 $\mathbf{u}, \mathbf{v}$에 대하여, $f(\mathbf{u}, \mathbf{u}, \mathbf{v}) = f(\mathbf{u}, \mathbf{v}, \mathbf{u}) = f(\mathbf{v}, \mathbf{u}, \mathbf{u}) = 0$이다

는 f가 교대함수이기 위한 필요충분조건이다.

증명. 모든 벡터 $\mathbf{u}, \mathbf{v}$에 대하여, $f(\mathbf{u}, \mathbf{u}, \mathbf{v}) = f(\mathbf{u}, \mathbf{v}, \mathbf{u}) = f(\mathbf{v}, \mathbf{u}, \mathbf{u}) = 0$이라고 가정하자. 그러면, 모든 벡터 $\mathbf{u}, \mathbf{v}, \mathbf{w}$에 대하여,

$$\begin{aligned} 0 &= f(\mathbf{u}+\mathbf{v}, \mathbf{u}+\mathbf{v}, \mathbf{w}) \\ &= f(\mathbf{u}, \mathbf{u}, \mathbf{w}) + f(\mathbf{u}, \mathbf{v}, \mathbf{w}) + f(\mathbf{v}, \mathbf{u}, \mathbf{w}) + f(\mathbf{v}, \mathbf{v}, \mathbf{w}) \\ &= f(\mathbf{u}, \mathbf{v}, \mathbf{w}) + f(\mathbf{v}, \mathbf{u}, \mathbf{w}) \end{aligned}$$

이므로

$$f(\mathbf{u}, \mathbf{v}, \mathbf{w}) = -f(\mathbf{v}, \mathbf{u}, \mathbf{w})$$

이다. 위와 같은 방식으로

$$f(\mathbf{u}, \mathbf{v}, \mathbf{w}) = -f(\mathbf{w}, \mathbf{v}, \mathbf{u}) \quad \text{그리고} \quad f(\mathbf{u}, \mathbf{v}, \mathbf{w}) = -f(\mathbf{u}, \mathbf{w}, \mathbf{v})$$

를 확인할 수 있다.

역으로, 함수 f가 교대함수라고 가정하자. 그러면, 모든 벡터 $\mathbf{u}, \mathbf{v}$에 대하여

$$f(\mathbf{u}, \mathbf{u}, \mathbf{v}) = -f(\mathbf{u}, \mathbf{u}, \mathbf{v})$$

이고 자신이 덧셈에 대한 역원인 수는 0뿐이므로 $f(\mathbf{u},\mathbf{u},\mathbf{v})=0$이다. 같은 방식으로

$$f(\mathbf{u},\mathbf{v},\mathbf{u})=0 \quad \text{그리고} \quad f(\mathbf{v},\mathbf{u},\mathbf{u})=0$$

를 확인할 수 있다. □

이제 행렬식함수가 세 벡터가 만드는 평행육면체의 부피임을 다음의 정리에서 확인하자.

정리 1.16: 사상이 행렬식함수이기 위한 필요충분조건

함수 $f\colon \mathbb{E}^3\times\mathbb{E}^3\times\mathbb{E}^3\to\mathbb{R}$에 대하여,

함수 f는 삼중선형함수이고 교대함수이고 $f(\mathbf{e}_1,\mathbf{e}_2,\mathbf{e}_3)=1$이다

는 $f=\det$이기 위한 필요충분조건이다. 여기서 $(\mathbf{e}_1,\mathbf{e}_2,\mathbf{e}_3)$는 유클리드 벡터공간 $\mathbb{E}^3$의 자연틀이다.

증명. $f=\det$라고 가정하자. 벡터 $\mathbf{u}_1,\mathbf{u}_2,\mathbf{v},\mathbf{w}$를 각각

$$\mathbf{u}_1=(u_1^1,u_1^2,u_1^3),\quad \mathbf{u}_2=(u_2^1,u_2^2,u_2^3),\quad \mathbf{v}=(v^1,v^2,v^3),\quad \mathbf{w}=(w^1,w^2,w^3)$$

로 놓으면, 실수 a,b에 대하여 행렬식함수의 정의에 따라서

$$\begin{aligned}
&f(a\mathbf{u}_1+b\mathbf{u}_2,\mathbf{v},\mathbf{w})\\
&\qquad=(au_1^1+bu_2^1)(v^2w^3-v^3w^2)+(au_1^2+bu_2^2)(v^3w^1-v^1w^3)\\
&\qquad\quad+(au_1^3+bu_2^3)(v^1w^2-v^2w^1)\\
&\qquad=au_1^1(v^2w^3-v^3w^2)+au_1^2(v^3w^1-v^1w^3)+au_1^3(v^1w^2-v^2w^1)\\
&\qquad\quad+bu_2^1(v^2w^3-v^3w^2)+bu_2^2(v^3w^1-v^1w^3)+cu_2^3(v^1w^2-v^2w^1)\\
&\qquad=af(\mathbf{u}_1,\mathbf{v},\mathbf{w})+bf(\mathbf{u}_2,\mathbf{v},\mathbf{w})
\end{aligned}$$

이다. 식

$$\begin{aligned}
f(\mathbf{v},a\mathbf{u}_1+b\mathbf{u}_2,\mathbf{w})&=af(\mathbf{v},\mathbf{u}_1,\mathbf{w})+bf(\mathbf{v},\mathbf{u}_2,\mathbf{w}),\\
f(\mathbf{v},\mathbf{w},a\mathbf{u}_1+b\mathbf{u}_2)&=af(\mathbf{v},\mathbf{w},\mathbf{u}_2)+bf(\mathbf{v},\mathbf{w},\mathbf{u}_2)
\end{aligned}$$

도 같은 방식으로 보일 수 있다. 따라서, f는 삼중선형함수이다. 벡터 $\mathbf{u},\mathbf{v},\mathbf{w}$를 각각 $\mathbf{u}=(u^1,u^2,u^3)$, $\mathbf{v}=(v^1,v^2,v^3)$, $\mathbf{w}=(w^1,w^2,w^3)$로 놓으면, 행렬식함수의 정의에

따라서

$$\begin{aligned} f(\mathbf{v}, \mathbf{u}, \mathbf{w}) &= v^1(u^2w^3 - u^3w^2) + v^2(u^3w^1 - u^1w^3) + v^3(u^1w^2 - u^2w^1) \\ &= -u^1(v^2w^3 - v^3w^2) - u^2(v^3w^1 - v^1w^3) - u^3(v^1w^2 - v^2w^1) \\ &= -f(\mathbf{u}, \mathbf{v}, \mathbf{w}) \end{aligned}$$

이다. $f(\mathbf{w}, \mathbf{v}, \mathbf{u}) = -f(\mathbf{u}, \mathbf{v}, \mathbf{w})$와 $f(\mathbf{u}, \mathbf{w}, \mathbf{v}) = -f(\mathbf{u}, \mathbf{v}, \mathbf{w})$도 같은 방식으로 보일 수 있다. 따라서, f는 교대함수이다. 그리고

$$f(\mathbf{e}_1, \mathbf{e}_2, \mathbf{e}_3) = 1(1 \cdot 1 - 0 \cdot 0) + 0(0 \cdot 0 - 0 \cdot 1) + 0(0 \cdot 0 - 1 \cdot 0) = 1$$

이다.

역으로, 함수 f가 삼중선형함수이고 교대함수이고 $f(\mathbf{e}_1, \mathbf{e}_2, \mathbf{e}_3) = 1$이라고 가정하자. 그러면,

$$\begin{aligned} f(\mathbf{u}, \mathbf{v}, \mathbf{w}) &= f(u^1\mathbf{e}_1 + u^2\mathbf{e}_2 + u^3\mathbf{e}_3, v^1\mathbf{e}_1 + v^2\mathbf{e}_2 + v^3\mathbf{e}_3, w^1\mathbf{e}_1 + w^2\mathbf{e}_2 + w^3\mathbf{e}_3) \\ &= u^1v^2w^3 f(\mathbf{e}_1, \mathbf{e}_2, \mathbf{e}_3) + u^1v^3w^2 f(\mathbf{e}_1, \mathbf{e}_3, \mathbf{e}_2) \\ &\quad + u^2v^3w^1 f(\mathbf{e}_2, \mathbf{e}_3, \mathbf{e}_1) + u^2v^1w^3 f(\mathbf{e}_2, \mathbf{e}_1, \mathbf{e}_3) \\ &\quad + u^3v^1w^2 f(\mathbf{e}_3, \mathbf{e}_1, \mathbf{e}_2) + u^3v^2w^1 f(\mathbf{e}_3, \mathbf{e}_2, \mathbf{e}_1) \\ &= u^1(v^2w^3 - v^3w^2) + u^2(v^3w^1 - v^1w^3) + u^3(v^1w^2 - v^2w^1) \end{aligned}$$

이다. □

예제 1.13. 실수 a, b, c에 대하여,

$$\det((1, a, a^2), (1, b, b^2), (1, c, c^2)) = (a - b)(b - c)(c - a)$$

임을 보여라.

풀이. 실수 a, b, c에 대하여,

$$\begin{aligned} \det((1, a, a^2), (1, b, b^2), (1, c, c^2)) &= 1(bc^2 - b^2c) + a(b^2 - c^2) + a^2(c - b) \\ &= (b - c)\{-bc + a(b + c) - a^2\} \\ &= (b - c)(c - a)(a - b) \end{aligned}$$

이다. □

1.3.2 벡터의 외적

유클리드 벡터공간 $\mathbb{E}^3$에 대하여, 벡터 $\mathbf{v}$와 $\mathbf{w}$가 일차종속이 아니면 벡터 $\mathbf{v}$와 $\mathbf{w}$ 모두에 직교하는 단위벡터는 정확하게 두 개 존재한다. 이 두 벡터를 $\mathbf{n}_1$과 $\mathbf{n}_2$로 놓으면 두 벡터 $\mathbf{n}_1$과 $\mathbf{n}_2$는 일차종속이며 $\mathbf{n}_2 = -\mathbf{n}_1$이므로 $\det(\mathbf{n}_1, \mathbf{v}, \mathbf{w}) = -\det(\mathbf{n}_2, \mathbf{v}, \mathbf{w})$이다.

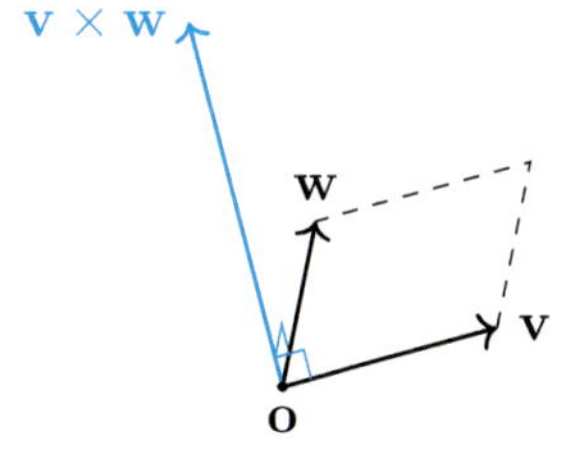

그림 1.8 벡터의 외적

벡터 $\mathbf{v}$와 $\mathbf{w}$에 대하여, 그림 1.8에서와 같은 다음의 벡터를 정의하자.

정의 1.12: 벡터의 외적

유클리드 벡터공간 $\mathbb{E}^3$에 놓인 벡터 $\mathbf{v}$와 $\mathbf{w}$에 대하여, 벡터

$$\begin{cases} (\|\mathbf{v}\|\,\|\mathbf{w}\|\sin\theta)\,\mathbf{n}, & \text{벡터 } \mathbf{v}\text{와 } \mathbf{w}\text{가 일차종속이 아닌 경우,} \\ \mathbf{o}, & \text{벡터 } \mathbf{v}\text{와 } \mathbf{w}\text{가 일차종속인 경우.} \end{cases}$$

을 벡터 $\mathbf{v}$와 $\mathbf{w}$의 **외적**[a]이라고 하고 $\mathbf{v} \times \mathbf{w}$로 나타낸다. 여기서 θ는 $\mathbf{v}$와 $\mathbf{w}$의 사잇각 크기이고, 벡터 $\mathbf{n}$는 벡터 $\mathbf{v}$와 $\mathbf{w}$에 직교하는 단위벡터로서 $\det(\mathbf{n}, \mathbf{v}, \mathbf{w}) > 0$이다.

[a]벡터의 외적을 **벡터곱**이라고도 한다.

자연틀 $(\mathbf{e}_1, \mathbf{e}_2, \mathbf{e}_3)$에 대하여,

$$\begin{aligned} \mathbf{e}_1 \times \mathbf{e}_2 = \mathbf{e}_3 = -\mathbf{e}_2 \times \mathbf{e}_1, \\ \mathbf{e}_2 \times \mathbf{e}_3 = \mathbf{e}_1 = -\mathbf{e}_3 \times \mathbf{e}_2, \\ \mathbf{e}_3 \times \mathbf{e}_1 = \mathbf{e}_2 = -\mathbf{e}_1 \times \mathbf{e}_3 \end{aligned}$$

이다.

예제 1.14. 유클리드 공간 $\mathbb{E}^3$에 놓인 벡터 $\mathbf{v}$와 $\mathbf{w}$에 대하여,

$$\|\mathbf{v}\times\mathbf{w}\|^2 = \|\mathbf{v}\|^2\,\|\mathbf{w}\|^2 - (\mathbf{v}\cdot\mathbf{w})^2$$

임을 보여라.

풀이. 벡터 $\mathbf{v}$ 또는 $\mathbf{w}$이 영벡터이면, $\mathbf{v}\times\mathbf{w} = \mathbf{o}$이고 $\|\mathbf{v}\|\,\|\mathbf{w}\| = 0$이고 $\mathbf{v}\cdot\mathbf{w} = 0$이므로 위의 등식이 성립한다.

벡터 $\mathbf{v}$와 $\mathbf{w}$이 모두 영벡터가 아니라고 가정하자. 벡터 $\mathbf{v}$와 $\mathbf{w}$의 사잇각 크기를 θ로 놓으면

$$\begin{aligned}\|\mathbf{v}\times\mathbf{w}\|^2 &= \|\mathbf{v}\|^2\|\mathbf{w}\|^2\sin^2\theta\\ &= \|\mathbf{v}\|^2\|\mathbf{w}\|^2\left(1-\cos^2\theta\right)\\ &= \|\mathbf{v}\|^2\,\|\mathbf{w}\|^2 - (\mathbf{v}\cdot\mathbf{w})^2\end{aligned}$$

이다. □

벡터의 외적의 정의로부터 벡터 외적의 비교환성을 알 수 있다.

정리 1.17: 벡터 외적의 비교환성

벡터 $\mathbf{v}$와 $\mathbf{w}$에 대하여,

$$\mathbf{v}\times\mathbf{w} = -(\mathbf{w}\times\mathbf{v})$$

이다.

증명. 만약 $\mathbf{v}$와 $\mathbf{w}$가 일차종속이면 $\mathbf{v}\times\mathbf{w} = \mathbf{o} = -\mathbf{o} = -(\mathbf{w}\times\mathbf{v})$이다. 이제 $\mathbf{v}$와 $\mathbf{w}$가 일차종속이 아니라고 가정하고 $\mathbf{v}$와 $\mathbf{w}$와 직교하면서 $\det(\mathbf{n},\mathbf{v},\mathbf{w}) > 0$인 단위벡터를 $\mathbf{n}$으로 놓자. 그러면, 벡터 $\mathbf{v}$와 $\mathbf{w}$의 사잇각 크기가 θ일 때

$$\mathbf{v}\times\mathbf{w} = (\|\mathbf{v}\|\,\|\mathbf{w}\|\,\sin\theta)\mathbf{n} \quad \text{그리고} \quad \det(-\mathbf{n},\mathbf{w},\mathbf{v}) > 0$$

이면서 벡터 $-\mathbf{n}$이 $\mathbf{w}$와 $\mathbf{v}$에 직교하므로

$$\mathbf{w}\times\mathbf{v} = \|\mathbf{w}\|\,\|\mathbf{v}\|\,\sin\theta(-\mathbf{n}) = -(\mathbf{v}\times\mathbf{w})$$

이다. □

벡터의 외적의 정의로부터 벡터 외적의 이중선형성을 알 수 있다.

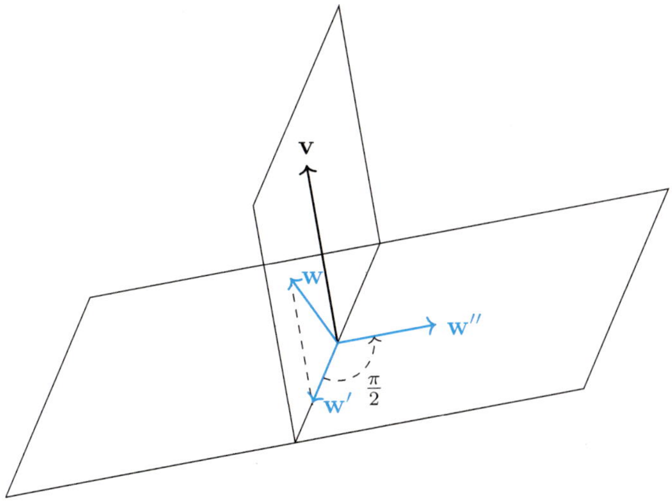

그림 1.9 벡터의 외적

정리 1.18: 벡터 외적의 이중선형성

벡터 $\mathbf{v}, \mathbf{w}, \mathbf{u}$와 실수 s, t에 대하여,

(가) $\mathbf{v} \times (s\mathbf{w} + t\mathbf{u}) = s(\mathbf{v} \times \mathbf{w}) + t(\mathbf{v} \times \mathbf{u})$,

(나) $(s\mathbf{w} + t\mathbf{u}) \times \mathbf{v} = s(\mathbf{w} \times \mathbf{v}) + t(\mathbf{u} \times \mathbf{v})$

이다.

증명. (가) 먼저 $\mathbf{v} \times (s\mathbf{w}) = s(\mathbf{v} \times \mathbf{w})$를 보이자. 만약 $\mathbf{v}$와 $\mathbf{w}$가 일차종속이면 $\mathbf{v}$와 $s\mathbf{w}$도 일차종속이므로,

$$\mathbf{v} \times (s\mathbf{w}) = \mathbf{o} = s\mathbf{o} = s(\mathbf{v} \times \mathbf{w})$$

이다. 이제 $\mathbf{v}$와 $\mathbf{w}$가 일차종속이 아니라고 가정하자. 만약 $s = 0$이면 $\mathbf{v} \times (s\mathbf{w}) = \mathbf{o} = s(\mathbf{v} \times \mathbf{w})$이다. $s \neq 0$이라고 가정하자. 벡터 $\mathbf{v}$와 $\mathbf{w}$의 사잇각 크기를 θ로 놓으면 $\mathbf{v} \times \mathbf{w} = (\|\mathbf{v}\|\,\|\mathbf{w}\| \sin\theta)\mathbf{n}$인 단위벡터 $\mathbf{n}$가 존재한다. 만약 $s > 0$이면

$$\mathbf{v} \times (s\mathbf{w}) = \|\mathbf{v}\|\,\|s\mathbf{w}\| \sin\theta\mathbf{n} = s\|\mathbf{v}\|\,\|\mathbf{w}\| \sin\theta\mathbf{n} = s(\mathbf{v} \times \mathbf{w})$$

이고, $s < 0$이면 $\det(-\mathbf{n}, \mathbf{v}, s\mathbf{w}) = (-s)\det(\mathbf{n}, \mathbf{v}, \mathbf{w}) > 0$이고 $\sin(\pi - \theta) = \sin\theta$

이므로

$$\mathbf{v} \times (s\mathbf{w}) = (\|\mathbf{v}\| \, \|s\mathbf{w}\| \sin(\pi - \theta))(-\mathbf{n}) = s(\|\mathbf{v}\| \, \|\mathbf{w}\| \sin\theta)\mathbf{n} = s(\mathbf{v} \times \mathbf{w})$$

이다.

이제 $\mathbf{v} \times (\mathbf{w} + \mathbf{u}) = \mathbf{v} \times \mathbf{w} + \mathbf{v} \times \mathbf{u}$를 보이면 (가)가 증명된다. 만약 $\mathbf{v} = \mathbf{o}$이면 $\mathbf{v} \times (\mathbf{w} + \mathbf{u}) = \mathbf{o} = \mathbf{v} \times \mathbf{w} + \mathbf{v} \times \mathbf{u}$이다. 이제 $\mathbf{v} \neq \mathbf{o}$이라고 가정하자. 위의 등식을 보이기 위하여, 벡터의 외적 $\mathbf{v} \times \mathbf{w}$의 기하학적 해석을 다음과 같이 하자. 그림 1.9에서와 같이 원점을 지나고 벡터 $\mathbf{v}$에 수직인 평면을 P라고 놓자. 벡터 $\mathbf{w}$를 평면 P에 사영한 벡터를 $\mathbf{w}'$이라고 놓자. 평면 P에서, 벡터 $\mathbf{v}$를 기준으로 벡터 $\mathbf{w}'$을 $\pi/2$만큼 회전시킨 벡터를 $\mathbf{w}''$라고 놓자. 그러면, $\mathbf{v} \times \mathbf{w} = \|\mathbf{v}\|\mathbf{w}''$이다. 한편, $\mathbf{w}' + \mathbf{u}' = (\mathbf{w} + \mathbf{u})'$이고 $\mathbf{w}'' + \mathbf{u}'' = (\mathbf{w} + \mathbf{u})''$이므로

$$\mathbf{v} \times (\mathbf{w} + \mathbf{u}) = \|\mathbf{v}\|(\mathbf{w} + \mathbf{u})'' = \|\mathbf{v}\|\mathbf{w}'' + \|\mathbf{v}\|\mathbf{u}'' = \mathbf{v} \times \mathbf{w} + \mathbf{v} \times \mathbf{u}$$

이다.

(나) 외적의 비교환성과 (가)에 따라서

$$(s\mathbf{w} + t\mathbf{u}) \times \mathbf{v} = -\mathbf{v} \times (s\mathbf{w} + t\mathbf{u}) = -s(\mathbf{v} \times \mathbf{w}) - t(\mathbf{v} \times \mathbf{u}) = s(\mathbf{w} \times \mathbf{v}) + t(\mathbf{u} \times \mathbf{v})$$

이다. □

벡터의 외적의 비교환성과 이중선형성 그리고 $\mathbf{e}_1 \times \mathbf{e}_2 = \mathbf{e}_3$, $\mathbf{e}_2 \times \mathbf{e}_3 = \mathbf{e}_1$, $\mathbf{e}_3 \times \mathbf{e}_1 = \mathbf{e}_2$로부터, 두 벡터의 외적을 성분으로 나타내는 방법을 알 수 있다.

정리 1.19: 벡터 외적의 성분표현

벡터 $\mathbf{v} = (v^1, v^2, v^3)$와 $\mathbf{w} = (w^1, w^2, w^3)$에 대하여,

$$\mathbf{v} \times \mathbf{w} = (v^2 w^3 - v^3 w^2,\ v^3 w^1 - v^1 w^3,\ v^1 w^2 - v^2 w^1)$$

이다.

증명. 벡터 $\mathbf{e_1} = (1, 0, 0), \mathbf{e_2} = (0, 1, 0), \mathbf{e_3} = (0, 0, 1)$에 대하여,

$$\mathbf{e}_1 \times \mathbf{e}_2 = \mathbf{e}_3, \quad \mathbf{e}_2 \times \mathbf{e}_3 = \mathbf{e}_1, \quad \mathbf{e}_3 \times \mathbf{e}_1 = \mathbf{e}_2$$

이므로 벡터 외적의 비교환성과 이중선형성에 따라서

$$\begin{aligned}\mathbf{v}\times\mathbf{w} &= (v^1\mathbf{e}_1 + v^2\mathbf{e}_2 + v^3\mathbf{e}_3)\times(w^1\mathbf{e}_1 + w^2\mathbf{e}_2 + w^3\mathbf{e}_3)\\ &= (v^2w^3 - v^3w^2)\mathbf{e}_1 + (v^3w^1 - v^1w^3)\mathbf{e}_2 + (v^1w^2 - v^2w^1)\mathbf{e}_3\end{aligned}$$

이다. □

벡터의 행렬식을 이용하여, 벡터 $\mathbf{v} = (v^1, v^2, v^3)$와 $\mathbf{w} = (w^1, w^2, w^3)$의 외적 $\mathbf{v}\times\mathbf{w}$를

$$\begin{vmatrix} \mathbf{e}_1 & \mathbf{e}_2 & \mathbf{e}_3 \\ v^1 & v^2 & v^3 \\ w^1 & w^2 & w^3 \end{vmatrix}$$

로 나타내기도 한다. 이 표현으로부터 벡터 $\mathbf{u}$와 $\mathbf{v}$와 $\mathbf{w}$에 대하여,

$$\mathbf{u}\cdot(\mathbf{v}\times\mathbf{w}) = \det(\mathbf{u}, \mathbf{v}, \mathbf{w})$$

임을 알 수 있다.

예제 1.15. 다음 벡터의 외적을 구하라.

(가) $\mathbf{v} = (1, 0, 2)$, $\mathbf{w} = (2, 3, 1)$,

(나) $\mathbf{v} = (3, -1, 0)$, $\mathbf{w} = (1, 0, 2)$.

풀이. (가) 벡터 $\mathbf{v} = (1, 0, 2)$와 $\mathbf{w} = (2, 3, 1)$의 외적은

$$\mathbf{v}\times\mathbf{w} = \begin{vmatrix} \mathbf{e}_1 & \mathbf{e}_2 & \mathbf{e}_3 \\ 1 & 0 & 2 \\ 2 & 3 & 1 \end{vmatrix} = (0\cdot1 - 2\cdot3,\ 2\cdot2 - 1\cdot1,\ 1\cdot3 - 0\cdot2) = (-6, 3, 3)$$

이다.

(나) 벡터 $\mathbf{v} = (3, -1, 0)$, $\mathbf{w} = (1, 0, 2)$의 외적은

$$\mathbf{v}\times\mathbf{w} = \begin{vmatrix} \mathbf{e}_1 & \mathbf{e}_2 & \mathbf{e}_3 \\ 3 & -1 & 0 \\ 1 & 0 & 2 \end{vmatrix} = (-1\cdot2 - 0\cdot0,\ 0\cdot1 - 3\cdot2,\ 3\cdot0 + 1\cdot1) = (-2, -6, 1)$$

이다. □

연습문제 1.3

1. 다음 벡터에 대하여, $\det(\mathbf{u}, \mathbf{v}, \mathbf{w})$를 구하라.

   (가) $\mathbf{u} = (1, -1, 0)$, $\mathbf{v} = (3, 2, 1)$, $\mathbf{w} = (2, 0, -1)$,

   (나) $\mathbf{u} = (1, 0, 0)$, $\mathbf{v} = (0, 1, 0)$, $\mathbf{w} = (1, 1, 1)$.

2. 행렬식함수 $\det : \mathbb{E}^3 \to \mathbb{R}$에 대하여, 다음을 증명하라.

   (가) $\det(\mathbf{v}, a\mathbf{u}_1 + b\mathbf{u}_2, \mathbf{w}) = a\det(\mathbf{v}, \mathbf{u}_1, \mathbf{w}) + b\det(\mathbf{v}, \mathbf{u}_2, \mathbf{w})$,

   (나) $\det(\mathbf{v}, \mathbf{w}, a\mathbf{u}_1 + b\mathbf{u}_2) = a\det(\mathbf{v}, \mathbf{w}, \mathbf{u}_2) + b\det(\mathbf{v}, \mathbf{w}, \mathbf{u}_2)$.

3. 행렬식함수 $\det : \mathbb{E}^3 \to \mathbb{R}$에 대하여, 다음을 증명하라.

   (가) $\det(\mathbf{w}, \mathbf{v}, \mathbf{u}) = -\det(\mathbf{u}, \mathbf{v}, \mathbf{w})$, (나) $\det(\mathbf{u}, \mathbf{w}, \mathbf{v}) = -\det(\mathbf{u}, \mathbf{v}, \mathbf{w})$.

4. 벡터 $\mathbf{e}_1 = (1, 0, 0)$, $\mathbf{e}_2 = (0, 1, 0)$, $\mathbf{e}_3 = (0, 0, 1)$에 대하여, 다음 벡터를 구하라.

   (가) $\mathbf{e}_1 \times \mathbf{e}_2$, (나) $\mathbf{e}_2 \times \mathbf{e}_3$,

   (다) $(\mathbf{e}_1 \times \mathbf{e}_2) \times \mathbf{e}_3$, (라) $(\mathbf{e}_1 - \mathbf{e}_2) \times (\mathbf{e}_2 - \mathbf{e}_3)$.

5. 다음 두 벡터의 외적을 구하라.

   (가) $\mathbf{v} = (2, 1, -1)$, $\mathbf{w} = (3, 0, -1)$, (나) $\mathbf{v} = (1, -3, 0)$, $\mathbf{w} = (1, 1, 2)$.

6. 세 점 $\mathbf{a} = (1, 2, 3)$, $\mathbf{b} = (3, 1, 4)$, $\mathbf{c} = (1, -1, 1)$을 지나는 평면에 직교하는 두 단위벡터를 구하라.

7. 공간에 놓인 점 $\mathbf{a} = (1, -1, 0)$, $\mathbf{b} = (2, 2, 1)$, $\mathbf{c} = (3, 1, 1)$을 꼭짓점으로 하는 삼각형의 넓이를 구하라.

8. 벡터 $\mathbf{u}, \mathbf{v}, \mathbf{w} \in \mathbb{E}^3$에 대하여,

$$\mathbf{u} \cdot (\mathbf{v} \times \mathbf{w}) = \det(\mathbf{u}, \mathbf{v}, \mathbf{w})$$

   임을 보여라.

1.4 접벡터와 사상의 미분

이 절에서는 접벡터와 접공간을 정의하고 사상의 미분에 대하여 알아본다. 접벡터가 함수의 미분작용소임도 살펴볼 것이다.

1.4.1 일차동차사상과 선형사상

먼저, 유클리드 벡터공간에서의 다음의 사상을 정의하자.

정의 1.13: 일차동차사상

사상 $L\colon \mathbb{E}^2 \to \mathbb{E}^3$에 대하여,

$$L(v^1, v^2) = (a_1^1 v^1 + a_2^1 v^2, a_1^2 v^1 + a_2^2 v^2, a_1^3 v^1 + a_2^3 v^2) \tag{1.1}$$

인 실수 a_j^i $(1 \leq i \leq 3,\ 1 \leq j \leq 2)$가 존재하면 사상 L은 **일차동차사상**이라고 한다.

아인슈타인의 합 규약을 사용하면 식 (1.1)을

$$L(v^1, v^2) = (a_i^1 v^i, a_i^2 v^i, a_i^3 v^i)$$

로 나타낼 수 있다. 일차동차사상의 모든 성분함수가 일차항으로 구성되므로, 일차동차사상은 매우 단순한 사상이다.

모든 일차동차사상 L에 대하여, $L(0,0) = (0,0,0)$이다.

예제 1.16. 다음 사상이 일차동차사상인지 아닌지를 판별하라.

(가) $L(v^1, v^2) = (4v^1 - 3v^2, v^1, 2v^1 + v^2)$,
(나) $L(v^1, v^2) = (3 + v^1 - 2v^2, v^1 - v^2, v^2)$,
(다) $L(v^1, v^2) = ((v^1)^2 + 3v^2, 2v^1 - 2v^2)$.

풀이. (가) 사상 L의 각 성분의 모든 항이 일차이므로 사상 L은 일차동차사상이다.

(나) 사상 L의 첫 번째 성분함수에는 상수 3이 존재하므로 사상 L은 일차동차사상이 아니다.

(다) 사상 L의 첫 번째 성분함수는 이차함수이므로 사상 L은 일차동차사상이 아니다. □

벡터공간 사이의 사상에서 벡터의 합과 실수배의 구조가 유지되는 사상을 다음과 같이 정의한다.

정의 1.14: 선형사상

사상 $L: \mathbb{E}^2 \to \mathbb{E}^3$에 대하여,

(가) 벡터 $\mathbf{v}, \mathbf{w} \in \mathbb{R}^2$에 대하여 $L(\mathbf{v}+\mathbf{w}) = L(\mathbf{v}) + L(\mathbf{w})$이고,

(나) 벡터 $\mathbf{v}$와 실수 t에 대하여 $L(t\mathbf{v}) = tL(\mathbf{v})$

이면 L은 **선형사상**이라고 한다.

선형사상은 벡터의 구조를 유지하는 사상이고, 일차동차사상은 매우 단순한 사상이다. 그런데, 이 두 사상이 같음을 다음과 같이 알 수 있다.

정리 1.20: 일차동차사상과 선형사상

사상 $L: \mathbb{E}^2 \to \mathbb{E}^3$에 대하여, L이 일차동차사상임은 L이 선형사상이기 위한 필요충분조건이다.

증명. 사상 L이 일차동차사상이라고 가정하자. 그러면

$$L(v^1, v^2) = (a_i^1 v^i,\ a_i^2 v^i,\ a_i^3 v^i)$$

인 실수 a_j^i $(1 \le i \le 3,\ 1 \le j \le 2)$가 존재한다. 그러면 벡터 $\mathbf{v} = (v^1, v^2)$와 $\mathbf{w} = (w^1, w^2)$에 대하여,

$$\begin{aligned} L(\mathbf{v}+\mathbf{w}) &= L(v^1 + w^1,\ v^2 + w^2) \\ &= (a_i^1(v^i + w^i)),\ a_i^2(v^i + w^i),\ a_i^3(v^i + w^i)) \\ &= (a_i^1 v^i,\ a_i^2 v^i,\ a_i^3 v^i) + (a_i^1 w^i,\ a_i^2 w^i,\ a_i^3 w^i) \\ &= L(\mathbf{v}) + L(\mathbf{w}) \end{aligned}$$

이고

$$L(t\mathbf{v}) = L(tv^1, tv^2) = (a_i^1 tv^i,\ a_i^2 tv^i,\ a_i^3 tv^i) = t(a_i^1 v^i,\ a_i^2 v^i,\ a_i^3 v^i) = tL(\mathbf{v})$$

이므로 사상 L은 선형사상이다.

역으로 사상 L이 선형사상이라고 가정하자. 벡터 $\mathbf{e}_1 = (1, 0)$, $\mathbf{e}_2 = (0, 1)$에 대하

여, $\mathbf{v} = (v^1, v^2) = v^i\mathbf{e}_i$이므로

$$\begin{aligned} L(\mathbf{v}) &= L(v^i\mathbf{e}_i) = v^i L(\mathbf{e}_i) \\ &= v^1(a_1^1, a_1^2, a_1^3) + v^2(a_2^1, a_2^2, a_2^3) \\ &= (a_i^1 v^i,\ a_i^2 v^i,\ a_i^3 v^i) \end{aligned}$$

이다. 여기서 $(a_1^1, a_1^2, a_1^3) = L(\mathbf{e}_1)$이고 $(a_2^1, a_2^2, a_2^3) = L(\mathbf{e}_2)$이다. □

> **예제 1.17.** 사상 $L(u^1, u^2) = (1 + u^1 + u^2, 3 + 2u^1 - 4u^2)$가 선형사상인지를 판별하라.

풀이. 사상 L의 첫 번째 성분함수가 일차동차함수가 아니므로, 사상 L은 선형사상이 아니다. □

1.4.2 접벡터와 접공간

영역 $D \subset \mathbb{R}^2$에 정의된 사상 $F: D \to \mathbb{R}^3$에 대한 미분을 알아보자.

> **정의 1.15: 사상의 미분**
>
> 영역 $D \subset \mathbb{R}^2$에 정의된 사상 $F: D \to \mathbb{R}^3$와 점 $\mathbf{p} \in D$에 대하여,
>
> $$\lim_{\mathbf{u}\to\mathbf{p}} \frac{\|F(\mathbf{u}) - F(\mathbf{p}) - L(\mathbf{u} - \mathbf{p})\|}{\|\mathbf{u} - \mathbf{p}\|} = 0$$
>
> 인 일차동차사상 $L: \mathbb{E}^2 \to \mathbb{E}^3$이 존재하면 사상 F는 점 $\mathbf{p}$에서 **미분가능하다**고 한다. 이때 일차동차사상 L을 점 $\mathbf{p}$에서 사상 F의 **전미분**이라고 하고 $DF|_{\mathbf{p}}$로 나타낸다.

사상 F가 점 $\mathbf{p}$에서 미분가능하면, 점 $\mathbf{u}$가 $\mathbf{p}$로 접근할 때 $F(\mathbf{u})$가

$$F(\mathbf{p}) + DF|_{\mathbf{p}}(\mathbf{u} - \mathbf{p})$$

에 훨씬 빨리 접근한다. 사상 F에 대하여,

$$F(\mathbf{u}) = F(\mathbf{p}) + L(\mathbf{u} - \mathbf{p}) + \|\mathbf{u} - \mathbf{p}\|E(\mathbf{u})$$

인 일차동차사상 $L\colon \mathbb{E}^2 \to \mathbb{E}^3$와 점 $\mathbf{p}$에서 연속인 함수 $E\colon D \to \mathbb{R}^3$이 존재함은 점 $\mathbf{p} \in D$에서 F가 미분가능하기 위한 필요충분조건이다. 여기서

$$E(\mathbf{u}) = \begin{cases} \dfrac{F(\mathbf{u}) - F(\mathbf{p}) - L(\mathbf{u}-\mathbf{p})}{\|\mathbf{u}-\mathbf{p}\|}, & \mathbf{u} \neq \mathbf{p}\text{일 때}, \\ \mathbf{o}, & \mathbf{u} = \mathbf{p}\text{일 때} \end{cases}$$

이다.

함수의 전미분 $DF|\mathbf{p}$를 보다 정확히 이해하기 위하여, 평면 $\mathbb{R}^2$나 공간 $\mathbb{R}^3$에서 다음을 정의하자.

정의 1.16: 유클리드 공간에서의 접벡터와 접공간과 접다발

유클리드 공간 $\mathbb{R}^n$의 영역 D에 대하여, 점과 벡터의 순서쌍 $(\mathbf{p}, \mathbf{v}) \in D \times \mathbb{E}^n$을 점 $\mathbf{p}$에서의 **접벡터**라고 하고 $\mathbf{v}_\mathbf{p}$로 나타낸다. 여기서 점 $\mathbf{p}$를 접벡터 $\mathbf{v}_\mathbf{p}$의 **작용점**이라고 하고, 벡터 $\mathbf{v}$를 접벡터 $\mathbf{v}_\mathbf{p}$의 **벡터부분**이라고 한다.

점 $\mathbf{p}$에서 모든 접벡터의 집합 $\{\mathbf{v}_\mathbf{p} = (\mathbf{p}, \mathbf{v}) \in D \times \mathbb{E}^n \mid \mathbf{v} \in \mathbb{E}^n\}$을 $\mathbf{p}$에서 D의 **접공간**이라고 하고 $T_\mathbf{p}D$로 나타낸다.

영역 D의 모든 점에서 접공간들의 합집합

$$\bigcup_{\mathbf{p}\in D} T_\mathbf{p}D$$

를 D에서 **접다발**이라고 하고 TD로 나타낸다.

점 $\mathbf{p}$에서 접공간 $T_\mathbf{p}D = \{\mathbf{p}\} \times \mathbb{E}^n$은 유클리드 벡터공간 $\mathbb{E}^n$과 벡터동형이다. 접공간 $T_\mathbf{p}D$에서는 벡터의 합과 실수배 그리고 벡터의 내적과 외적이 정의된다. 즉, 접벡터 $\mathbf{v}_\mathbf{p}, \mathbf{w}_\mathbf{p} \in T_\mathbf{p}D$와 실수 a에 대하여

$$\mathbf{v}_\mathbf{p} + \mathbf{w}_\mathbf{p} := (\mathbf{v}+\mathbf{w})_\mathbf{p}, \qquad a\mathbf{v}_\mathbf{p} := (a\mathbf{v})_\mathbf{p}$$

로 정의되며

$$\mathbf{v}_\mathbf{p} \cdot \mathbf{w}_\mathbf{p} := \mathbf{v} \cdot \mathbf{w}, \qquad \mathbf{v}_\mathbf{p} \times \mathbf{w}_\mathbf{p} := (\mathbf{v} \times \mathbf{w})_\mathbf{p}$$

로 정의된다. 그리고 접벡터 $\mathbf{v}_\mathbf{p} \in T_\mathbf{p}D$의 크기는

$$\|\mathbf{v}_\mathbf{p}\| := \|\mathbf{v}\|$$

이다.

영역 D에 대하여,

$$TD = D \times \mathbb{E}^n$$

이다.

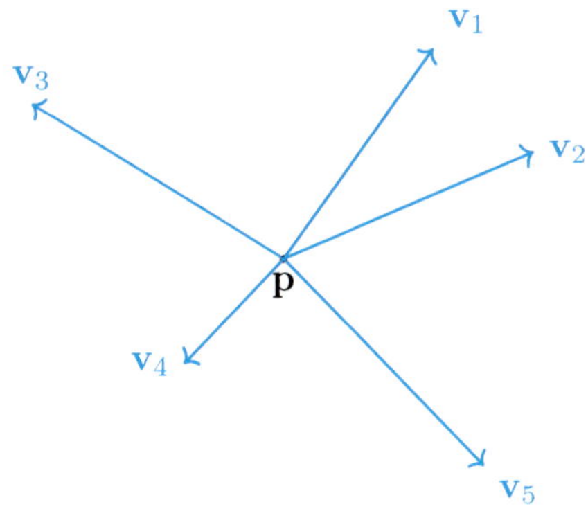

그림 1.10 접벡터

사상 $F: D \to \mathbb{R}^3$가 점 $\mathbf{p}$에서 미분가능할 때, 점 $\mathbf{p}$에서 사상 F의 전미분 $DF|_{\mathbf{p}}$는 접공간 $T_{\mathbf{p}}D$에서 접공간 $T_{F(\mathbf{p})}\mathbb{R}^3$로의 선형사상이다.

정의 1.17: 사상의 성분함수

사상 $F: D \to \mathbb{R}^3$에 대하여, F를

$$F(\mathbf{u}) = (f^1(\mathbf{u}), f^2(\mathbf{u}), f^3(\mathbf{q}))$$

로 나타낼 때, f^1, f^2, f^3을 F의 (유클리드) **성분함수**라고 한다.

$1 \leq i \leq 3$이고 $1 \leq j \leq 2$일 때, 성분함수의 편도함수를

$$\partial_j f^i := \frac{\partial f^i}{\partial u^j}$$

로 나타내자. 점 $\mathbf{p}$에서 미분가능한 사상 $F: D \to \mathbb{R}^3$의 전미분 $DF|_{\mathbf{p}}$는

$$DF|_{\mathbf{p}}(\mathbf{v}_{\mathbf{p}}) = \left(v^i \partial_i f^1(\mathbf{p}),\ v^i \partial_i f^2(\mathbf{p}),\ v^i \partial_i f^3(\mathbf{p})\right)_{F(\mathbf{p})}$$

로 정의되는 선형사상 $DF|_{\mathbf{p}}: T_{\mathbf{p}}D \to T_{f(\mathbf{p})}\mathbb{R}^3$이다. 여기서 $\mathbf{v}_{\mathbf{p}} = (v^1, v^2)_{\mathbf{p}}$이다. 전미

분 $DF|_{\mathbf{p}}$를

$$\begin{bmatrix} w^1 \\ w^2 \\ w^3 \end{bmatrix} = \begin{bmatrix} \partial_1 f^1(\mathbf{p}) & \partial_2 f^1(\mathbf{p}) \\ \partial_1 f^2(\mathbf{p}) & \partial_2 f^2(\mathbf{p}) \\ \partial_1 f^3(\mathbf{p}) & \partial_2 f^3(\mathbf{p}) \end{bmatrix} \begin{bmatrix} v^1 \\ v^2 \end{bmatrix}$$

와 같이 행렬의 식으로 나타내기도 한다.

일차사상의 전미분은 일차사상의 일차동차부분이다.

예제 1.18. 사상 $F(u^1, u^2) = (3 + u^1 - 2u^2, 1 + 3u^1 - u^2, -u^1 + 4u^2)$에 대하여, 점 $\mathbf{p} = (1, 2)$에서의 전미분 $DF|_{\mathbf{p}}$를 구하라.

풀이. 사상 $F = (f^1, f^2, f^3)$에 대하여,

$$\begin{aligned} \partial_1 f^1(u^1, u^2) &= 1, & \partial_2 f^1(u^1, u^2) &= -2, \\ \partial_1 f^2(u^1, u^2) &= 3, & \partial_2 f^2(u^1, u^2) &= -1, \\ \partial_1 f^3(u^1, u^2) &= -1, & \partial_2 f^3(u^1, u^2) &= 4 \end{aligned}$$

이므로

$$DF|_{\mathbf{p}}((v^1, v^2)_{\mathbf{p}}) = (v^1 - 2v^2, 3v^1 - v^2, -v^1 + 4v^2)_{F(\mathbf{p})}$$

이다. □

예제 1.19. 사상 $F(u^1, u^2) = (2 + u^1, u^1u^2, 3(u^2)^2)$에 대하여, 점 $\mathbf{p} = (1, 2)$에서의 전미분 $DF|_{\mathbf{p}}$를 구하라.

풀이. 사상 $F = (f^1, f^2, f^3)$에 대하여,

$$\begin{aligned} \partial_1 f^1(u^1, u^2) &= 1, & \partial_2 f^1(u^1, u^2) &= 0, \\ \partial_1 f^2(u^1, u^2) &= u^2, & \partial_2 f^2(u^1, u^2) &= u^1, \\ \partial_1 f^3(u^1, u^2) &= 0, & \partial_2 f^3(u^1, u^2) &= 6u^2 \end{aligned}$$

이므로

$$\begin{aligned} \partial_1 f^1(1, 2) &= 1, & \partial_2 f^1(1, 2) &= 0, \\ \partial_1 f^2(1, 2) &= 2, & \partial_2 f^2(1, 2) &= 1, \\ \partial_1 f^3(1, 2) &= 0, & \partial_2 f^3(1, 2) &= 12 \end{aligned}$$

이다. 따라서

$$DF|_{\mathbf{p}}((v^1, v^2)_{\mathbf{p}}) = (v^1, 2v^1 + v^2, 12v^2)_{F(\mathbf{p})}$$

이다. □

1.4.3 접벡터에 대한 함수의 방향도함수

유클리드 공간 $\mathbb{R}^n$에 놓인 영역 D에 정의된 미분가능한 함수 $f\colon D \to \mathbb{R}$에 대하여, 점 $\mathbf{p} \in D$에서의 f의 전미분은

$$Df|_{\mathbf{p}}\colon T_{\mathbf{p}}D \to T_{f(\mathbf{p})}\mathbb{R}$$

이지만, $1 \le i \le n$일 때에 u^i에 대한 f의 편도함수는

$$\partial_i f = \frac{\partial f}{\partial u^i}\colon D \to \mathbb{R}$$

임을 알고 있다. 이때, 접벡터 $\mathbf{v}_{\mathbf{p}} = (v^1, v^2, \dots, v^n)_{\mathbf{p}} \in T_{\mathbf{p}}D$에 대하여

$$Df|_{\mathbf{p}}(\mathbf{v}_{\mathbf{p}}) = v^i\, \partial_i f(\mathbf{p})_{f(\mathbf{p})}$$

이다. 특히, i번째 성분만 1이고 나머지 성분은 0인 접벡터 $\mathbf{e}_{i\mathbf{p}} = (0, \dots, 0, 1, 0, \dots, 0)_{\mathbf{p}}$에 대하여, $\partial_i f(\mathbf{p})$는 $Df|_{\mathbf{p}}(\mathbf{e}_{i\mathbf{p}})$의 벡터부분이다. 즉, 편도함수 $\partial_i f$는 벡터 $\mathbf{e}_i$에 대한 전미분 Df의 사상값의 벡터부분으로 이해할 수 있다.

이 절에서 편도함수를 일반화해 보자. 즉, 벡터 $\mathbf{v}$에 대한 전미분 Df의 사상값의 벡터부분을 정의하자.

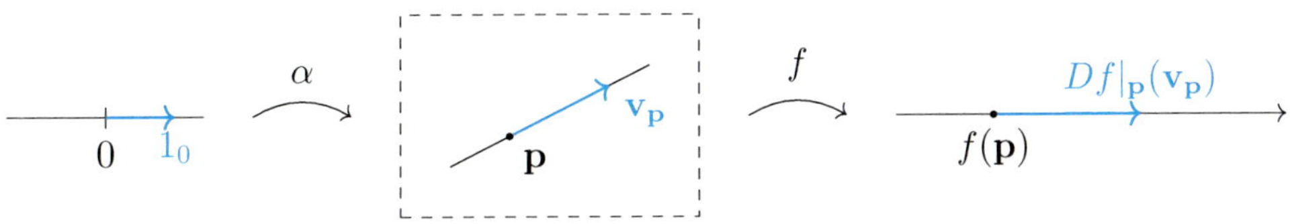

그림 1.11 접벡터에 대한 함수의 방향도함수

접벡터 $\mathbf{v}_{\mathbf{p}} \in T_{\mathbf{p}}D$와 점 $\mathbf{p}$ 근방에서 정의된 함수 f에 대하여, 접벡터 $\mathbf{v}_{\mathbf{p}} \in T_{\mathbf{p}}D$에 대한 전미분값 $Df|_{\mathbf{p}}(\mathbf{v}_{\mathbf{p}}) \in T_{f(\mathbf{v})}\mathbb{R}$의 벡터부분의 크기를 구하려고 한다. 이를 위하여 $\alpha(t) = \mathbf{p} + t\mathbf{v}$로 정의되는 곡선 $\alpha\colon [-a, a] \to D$를 도입하면, 그림 1.11에서와 같이 $0 \in [-a, a]$ 근방에서 1 정도 만큼의 변화는 곡선 α에 따라 $\mathbf{p} \in D$ 근방에서 $\mathbf{v}$ 정도 만큼의 변화로 바뀌며, 이는 함수 f에 따라 $f(\mathbf{p}) \in \mathbb{R}$ 근방에서 $Df|_{\mathbf{p}}(\mathbf{v}_{\mathbf{p}})$ 정도 만큼의 변화로 바뀐다. 따라서, 구하려는 전미분값 $Df|_{\mathbf{p}}(\mathbf{v}_{\mathbf{p}}) \in T_{f(\mathbf{v})}\mathbb{R}$의 벡터부분의 크기는 다음의 정의와 같다.

정의 1.18: 벡터에 대한 함수의 방향도함수

미분가능한 함수 $f\colon D \to \mathbb{R}$와 접벡터 $\mathbf{v_p} \in T_\mathbf{p}D$에 대하여,

$$\frac{d}{dt} f(\mathbf{p} + t\mathbf{v})\bigg|_{t=0}$$

을 $\mathbf{v_p}$에 대한 f의 **방향도함수**라고 하며 $D_{\mathbf{v_p}}f$로 나타낸다. 미분가능한 함수 $f\colon D \to \mathbb{R}$와 벡터 $\mathbf{v} \in \mathbb{E}^3$에 대하여,

$$(D_\mathbf{v} f)(\mathbf{p}) = D_{\mathbf{v_p}} f$$

로 정의되는 함수 $D_\mathbf{v} f\colon D \to \mathbb{R}$를 벡터 $\mathbf{v}$에 대한 f의 **방향도함수**[a]라고 한다.

[a]방향도함수의 정의에서 벡터 $\mathbf{v}$를 단위벡터로 한정하여 정의하는 경우도 있으나, 여기서는 그렇지 않기로 한다.

벡터를 $\mathbf{v} = (v^1, v^2, v^3)$과 같이 성분으로 나타낸 경우, 함수 f의 방향도함수를 다음과 같이 성분을 이용하여 계산할 수 있다.

보조정리 1.21: 방향도함수의 계산

영역 $D \subset \mathbb{R}^3$에 정의된 미분가능한 함수 $f\colon D \to \mathbb{R}$와 벡터 $\mathbf{v} = (v^1, v^2, v^3) \in \mathbb{E}^3$에 대하여,

$$(D_\mathbf{v} f)(\mathbf{p}) = v^i\, \partial_i f(\mathbf{p})$$

이다.

풀이. 점 $\mathbf{p} = (p^1, p^2, p^3)$를 지나고 벡터 $\mathbf{v}$ 쪽으로 나아가는 직선을

$$\alpha(t) = \mathbf{p} + t\mathbf{v} = (p^1 + tv^1, p^2 + tv^2, p^3 + tv^3)$$

로 놓으면, 연쇄법칙에 따라서

$$(D_\mathbf{v} f)(\mathbf{p}) = D_{\mathbf{v_p}} f = \frac{d}{dt} f(\mathbf{p} + t\mathbf{v})|_{t=0} = \frac{d}{dt}(f \circ \alpha)|_{t=0} = v^i \partial_i f(\mathbf{p})$$

이다. □

예제 1.20. 점 $\mathbf{p} = (1, 0, 2)$에서의 접벡터 $\mathbf{v_p} = (2, -1, 3)_\mathbf{p}$에 대한 함수

$$f(x^1, x^2, x^3) = 3 + 2x^1 - x^3 + 4x^2x^3$$

의 방향도함수를 구하라.

풀이. 함수 f의 편도함수가 각각

$$\partial_1 f(x^1, x^2, x^3) = 2, \quad \partial_2 f(x^1, x^2, x^3) = 4x^3, \quad \partial_3 f(x^1, x^2, x^3) = -1 + 4x^2$$

이므로

$$\partial_1 f(\mathbf{p}) = 2, \quad \partial_2 f(\mathbf{p}) = 8, \quad \partial_3 f(\mathbf{p}) = -1$$

이다. 따라서, 접벡터 $\mathbf{v_p} = (2, -1, 3)_\mathbf{p}$에 대한 함수 f의 방향도함수는

$$D_{\mathbf{v_p}} f = 2 \cdot 2 + (-1) \cdot 8 + 3 \cdot (-1) = -7$$

이다. □

앞의 보조정리에 따라서 다음이 성립함을 알 수 있다.

정리 1.22: 미분작용소로서의 방향도함수

영역 D에 정의된 미분가능한 함수 f, g와 벡터 $\mathbf{v}, \mathbf{w} \in \mathbb{E}^3$와 실수 a, b에 대하여,

(가) $D_\mathbf{v}(af + bg) = aD_\mathbf{v} f + bD_\mathbf{v} f$,

(나) $D_\mathbf{v}(fg) = D_\mathbf{v} f \cdot g + f \cdot D_\mathbf{v} g$,

(다) $D_{a\mathbf{v}+b\mathbf{w}} f = aD_\mathbf{v} f + bD_\mathbf{w} f$

이다.

증명. (가) 벡터 $\mathbf{v} = (v^1, v^2, v^3) \in \mathbb{E}^3$에 대하여, 미분작용소의 선형성에 따라서

$$D_\mathbf{v}(af + bg) = v^i \partial_i (af + bg) = av^i \partial_i f + bv^i \partial_i g = aD_\mathbf{v} f + bD_\mathbf{v} g$$

이다.

(나) 벡터 $\mathbf{v} = (v^1, v^2, v^3) \in \mathbb{E}^3$에 대하여, 미분작용소에 대한 라이프니츠 법칙에

따라서

$$D_{\mathbf{v}}(fg) = v^i\partial_i(fg) = v^i(g\partial_i f + f\partial_i g) = gD_{\mathbf{v}}f + fD_{\mathbf{v}}g$$

이다.

(다) 벡터 $\mathbf{v} = (v^1, v^2, v^3), \mathbf{w} = (w^1, w^2, w^3) \in \mathbb{E}^3$에 대하여,

$$D_{a\mathbf{v}+b\mathbf{w}}f = (av^i + bw^i)\partial_i f = av^i\partial_i f + bw^i\partial_i f = aD_{\mathbf{v}}f + bD_{\mathbf{w}}f$$

이다. □

위의 정리에 따라서, 벡터 $\mathbf{v} = (v^1, v^2, v^3) \in \mathbb{E}^3$에 대한 방향도함수 $D_{\mathbf{v}} = v^i\partial_i$는 영역 D에서 미분작용소[1]이다. 이때 이런 종류의 미분작용소들의 모임

$$\Psi = \{v^i\partial_i \,:\, (v^1, v^2, v^3) \in \mathbb{E}^3\}$$

은 벡터공간 $\mathbb{E}^3$와 일대일대응임을 알 수 있다. 앞으로 벡터 $\mathbf{v} = (v^1, v^2, v^3) \in \mathbb{E}^3$를 대응하는 미분작용소 $v^i\partial_i$와 동일시하여

$$\mathbf{v} = v^i\partial_i$$

로 나타내겠다. 이때

$$\partial_1 = (1, 0, 0), \quad \partial_2 = (0, 1, 0), \quad \partial_3 = (0, 0, 1)$$

이다.

> **예제 1.21.** 벡터 $\mathbf{v} = 2\partial_1 + 3\partial_2$에 대한 함수 $f(u^1, u^2) = 2(u^1)^2 + u^1u^2$의 방향도함수 $D_{\mathbf{v}}f$를 구하라.

풀이. 벡터 $\mathbf{v} = 2\partial_1 + 3\partial_2$에 대한 함수 $f(u^1, u^2) = 2(u^1)^2 + u^1u^2$의 방향도함수 $D_{\mathbf{v}}f$는

$$(D_{\mathbf{v}}f)(u^1, u^2) = 2\partial_1 f(u^1, u^2) + 3\partial_2 f(u^1, u^2) = 2(4u^1 + u^2) + 3(u^1) = 11u^1 + 2u^2$$

이다. □

[1] 미분작용소를 **미분연산자**라고도 한다.

1.4.4 벡터장

공간에 놓인 영역 D에서 유체가 흘러갈 때 이 유체의 속도를 나타내야 하는 경우가 있다. 이를 위하여 영역의 각 점에 그 점을 작용점으로 하는 접벡터를 대응시키는 사상을 정의하자.

정의 1.19: 영역에 정의된 벡터장

사상 $V: D \to TD$에 대하여,

$$\text{모든 } \mathbf{p}\text{에 대하여 } V(\mathbf{p}) \in T_{\mathbf{p}}D$$

이면 V는 D에서의 **벡터장**이라고 한다.

위의 정의에서 $V(\mathbf{p})$는 작용점이 $\mathbf{p}$인 접벡터이므로 $V(\mathbf{p})$를 $V_{\mathbf{p}}$로 나타내기도 한다.

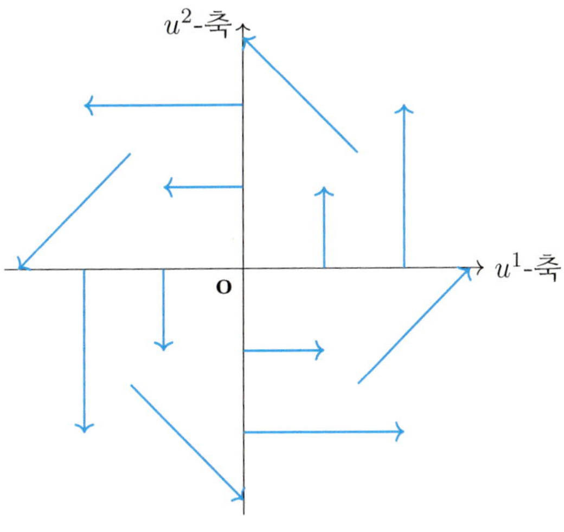

그림 1.12 벡터장 $V(u^1, u^2) = (-u^2, u^1)_{(u^1,u^2)}$

보기 1.3. 그림 1.12에서 벡터장 $V(u^1, u^2) = (-u^2, u^1)_{(u^1,u^2)}$은 점 (u^1, u^2)에 접벡터 $(-u^2, u^1)_{(u^1,u^2)} \in T_{(u^1,u^2)}\mathbb{R}^2$를 대응하는 벡터장이다.

점 $\mathbf{p} \in D$에서 접벡터의 합과 실수배는

$$\mathbf{v_p} + \mathbf{w_p} = (\mathbf{v} + \mathbf{w})_{\mathbf{p}}, \qquad a\mathbf{v_p} = (a\mathbf{v})_{\mathbf{p}}$$

와 같다. 이에 따라서, 다음과 같이 벡터장의 합과 함수배를 정의한다.

정의 1.20: 벡터장의 합과 함수배

영역 D에 정의된 벡터장 V와 W에 대하여,

$$(V+W)(\mathbf{p}) = V(\mathbf{p}) + W(\mathbf{p})$$

로 정의되는 벡터장 $V+W\colon D \to TD$를 벡터장 V와 W의 **합**이라고 한다. 함수 $f\colon D \to \mathbb{R}$와 영역 D에 정의된 벡터장 V에 대하여,

$$(fV)(\mathbf{p}) = f(\mathbf{p})V(\mathbf{p})$$

로 정의되는 $fV\colon D \to TD$를 벡터장 V의 f**배**라고 한다.

벡터장

$$\begin{aligned} V(x^1,x^2,x^3) &= (f^1(x^1,x^2,x^3), f^2(x^1,x^2,x^3), f^3(x^1,x^2,x^3))_{(x^1,x^2,x^3)}, \\ W(x^1,x^2,x^3) &= (g^1(x^1,x^2,x^3), g^2(x^1,x^2,x^3), g^3(x^1,x^2,x^3))_{(x^1,x^2,x^3)} \end{aligned}$$

에 대하여,

$$\begin{aligned} (V+W)(x^1,x^2,x^3) = (&f^1(x^1,x^2,x^3) + g^1(x^1,x^2,x^3), \\ &f^2(x^1,x^2,x^3) + g^2(x^1,x^2,x^3), f^3(x^1,x^2x^3) + g^3(x^1,x^2,x^3))_{(x^1,x^2,x^3)} \end{aligned}$$

이고, 벡터장 V와 함수 $h\colon D \to \mathbb{R}$에 대하여,

$$\begin{aligned} (hV)(x^1,x^2,x^3) = (&h(x^1,x^2,x^3)f^1(x^1,x^2,x^3), \\ &h(x^1,x^2,x^3)f^2(x^1,x^2,x^3), h(x^1,x^2,x^3)f^3(x^1,x^2,x^3))_{(x^1,x^2,x^3)} \end{aligned}$$

이다.

유클리드 공간 $\mathbb{R}^3$에 놓인 영역 D에 대하여,

$$\partial_1(\mathbf{p}) = (1,0,0)_{\mathbf{p}}, \quad \partial_2(\mathbf{p}) = (0,1,0)_{\mathbf{p}}, \quad \partial_3(\mathbf{p}) = (0,0,1)_{\mathbf{p}}$$

로 정의된 벡터장의 순서쌍 $(\partial_1,\partial_2,\partial_3)$을 D에 정의된 **자연틀장**이라고 한다.[2]

자연틀장 $(\partial_1,\partial_2,\partial_3)$에 대하여, 벡터장을 자연틀장의 함수결합으로 나타낼 수 있다.

---

[2]자연틀장을 **자연틀마당**이라고도 한다.

정리 1.23: 벡터장의 성분함수

영역 D에 정의된 벡터장 V와 자연틀장 $(\partial_1, \partial_2, \partial_3)$에 대하여,

$$V = v^i \partial_i$$

인 영역 D에 정의된 함수 v^1, v^2, v^3이 유일하게 존재한다.

증명. 벡터장 V는 D에서 $D \times \mathbb{E}^3$으로 대응하는 사상이므로

$$V(\mathbf{p}) = (v^1(\mathbf{p}), v^2(\mathbf{p}), v^3(\mathbf{p}))_{\mathbf{p}}$$

인 실함수 v^1, v^2, v^3이 유일하게 존재한다. 따라서

$$V(\mathbf{p}) = (v^1(\mathbf{p}), v^2(\mathbf{p}), v^3(\mathbf{p}))_{\mathbf{p}} = v^i(\mathbf{p})\partial_i(\mathbf{p})$$

이다. □

영역 D에 정의된 벡터장 V와 자연틀장 $(\partial_1, \partial_2, \partial_3)$에 대하여, $V = v^i \partial_i$인 함수 v^1, v^2, v^3을 V의 **유클리드 성분함수** 또는 간단히 **성분함수**라고 한다. 영역 D에 정의된 함수 f와 벡터장 $V = v^i \partial_i$, $W = w^i \partial_i$에 대하여,

$$V + W = (v^i + w^i)\partial_i, \qquad fV = (fv^i)\partial_i$$

이다.

영역 D에 정의된 벡터장을 영역 D에 정의된 미분가능한 함수에 대한 미분작용소로 볼 수 있다.

정의 1.21: 벡터장과 미분작용소

영역 D에 정의된 함수 f와 벡터장 V에 대하여,

$$(Vf)(\mathbf{p}) = D_{V(\mathbf{p})} f$$

로 정의된 함수 $Vf : D \to \mathbb{R}$를 벡터장 V에 대한 f의 **방향도함수**라고 한다.

예제 1.22. 벡터장

$$V(x^1, x^2, x^3) = (2x^2+3)\partial_1 + (3(x^1)^2 + x^1x^2 + x^3)\partial_2 + (1+x^3)\partial_3$$

와 함수 $f(x^1, x^2, x^3) = 3 + x^1x^2 + x^3$에 대하여, Vf를 구하라.

풀이. 벡터장 V와 함수 f에 대하여,

$$\begin{aligned} Vf &= \left\{(2x^2+3)\partial_1 + (3(x^1)^2 + x^1x^2 + x^3)\partial_2 + (1+x^3)\partial_3\right\}(3 + x^1x^2 + x^3) \\ &= (2x^2+3)\partial_1(3 + x^1x^2 + x^3) + (3(x^1)^2 + x^1x^2 + x^3)\partial_2(3 + x^1x^2 + x^3) \\ &\qquad + (1+x^3)\partial_3(3 + x^1x^2 + x^3) \\ &= \left\{2(x^2)^2 + 3x^2\right\} + \left\{3(x^1)^3 + (x^1)^2x^2 + x^1x^3\right\} + (1+x^3) \\ &= 1 + 3x^2 + x^3 + x^1x^3 + 2(x^2)^2 + 3(x^1)^3 + (x^1)^2x^2 \end{aligned}$$

이다. □

방향도함수의 성질에 대한 정리 1.22에 따라서, 다음이 성립한다.

정리 1.24: 미분작용소로서의 벡터장의 성질

영역 D에 정의된 미분가능한 함수 f, g, h와 D에서의 벡터장 V, W와 실수 a, b에 대하여,

(가) $V(af + bg) = a(Vf) + b(Vg)$,

(나) $V(fg) = Vf \cdot g + f \cdot Vg$,

(다) $(fV + gW)h = f(Vh) + g(Wh)$

이다.

예제 1.23. 영역 $D \in \mathbb{R}^2$에 정의된 벡터장 $V(u^1, u^2) = (u^1+2u^2)\partial_1 + (u^1-u^2)\partial_2$에 대한 다음 함수 f의 방향도함수 Vf를 구하라.

(가) $f(u^1, u^2) = 2u^1u^1 - u^1u^2 - u^2$,
(나) $f(u^1, u^2) = -u^1 + 2x^2 + 3u^1u^2$.

풀이. (가) 벡터장 V와 f에 대하여,

$$\begin{aligned} Vf &= (u^1 + 2u^2)\partial_1 f + (u^1 - u^2)\partial_2 f \\ &= (u^1 + 2u^2)(4u^1 - u^2) + (u^1 - u^2)(-u^1 - 1) \\ &= 3u^1u^1 + 8u^1u^2 - 2u^2u^2 - u^1 + u^2 \end{aligned}$$

이다.

(나) 벡터장 V와 f에 대하여,

$$\begin{aligned} Vf &= (u^1 + 2u^2)\partial_1 f + (u^1 - u^2)\partial_2 f \\ &= (u^1 + 2u^2)(-1 + 3u^2) + (u^1 - u^2)(2 + 3u^1) \\ &= 3u^1u^1 + 6u^2u^2 + u^1 - 4u^2 \end{aligned}$$

이다. □

연습문제 1.4

1. 사상 $L(u^1, u^2) = (u^1 + 3u^2, 2u^1 - 4u^2, u^1u^2)$가 선형사상인지 판별하라.

2. 선형사상 $L\colon \mathbb{E}^3 \to \mathbb{E}^3$에 대하여, $(\mathbf{e}_1, \mathbf{e}_2, \mathbf{e}_3)$이 자연틀일 때

$$L(v^i\mathbf{e}_i) = a^i_j v^j \mathbf{e}_i$$

인 실수 a^i_j $(i, j = 1, 2, 3)$가 존재한다. 선형사상 L의 행렬식을

$$\det L = \det(a^i_1\mathbf{e}_i, a^i_2\mathbf{e}_i, a^i_3\mathbf{e}_i)$$

로 정의한다. 그러면

$$\forall \mathbf{u}, \mathbf{v}, \mathbf{w}, \quad \det(L(\mathbf{u}), L(\mathbf{v}), L(\mathbf{w})) = \det L \cdot \det(\mathbf{u}, \mathbf{v}, \mathbf{w})$$

임을 보여라.

3. 점 $\mathbf{p} = (2, 1)$에서 다음 사상 F의 전미분 $DF|_{\mathbf{p}}$를 구하라.

(가) $F(u^1, u^2) = (3 - 2u^1 + u^2, u^1 - 2u^2, 2 - u^1 + 3u^2)$,

(나) $F(u^1, u^2) = (1 + 2u^1 + 3u^2, u^1u^2 + u^1, (u^1)^2 + (u^2)^2)$,

(다) $F(u^1, u^2) = (u^1 - 2u^2, 3(u^1)^2 + u^2, (u^1)^2 - (u^2)^2)$.

4. 점 $\mathbf{p} = (2, -1, 1)$에서 접벡터 $\mathbf{v}_{\mathbf{p}} = (1, -3, 2)_{\mathbf{p}}$에 대한 함수

$$f(x^1, x^2, x^3) = 5 + x^1 - x^2 + 2x^3 + 3x^1x^3$$

의 방향도함수를 구하라.

5. 영역 $D \in \mathbb{R}^2$에 정의된 벡터장

$$V(u^1, u^2) = (2 + u^1 - 2u^2)\partial_1 + (3u^1 - 2u^2)\partial_2$$

에 대하여, 다음 함수 f에 대한 Vf를 구하라.

(가) $f(u^1, u^2) = 4 + 3u^2 + 3u^1u^1 - 2u^1u^2$,

(나) $f(u^1, u^2) = 5 - u^1 + u^2 + 4u^1u^2 - 3u^2u^2$.

1.5 쌍대공간과 텐서공간

1.5.1 쌍대공간

유클리드 벡터공간 $\mathbb{E}^3$에 대하여, 벡터공간 $\mathbb{E}^3$에서 실수 전체의 집합 $\mathbb{R}$로의 선형함수 $L\colon \mathbb{E}^3 \to \mathbb{R}$은 벡터공간 $\mathbb{E}^3$에 대한 **선형범함수**라고 한다. 선형범함수는 일차동차함수이므로

$$L(v^1, v^2, v^3) = a_i v^i$$

인 실수 a_1, a_2, a_3이 존재한다.

보기 1.4. 함수 $L\colon \mathbb{E}^3 \to \mathbb{R}$이

$$L(v^1, v^2, v^3) = 2v^1 - 4v^2 + v^3$$

로 정의되면 L은 일차동차함수이므로 L은 선형범함수이다.

유클리드 벡터공간 $\mathbb{E}^3$에 정의된 모든 선형범함수의 집합에는 벡터구조가 있다. 벡터합으로의 선형범함수의 합을 다음과 같이 정의한다.

정의 1.22: 선형범함수의 합

선형범함수 L_1과 L_2에 대하여, L_1과 L_2의 **합** $L_1 + L_2$를

$$(L_1 + L_2)(\mathbf{v}) = L_1(\mathbf{v}) + L_2(\mathbf{v})$$

로 정의한다.

예제 1.24. 선형범함수 $L_1(v^1, v^2, v^3) = 2v^1 + v^2$와 $L_2(v^1, v^2, v^3) = -v^1 + 3v^2 - v^3$의 합을 구하라.

풀이. 선형범함수 L_1과 L_2에 대하여,

$$\begin{aligned}(L_1 + L_2)(v^1, v^2, v^3) &= (2-1)v^1 + (1+3)v^2 + (0-1)v^3 \\ &= v^1 + 4v^2 - v^3\end{aligned}$$

이다. □

유클리드 벡터공간 $\mathbb{E}^3$의 벡터구조를 이용하면 선형범함수의 합도 선형범함수임을 알 수 있다.

정리 1.25: 선형범함수 합의 선형범함수성

함수 $L_1 \colon \mathbb{E}^3 \to \mathbb{R}$와 $L_2 \colon \mathbb{E}^3 \to \mathbb{R}$에 대하여, L_1과 L_2가 선형범함수이면 합 $L_1 + L_2$도 선형범함수이다.

증명. 함수 L_1과 L_2가 선형범함수라고 가정하자. 그러면, 벡터 $\mathbf{v}$와 $\mathbf{w}$에 대하여,

$$\begin{aligned}(L_1 + L_2)(\mathbf{v} + \mathbf{w}) &= L_1(\mathbf{v} + \mathbf{w}) + L_2(\mathbf{v} + \mathbf{w}) \\ &= (L_1(\mathbf{v}) + L_1(\mathbf{w})) + (L_2(\mathbf{v}) + L_2(\mathbf{w})) \\ &= (L_1(\mathbf{v}) + L_2(\mathbf{v})) + (L_1(\mathbf{w}) + L_2(\mathbf{w})) \\ &= (L_1 + L_2)(\mathbf{v}) + (L_1 + L_2)(\mathbf{w})\end{aligned}$$

이다. 또한 벡터 $\mathbf{v}$와 실수 t에 대하여,

$$\begin{aligned}(L_1 + L_2)(t\mathbf{v}) &= L_1(t\mathbf{v}) + L_2(t\mathbf{v}) = tL_1(\mathbf{v}) + tL_2(\mathbf{v}) \\ &= t(L_1(\mathbf{v}) + L_2(\mathbf{v})) = t(L_1 + L_2)(\mathbf{v})\end{aligned}$$

이다. □

선형범함수의 실수배를 다음과 같이 정의한다.

정의 1.23: 선형범함수의 실수배

선형범함수 $L \colon \mathbb{E}^3 \to \mathbb{R}$와 실수 a에 대하여, L의 a배 aL을

$$(aL)(\mathbf{v}) = aL(\mathbf{v})$$

로 정의한다.

예제 1.25. 선형범함수 $L(v^1, v^2, v^3) = 3v^1 + 2v^2 - v^3$의 4배를 구하라.

풀이. $(4L)(v^1, v^2, v^3) = (4 \cdot 3)v^1 + (4 \cdot 2)v^2 + 4 \cdot (-1)v^3 = 12v^1 + 8v^2 - 4v^3.$ □

정리 1.26: 선형범함수의 실수배의 선형범함수성

함수 $L\colon \mathbb{E}^3 \to \mathbb{R}$와 실수 a에 대하여, L이 선형범함수이면 L의 a배 aL도 선형범함수이다.

증명. 함수 L이 선형범함수라고 가정하자. 그러면, 벡터 $\mathbf{v}$와 $\mathbf{w}$에 대하여,

$$\begin{aligned}(aL)(\mathbf{v}+\mathbf{w}) &= aL(\mathbf{v}+\mathbf{w})\\ &= a\{L(\mathbf{v})+L(\mathbf{w})\}\\ &= aL(\mathbf{v})+aL(\mathbf{w})\\ &= (aL)(\mathbf{v})+(aL)(\mathbf{w})\end{aligned}$$

이다. 또한 벡터 $\mathbf{v}$와 실수 t에 대하여,

$$(aL)(t\mathbf{v}) = aL(t\mathbf{v}) = a\{tL(\mathbf{v})\} = t\{aL(\mathbf{v})\} = t(aL)(\mathbf{v})$$

이다. □

벡터공간 $\mathbb{E}^3$에 대한 모든 선형범함수의 집합을 $\mathbb{E}^{3*}$로 나타낸다. 그러면, 선형범함수의 합과 실수배에 대하여 모든 선형범함수의 집합 $\mathbb{E}^{3*}$는 벡터공간이다. 벡터공간 $\mathbb{E}^{3*}$를 벡터공간 $\mathbb{E}^3$의 **쌍대공간**이라고 한다.

쌍대공간 $\mathbb{E}^{3*}$의 기저를 찾아보자. 벡터공간 $\mathbb{E}^3$에 대하여,

$$\mathbf{e}_1 = (1,0,0), \quad \mathbf{e}_2 = (0,1,0), \quad \mathbf{e}_3 = (0,0,1)$$

인 자연틀 $(\mathbf{e}_1, \mathbf{e}_2, \mathbf{e}_3)$을 생각하자. 자연틀 $(\mathbf{e}_1, \mathbf{e}_2, \mathbf{e}_3)$이 벡터공간 $\mathbb{E}^3$의 기저이므로, 선형범함수 L은 $\mathbf{e}_1, \mathbf{e}_2, \mathbf{e}_3$에 대한 함숫값 $L(\mathbf{e}_1)$. $L(\mathbf{e}_2)$, $L(\mathbf{e}_3)$에 따라서 완전히 결정된다. 즉,

$$a_i = L(\mathbf{e}_i) \quad (i = 1,2,3)$$

로 놓으면

$$L(v^1, v^2, v^3) = L(v^i\mathbf{e}_i) = v^iL(\mathbf{e}_i) = v^ia_i$$

이다.

벡터 $\mathbf{e}_1, \mathbf{e}_2, \mathbf{e}_3$을 각각 $1, 0, 0$으로 대응시키는 선형범함수를 $\mathbf{e}^1$로 나타낸다. 그러면

$$\mathbf{e}^1(v^1, v^2, v^3) = \mathbf{e}^1(v^i\mathbf{e}_i) = v^1$$

이다. 벡터 $\mathbf{e}_1, \mathbf{e}_2, \mathbf{e}_3$을 각각 $0, 1, 0$으로 대응시키는 선형범함수를 $\mathbf{e}^2$로 나타낸다. 그

러면

$$\mathbf{e}^2(v^1, v^2, v^3) = \mathbf{e}^2(v^i\mathbf{e}_i) = v^2$$

이다. 벡터 $\mathbf{e}_1, \mathbf{e}_2, \mathbf{e}_3$을 각각 $0, 0, 1$으로 대응시키는 선형범함수를 $\mathbf{e}^3$로 나타낸다. 그러면

$$\mathbf{e}^3(v^1, v^2, v^3) = \mathbf{e}^3(v^i\mathbf{e}_i) = v^3$$

이다.

정리 1.27: 쌍대공간의 표준기저

쌍대공간 $\mathbb{E}^{3*}$에 대하여, $(\mathbf{e}^1, \mathbf{e}^2, \mathbf{e}^3)$은 쌍대공간 $\mathbb{E}^{3*}$의 기저이다.

증명. 먼저 $(\mathbf{e}^1, \mathbf{e}^2, \mathbf{e}^3)$이 쌍대공간 $\mathbb{E}^{3*}$를 생성함을 보이자. 임의의 선형범함수를 L로 놓자. 그러면 $L(v^1, v^2, v^3) = a_iv^i$인 실수 a_1, a_2, a_3이 존재한다. 두 선형범함수 L와 $a_i\mathbf{e}^i$에 대하여

$$L(\mathbf{e}_i) = a_i = (a_j\mathbf{e}^j)(\mathbf{e}_i) \quad (i = 1, 2, 3)$$

이므로, $L = a_i\mathbf{e}^i$이다.

이제 $(\mathbf{e}^1, \mathbf{e}^2, \mathbf{e}^3)$이 일차독립임을 보이자. 만약 $a_i\mathbf{e}^i$이 영함수 $\mathbf{o}$이면

$$0 = \mathbf{o}(\mathbf{e}_j) = (a_i\mathbf{e}^i)(\mathbf{e}_j) = a_j \quad (j = 1, 2, 3)$$

이다. □

위의 증명에서 선형범함수 $L(v^1, v^2, v^3) = a_iv^i$를

$$L = a_i\mathbf{e}^i$$

로 나타낼 수 있음을 알 수 있다.

예제 1.26. 선형범함수 $L(v^1, v^2, v^3) = 2v^1 - 5v^2 + v^3$을 표준기저 $(\mathbf{e}^1, \mathbf{e}^2, \mathbf{e}^3)$의 일차결합으로 나타내라.

풀이. 선형범함수 L에 대하여,

$$\begin{aligned} L(\mathbf{e}_1) &= 2 = (2\mathbf{e}^1 - 5\mathbf{e}^2 + \mathbf{e}^3)(\mathbf{e}_1), \\ L(\mathbf{e}_2) &= -5 = (2\mathbf{e}^1 - 5\mathbf{e}^2 + \mathbf{e}^3)(\mathbf{e}_2), \\ L(\mathbf{e}_3) &= 1 = (2\mathbf{e}^1 - 5\mathbf{e}^2 + \mathbf{e}^3)(\mathbf{e}_3) \end{aligned}$$

이므로 $L = 2\mathbf{e}^1 - 5\mathbf{e}^2 + \mathbf{e}^3$이다. □

1.5.2 텐서공간

앞에서 유클리드 벡터공간 $\mathbb{E}^2$, $\mathbb{E}^3$와 쌍대공간 $\mathbb{E}^{2*}$, $\mathbb{E}^{3*}$ 등의 벡터공간을 살펴보았다. 이 절에서는 이들 벡터공간을 이용하여 새로운 벡터공간을 정의한다.

정의 1.24: 텐서곱

기저가 $(\mathbf{v}_1, \mathbf{v}_2, \ldots, \mathbf{v}_n)$인 벡터공간 V와 기저가 $(\mathbf{w}_1, \mathbf{w}_2, \ldots, \mathbf{w}_m)$인 벡터공간 W에 대하여,

(가) $\mathbf{v}_1 \otimes \mathbf{w}_1, \ldots, \mathbf{v}_n \otimes \mathbf{w}_1; \mathbf{v}_1 \otimes \mathbf{w}_2, \ldots, \mathbf{v}_n \otimes \mathbf{w}_2; \ldots; \mathbf{v}_1 \otimes \mathbf{w}_m, \ldots, \mathbf{v}_n \otimes \mathbf{w}_m$이 모두 서로 다른 원소이고,

(나) 벡터 $\mathbf{v} = a^i\mathbf{v}_i$와 $\mathbf{w} = b^j\mathbf{w}_j$의 **텐서곱**이 $\mathbf{v} \otimes \mathbf{w} = a^ib^j\mathbf{v}_i \otimes \mathbf{w}_j$로 정의되며,

(다) 텐서곱에 대한 이중선형성이 성립하는, 즉

$$\forall \mathbf{u}_1, \mathbf{u}_2 \in V,\ \forall \mathbf{w} \in W,\ \forall a, b \in \mathbb{R},\ (a\mathbf{u}_1 + b\mathbf{u}_2) \otimes \mathbf{w} = a\mathbf{u}_1 \otimes \mathbf{w} + b\mathbf{u}_2 \otimes \mathbf{w}$$

그리고

$$\forall \mathbf{v} \in V,\ \forall \mathbf{u}_1, \mathbf{u}_2 \in W,\ \forall a, b \in \mathbb{R},\ \mathbf{v} \otimes (a\mathbf{u}_1 + b\mathbf{u}_2) = a\mathbf{v} \otimes \mathbf{u}_1 + b\mathbf{v} \otimes \mathbf{u}_2$$

인 텐서곱 $\otimes$를 정의한다.

유클리드 공간 $\mathbb{E}^3$에 대하여, 자연틀이 $(\mathbf{e}_1, \mathbf{e}_2, \mathbf{e}_3)$일 때 텐서곱에 대한 이중선형성에 따라서

$$(a^i\mathbf{e}_i) \otimes (b^j\mathbf{e}_j) = a^ib^j\mathbf{e}_i \otimes \mathbf{e}_j$$

이다.

보기 1.5. 유클리드 공간 $\mathbb{E}^2$에 대하여, 자연틀이 $(\mathbf{e}_1, \mathbf{e}_2)$일 때

$$(2\mathbf{e}_1 + 3\mathbf{e}_2) \otimes (4\mathbf{e}_1 - \mathbf{e}_2) = 8\mathbf{e}_1 \otimes \mathbf{e}_1 - 2\mathbf{e}_1 \otimes \mathbf{e}_2 + 12\mathbf{e}_2 \otimes \mathbf{e}_1 - 3\mathbf{e}_2 \otimes \mathbf{e}_2$$

이다.

n차원 벡터공간 V와 m차원 벡터공간 W에 대하여, 다음의 nm차원 벡터공간을 정의하자.

정의 1.25: 텐서공간

기저가 $(\mathbf{v}_1, \mathbf{v}_2, \ldots, \mathbf{v}_n)$인 벡터공간 V와 기저가 $(\mathbf{w}_1, \mathbf{w}_2, \ldots, \mathbf{w}_m)$인 벡터공간 W에 대하여, 순서쌍

$$(\mathbf{v}_1 \otimes \mathbf{w}_1, \ldots, \mathbf{v}_n \otimes \mathbf{w}_1; \mathbf{v}_1 \otimes \mathbf{w}_2, \ldots, \mathbf{v}_n \otimes \mathbf{w}_2; \ldots; \mathbf{v}_1 \otimes \mathbf{w}_m, \ldots, \mathbf{v}_n \otimes \mathbf{w}_m)$$

이 기저인 벡터공간 $V \otimes W$를 V와 W의 **텐서공간**이라고 한다. 텐서공간의 원소를 **텐서**라고 한다.

위의 정의에서의 텐서공간 $V \otimes W$은 nm차원 벡터공간이다.

선형사상 $L\colon \mathbb{E}^2 \to \mathbb{E}^3$를 텐서공간 $\mathbb{E}^3 \otimes \mathbb{E}^{2*}$에 속하는 텐서로 이해할 수 있다. 벡터공간 $\mathbb{E}^2$의 표준기저를 $(\mathbf{e}_1, \mathbf{e}_2)$로 놓고 벡터공간 $\mathbb{E}^3$의 표준기저를 $(\mathbf{f}_1, \mathbf{f}_2, \mathbf{f}_3)$으로 놓자. 선형사상 $L(u^1, u^2) = (a^1_j u^j, a^2_j u^j, a^3_j u^j)$에 대하여,

$$\begin{aligned} L(\mathbf{e}_1) = L(1,0) = (a^1_1, a^2_1, a^3_1) = a^1_1\mathbf{f}_1 + a^2_1\mathbf{f}_2 + a^3_1\mathbf{f}_3, \\ L(\mathbf{e}_2) = L(0,1) = (a^1_2, a^2_2, a^3_2) = a^1_2\mathbf{f}_1 + a^2_2\mathbf{f}_2 + a^3_2\mathbf{f}_3, \end{aligned}$$

즉

$$L(\mathbf{e}_j) = a^i_j \mathbf{f}_i \quad (j = 1, 2)$$

이다. 따라서

$$(\mathbf{f}_i \otimes \mathbf{e}^j)(\mathbf{e}_k) = \mathbf{e}^j(\mathbf{e}_k)\,\mathbf{f}_i$$

로 정의하면

$$L = a^i_j\, \mathbf{f}_i \otimes \mathbf{e}^j$$

이다. 기저 $(\mathbf{e}_1, \mathbf{e}_2)$와 $(\mathbf{f}_1, \mathbf{f}_2, \mathbf{f}_3)$에 대한 선형사상 L의 행렬표현은

$$[L] = \begin{bmatrix} a^1_1 & a^1_2 \\ a^2_1 & a^2_2 \\ a^3_1 & a^3_2 \end{bmatrix}$$

인데, 이보다 텐서표현이 매우 간결함을 확인할 수 있다.

예제 1.27. 선형사상 $L(u^1, u^2) = (2u^1 - 3u^2, u^1 + 4u^2, 5u^1 - 6u^2)$을 벡터공간 $\mathbb{E}^2$의 표준기저 $(\mathbf{e}_1, \mathbf{e}_2)$와 벡터공간 $\mathbb{E}^3$의 표준기저 $(\mathbf{f}_1, \mathbf{f}_2, \mathbf{f}_3)$에 대한 텐서곱으로 나타내라.

풀이. 선형사상 L에 대하여,

$$L(\mathbf{e}_1) = 2\mathbf{f}_1 + \mathbf{f}_2 + 5\mathbf{f}_3,$$
$$L(\mathbf{e}_2) = -3\mathbf{f}_1 + 4\mathbf{f}_2 - 6\mathbf{f}_3$$

이므로

$$L = (2\mathbf{f}_1 + \mathbf{f}_2 + 5\mathbf{f}_3) \otimes \mathbf{e}^1 + (-3\mathbf{f}_1 + 4\mathbf{f}_2 - 6\mathbf{f}_3) \otimes \mathbf{e}^2$$

이다. □

유클리드 벡터공간 $\mathbb{E}^3$의 표준기저를 $(\mathbf{e}_1, \mathbf{e}_2, \mathbf{e}_3)$로 놓자. 벡터 $\mathbf{v} = v^i \mathbf{e}_i$와 $\mathbf{w} = w^j \mathbf{e}_j$의 표준내적 $\mathbf{v} \cdot \mathbf{w} = v^1 w^1 + v^2 w^2 + v^3 w^3$에 대하여

$$\mathbf{e}_i \cdot \mathbf{e}_j = \delta_{ij}$$

이다. 따라서

$$(\mathbf{e}^i \otimes \mathbf{e}^j)(\mathbf{e}_k \otimes \mathbf{e}_\ell) = \delta^i_k \delta^j_\ell$$

로 정의하면

$$\mathbf{v} \cdot \mathbf{w} = (\mathbf{e}^1 \otimes \mathbf{e}^1 + \mathbf{e}^2 \otimes \mathbf{e}^2 + \mathbf{e}^3 \otimes \mathbf{e}^3)(\mathbf{v} \otimes \mathbf{w})$$

이다. 다시 말하면, 표준내적을 텐서로 나타내면

$$\mathbf{e}^1 \otimes \mathbf{e}^1 + \mathbf{e}^2 \otimes \mathbf{e}^2 + \mathbf{e}^3 \otimes \mathbf{e}^3$$

이다.

위의 표준내적과 마찬가지 방법으로, 벡터 $\mathbf{v} = v^i \mathbf{e}_i$와 $\mathbf{w} = w^j \mathbf{e}_j$의 일반적인 내적 $\langle \mathbf{v}, \mathbf{w} \rangle = v^i g_{ij} w^j$를 텐서로 나타내면

$$\langle \cdot, \cdot \rangle = g_{ij} \mathbf{e}^i \otimes \mathbf{e}^j$$

이다.

보기 1.6. 유클리드 벡터공간 $\mathbb{E}^2$에 대하여,

$$\langle \mathbf{e}_1, \mathbf{e}_1 \rangle = 2, \quad \langle \mathbf{e}_1, \mathbf{e}_2 \rangle = 1 = \langle \mathbf{e}_2, \mathbf{e}_1 \rangle, \quad \langle \mathbf{e}_2, \mathbf{e}_2 \rangle = 3$$

인 내적 $\langle \cdot, \cdot \rangle$이 정의되면 $\langle \cdot, \cdot \rangle = 2\mathbf{e}^1 \otimes \mathbf{e}^1 + \mathbf{e}^1 \otimes \mathbf{e}^2 + \mathbf{e}^2 \otimes \mathbf{e}^1 + 3\mathbf{e}^2 \otimes \mathbf{e}^2$이다.

예제 1.28. 유클리드 벡터공간 $\mathbb{E}^2$의 자연틀 $(\mathbf{e}_1, \mathbf{e}_2)$에 대한 내적

$$\langle \cdot, \cdot \rangle = 3\mathbf{e}^1 \otimes \mathbf{e}^1 + 2\mathbf{e}^1 \otimes \mathbf{e}^2 + 2\mathbf{e}^2 \otimes \mathbf{e}^1 + 4\mathbf{e}^2 \otimes \mathbf{e}^2$$

에 대하여, $\langle \mathbf{e}_1 + 2\mathbf{e}_2, 3\mathbf{e}_1 - \mathbf{e}_2 \rangle$을 계산하라.

풀이. 내적 $\langle \cdot, \cdot \rangle$에 대하여,

$$\langle \mathbf{e}_1, \mathbf{e}_1 \rangle = 3, \quad \langle \mathbf{e}_1, \mathbf{e}_2 \rangle = 2 = \langle \mathbf{e}_2, \mathbf{e}_1 \rangle, \quad \langle \mathbf{e}_2, \mathbf{e}_2 \rangle = 4$$

이므로

$$\begin{aligned} \langle \mathbf{e}_1 + 2\mathbf{e}_2, 3\mathbf{e}_1 - \mathbf{e}_2 \rangle &= 3\langle \mathbf{e}_1, \mathbf{e}_1 \rangle - \langle \mathbf{e}_1, \mathbf{e}_2 \rangle + 6\langle \mathbf{e}_2, \mathbf{e}_1 \rangle - 2\langle \mathbf{e}_2, \mathbf{e}_2 \rangle \\ &= 3 \cdot 3 - 2 + 12 - 8 = 11 \end{aligned}$$

이다. □

연습문제 1.5

1. 다음 선형범함수의 합을 구하라.

(가) $L_1(v^1, v^2, v^3) = 3v^1 - 4v^2 + v^3, \qquad L_2(v^1, v^2, v^3) = 3v^2 - 2v^3,$

(나) $L_1(v^1, v^2, v^3) = 2v^1 + v^2 - 4v^3, \qquad L_2(v^1, v^2, v^3) = v^1 - 3v^2 + 3v^3.$

2. 다음 선형범함수의 3배를 구하라.

(가) $L(v^1, v^2, v^3) = v^1 - 4v^2 + 3v^3,$

(나) $L(v^1, v^2, v^3) = -3v^1 + 2v^2 - 2v^3.$

3. 선형범함수 $L(v^1, v^2, v^3) = 4v^1 - 2v^2 + 3v^3$을 표준기저 $(\mathbf{e}^1, \mathbf{e}^2, \mathbf{e}^3)$의 일차결합으로 나타내라.

4. 자연틀 $(\mathbf{e}_1, \mathbf{e}_2, \mathbf{e}_3)$에 대한 다음의 선형범함수 L와 벡터 $\mathbf{v}$에 대하여, $L(\mathbf{v})$를 구하라.

(가) $L = 3\mathbf{e}^1 + \mathbf{e}^2 - \mathbf{e}^3, \qquad \mathbf{v} = 2\mathbf{e}_1 - 3\mathbf{e}_2 + 2\mathbf{e}_3,$

(나) $L = 2\mathbf{e}^1 - 3\mathbf{e}^3, \qquad \mathbf{v} = 4\mathbf{e}_1 - 3\mathbf{e}_2 + 5\mathbf{e}_3.$

5. 자연틀 $(\mathbf{e}_1, \mathbf{e}_2, \mathbf{e}_3)$에 대한 다음 텐서곱을 구하라.

(가) $(3\mathbf{e}_1 + \mathbf{e}_2 - 2\mathbf{e}_3) \otimes (\mathbf{e}_1 + 4\mathbf{e}_2 + 2\mathbf{e}_3),$

(나) $(\mathbf{e}_1 + 5\mathbf{e}_2 + 2\mathbf{e}_3) \otimes (-\mathbf{e}_1 + 4\mathbf{e}_3),$

(다) $(\mathbf{e}^1 + 3\mathbf{e}^2 + 2\mathbf{e}^3) \otimes (2\mathbf{e}^1 - \mathbf{e}^2 + 3\mathbf{e}^3),$

(라) $(\mathbf{e}^1 + 5\mathbf{e}^2 + 2\mathbf{e}^3) \otimes (-\mathbf{e}^1 + 4\mathbf{e}^3).$

6. 선형사상 $L(u^1, u^2) = (3u^1 + u^2, 2u^1, 3u^1 - 5u^2)$을 쌍대공간 $\mathbb{E}^{2*}$의 표준기저 $(\mathbf{e}^1, \mathbf{e}^2)$와 벡터공간 $\mathbb{E}^3$의 표준기저 $(\mathbf{f}_1, \mathbf{f}_2, \mathbf{f}_3)$에 대한 텐서곱으로 나타내라.

7. 유클리드 벡터공간 $\mathbb{E}^2$의 자연틀 $(\mathbf{e}_1, \mathbf{e}_2)$에 대한 내적

$$\langle \cdot, \cdot \rangle = 2\mathbf{e}^1 \otimes \mathbf{e}^1 + \mathbf{e}^1 \otimes \mathbf{e}^2 + \mathbf{e}^2 \otimes \mathbf{e}^1 + 3\mathbf{e}^2 \otimes \mathbf{e}^2$$

에 대하여, 다음을 계산하라.

(가) $\langle 4\mathbf{e}_1 + \mathbf{e}_2, \mathbf{e}_1 - 3\mathbf{e}_2 \rangle, \qquad$ (나) $\langle \mathbf{e}_1 - 5\mathbf{e}_2, 2\mathbf{e}_1 - 3\mathbf{e}_2 \rangle.$

1.6 미분일형식

유클리드 벡터공간 $\mathbb{E}^3$의 쌍대공간 $\mathbb{E}^{3*}$도 역시 벡터공간이다. 이에 대한 접벡터와 접공간과 벡터장을 이 절에서 살펴보자.

정의 1.26: 유클리드 공간에서의 여접벡터와 여접공간과 여접다발

유클리드 공간 $\mathbb{R}^n$의 영역 D에 대하여, 점과 선형범함수의 순서쌍 $(\mathbf{p}, L) \in D \times \mathbb{E}^{n*}$을 점 $\mathbf{p}$에서의 **여접벡터**라고 하고 $L_\mathbf{p}$로 나타낸다. 점 $\mathbf{p}$를 여접벡터 $L_\mathbf{p}$의 **작용점**이라고 하고, 선형범함수 L을 여접벡터 $L_\mathbf{p}$의 **벡터부분**이라고 한다.

점 $\mathbf{p}$에서 모든 여접벡터의 집합

$$\{L_\mathbf{p} = (\mathbf{p}, L) \in D \times \mathbb{E}^{n*} \mid L \in \mathbb{E}^{n*}\}$$

을 $\mathbf{p}$에서 D의 **여접공간**이라고 하고 $T^*_\mathbf{p}D$로 나타낸다.

영역 D의 모든 점에서 여접공간의 합집합

$$\bigcup_{\mathbf{p} \in D} T^*_\mathbf{p}D$$

를 D에서 **여접다발**이라고 하고 T^*D로 나타낸다.

점 $\mathbf{p}$에서 여접공간 $T_\mathbf{p}D = \{\mathbf{p}\} \times \mathbb{E}^{n*}$은 유클리드 쌍대공간 $\mathbb{E}^{n*}$과 벡터동형이다. 여접공간 $T^*_\mathbf{p}D$에서는 벡터의 합과 실수배가 정의된다. 즉, 여접벡터 $L_\mathbf{p}, M_\mathbf{p} \in T^*_\mathbf{p}D$와 실수 a에 대하여

$$L_\mathbf{p} + M_\mathbf{p} := (L + M)_\mathbf{p}, \qquad aL_\mathbf{p} := (aL)_\mathbf{p}$$

로 정의된다. 그리고 여접벡터 $L_\mathbf{p} \in T^*_\mathbf{p}D$의 크기는

$$\|L_\mathbf{p}\| := \|L\|$$

이다.

영역 D에 대하여,

$$T^*D = D \times \mathbb{E}^{n*}$$

이다.

영역 D에서 접다발 TD로의 벡터장을 정의함과 같이, 영영 D의 임의의 점에 여접벡터를 정의하는 사상을 다음과 같이 정의한다.

정의 1.27: 영역에 정의된 미분일형식

사상 $\omega\colon D \to T^*D$에 대하여,

$$\text{모든 } \mathbf{p}\text{에 대하여 } \omega(\mathbf{p}) \in T^*_{\mathbf{p}}D$$

이면 ω는 D에 정의된 **미분일형식**이라고 한다.

점 $\mathbf{p} \in D$에서 여접벡터의 합과 실수배에 따라서, 미분일형식에 대하여 다음과 같이 합과 스칼라배를 정의한다.

정의 1.28: 미분일형식의 합과 함수배

영역 D에 정의된 미분일형식 ω와 τ에 대하여, 영역 D에

$$(\omega + \tau)(\mathbf{p}) = \omega(\mathbf{p}) + \tau(\mathbf{p})$$

로 정의되는 미분일형식 $\omega + \tau$를 미분일형식 ω와 τ의 **합**이라고 한다. 함수 $f : D \to \mathbb{R}$와 영역 D에 정의된 미분일형식 ω에 대하여, 영역 D에

$$(f\omega)(\mathbf{p}) = f(\mathbf{p})\omega(\mathbf{p})$$

로 정의되는 $f\omega$를 미분일형식 ω의 f**배**라고 한다.

미분일형식을 좌표로 표현하기 위하여 다음을 정의한다.

정의 1.29: 여자연틀장

유클리드 공간 $\mathbb{R}^3$에 놓인 영역 D에서

$$\partial^1 = (1,0,0)^*, \qquad \partial^2 = (0,1,0)^*, \qquad \partial^3 = (0,0,1)^*$$

로 정의된 미분일형식의 순서쌍 $(\partial^1, \partial^2, \partial^3)$을 D에 정의된 **여자연틀장**이라고 한다.[a]

[a] 여자연틀장을 **여자연틀마당**이라고도 한다. 좌표가 (x^1, x^2, x^3)일 때, $\partial^1, \partial^2, \partial^3$을 각각 dx^1, dx^2, dx^3으로 나타내기도 한다.

정리 1.28: 여자연틀장에 대한 미분일형식의 성분함수

영역 D에 정의된 미분일형식 ω와 여자연틀장 $(\partial^1, \partial^2, \partial^3)$에 대하여,

$$\omega = \omega_i \partial^i$$

인 영역 D에 정의된 함수 $\omega_1, \omega_2, \omega_3$이 유일하게 존재한다.

증명. 미분일형식 ω는 D에서 $D \times \mathbb{E}^{3*}$로 대응하는 사상이므로

$$\omega(\mathbf{p}) = (\omega_1(\mathbf{p}), \omega_2(\mathbf{p}), \omega_3(\mathbf{p}))_{\mathbf{p}}$$

인 실함수 $\omega_1, \omega_2, \omega_3$이 유일하게 존재한다. 따라서

$$\omega(\mathbf{p}) = (\omega_1(\mathbf{p}), \omega_2(\mathbf{p}), \omega_3(\mathbf{p}))_{\mathbf{p}} = \omega_i(\mathbf{p})\partial^i(\mathbf{p})$$

이다. □

정의 1.30: 미분일형식의 성분함수

영역 D에 정의된 미분형식 ω와 여자연틀장 $(\partial^1, \partial^2, \partial^3)$에 대하여, $\omega = \omega_i \partial^i$인 함수 $\omega_1, \omega_2, \omega_3$을 여자연틀장 $(\partial^1, \partial^2, \partial^3)$에 대한 ω의 **유클리드 성분함수** 또는 간단히 **성분함수**라고 한다.

함수 $f\colon D \to \mathbb{R}$에 대하여,

$$df = \partial_i f \partial^i$$

로 정의되는 미분일형식 $df\colon D \to T^*D$은

$$Df = \partial_i f \, d_1 \otimes \partial^i$$

로 정의되는 전미분 $Df\colon T(D) \to T(\mathbb{R})$과 구별된다.[3]

[3]많은 책에서 전미분 Df를 미분일형식 df로 설명하고 있는데, 이는 적절하지 않다. 함수 f의 공역의 좌표를 y로 나타낼 때, 보통 d/dy로 나타내는 자연틀장을 이 책에서는 d_1로 나타내고 보통 dy로 나타내는 여자연틀장을 이 책에서는 d^1로 나타낸다.

영역 D에 정의된 함수 f와 미분일형식 $\omega = \omega_i \partial^i$, $\tau = \tau_i \partial^i$에 대하여,

$$\omega + \tau = (\omega_i + \tau_i)\partial^i, \qquad f\omega = (f\omega_i)\partial^i$$

이다.

보기 1.7. 미분일형식

$$\begin{aligned} \omega_1(x^1, x^2, x^3) &= x^2 x^3 \partial^1 + x^3 x^1 \partial^2 + x^1 x^2 \partial^3, \\ \omega_2(x^1, x^2, x^3) &= x^1 \partial^1 + x^2 \partial^2 + x^3 \partial^3 \end{aligned}$$

에 대하여,

$$\begin{aligned} (\omega_1 + \omega_2)(x^1, x^2, x^3) &= (x^1 + x^2 x^3)\partial^1 + (x^2 + x^3 x^1)\partial^2 + (x^3 + x^1 x^2)\partial^3, \\ ((x^1 x^2 x^3)\omega_1)(x^1, x^2, x^3) &= x^1 (x^2)^2 (x^3)^2 \partial^1 + (x^1)^2 x^2 (x^3)^2 \partial^2 + (x^1)^2 (x^2)^2 x^3 \partial^3 \end{aligned}$$

이다.

영역 D에 정의된 미분일형식 $\omega = \omega_i \partial^i$와 벡터장 $X = X^i \partial_i$에 대하여, 등식

$$\omega(X) = (\omega_i \partial^i)(X^j \partial_j) = \omega_i X^i$$

로 함수 $\omega(X) \colon D \to \mathbb{R}$가 정의된다. 이때, 미분일형식과 벡터장에 대한 이중선형성이 성립하므로, 즉 미분형식 τ와 벡터장 Y 그리고 함수 f와 g에 대하여

$$(f\omega + g\eta)(X) = f\omega(X) + g\eta(X), \qquad \omega(fX + gY) = f\omega(X) + g\omega(Y)$$

이므로 $\omega(X)$를

$$\langle \omega, X \rangle$$

로 나타내기도 한다.

예제 1.29. 미분일형식 $\omega(x^1, x^2, x^3) = (x^2 + x^3)\partial^1 + (x^3 + x^1)\partial^2 + (x^1 + x^2)\partial_3$와 접벡터장 $X(x^1, x^2, x^3) = x^1 \partial_1 + x^2 \partial_2 + x^3 \partial_3$에 대하여, 함수 $\omega(X)$를 구하라.

풀이. 미분일형식 ω와 접벡터장 X에 대하여,

$$\omega(X)(x^1, x^2, x^3) = x^1(x^2 + x^3) + x^2(x^3 + x^1) + x^3(x^1 + x^2)$$

이다. □

사상 $F\colon D \to U$와 영역 U에 정의된 미분일형식 $\omega\colon U \to T^*U$에 대하여, 다음과 같이 영역 D에 정의된 미분일형식을 정의할 수 있다.

정의 1.31: 사상에 대한 미분일형식의 당김

사상 $F\colon D \to U$와 미분일형식 $\omega\colon U \to T^*U$에 대하여, $F = (f^1, \ldots, f^m)$이고 $\omega = \omega_i \partial^i$일 때

$$F^*\omega = (\omega_i \circ F)\partial_j f^i \, \partial^j$$

로 정의되는 미분일형식 $F^*\omega\colon D \to T^*D$를 사상 F에 대한 ω의 **당김**이라고 한다.

위의 정의의 의미를 살펴보자. 사상 $F\colon D \to U$와 미분일형식 $\omega\colon U \to T^*U$에 대하여, $(F^*\omega)(\mathbf{p})$의 의미를 찾기 위하여 도표

$$\begin{array}{ccc} T_{\mathbf{p}}D & \xrightarrow{DF|_{\mathbf{p}}} & T_{F(\mathbf{p})}U \\ \downarrow{\scriptstyle \pi_D} & & \downarrow{\scriptstyle \pi_U} \\ \mathbf{p} & \xrightarrow{F} & F(\mathbf{p}) \end{array} \qquad\qquad \begin{array}{ccc} T^*_{\mathbf{p}}D & & T^*_{F(\mathbf{p})}U \\ {\scriptstyle F^*\omega}\uparrow & & {\scriptstyle \omega}\uparrow \\ \mathbf{p} & \xrightarrow{F} & F(\mathbf{p}) \end{array}$$

를 살펴보자. 여기서 $\omega(F(p)) \in T^*_{F(\mathbf{p})}U$는 선형범함수 $\omega(F(\mathbf{p}))\colon T_{F(\mathbf{p})}U \to \mathbb{R}$이고 점 $\mathbf{p}$에서의 F의 전미분 $DF|_{\mathbf{p}}\colon T_{\mathbf{p}}D \to T_{F(\mathbf{p})}U$은 선형사상이므로 도표

$$T_{\mathbf{p}}D \xrightarrow{DF|_{\mathbf{p}}} T_{F(\mathbf{p})}U \xrightarrow{\omega(F(\mathbf{p}))} \mathbb{R}$$

로부터 미분일형식 $F^*\omega$를

$$(F^*\omega)(\mathbf{p}) = \omega(F(\mathbf{p})) \circ DF|_{\mathbf{p}}$$

로 정의한다. 이때,

$$v^j \partial_{j_{\mathbf{p}}} \xrightarrow{DF|_{\mathbf{p}}} v^j \partial_j f^i(\mathbf{p}) \, \partial_{i F(\mathbf{p})} \xrightarrow{\omega(F(\mathbf{p}))} v^j \partial_j f^i(\mathbf{p}) \omega_i(F(\mathbf{p}))$$

이므로

$$(F^*\omega)_{\mathbf{p}}(v^j \partial_{j_{\mathbf{p}}}) = v^j \partial_j f^i(\mathbf{p}) \omega_i(F(\mathbf{p}))$$

이다. 따라서,

$$F^*\omega = (\omega_i \circ F)\partial_j f^i \, \partial^j$$

이다.

예제 1.30. 사상 $F(u^1, u^2) = (u^1, u^2, 2u^1u^2)$와 미분일형식

$$\omega(x^1, x^2, x^3) = (x^2 + x^3)\partial^1 + (x^3 + x^1)\partial^2 + (x^1 + x^2)\partial^3$$

에 대하여, F에 대한 ω의 당김 $F^*\omega$를 구하라.

풀이. 사상 $F = (f^1, f^2, f^3)$에 대하여,

$$\begin{aligned} \partial_1 f^1(u^1, u^2) &= 1, & \partial_2 f^1(u^1, u^2) &= 0, \\ \partial_1 f^2(u^1, u^2) &= 0, & \partial_2 f^2(u^1, u^2) &= 1, \\ \partial_1 f^3(u^1, u^2) &= 2u^2, & \partial_2 f^3(u^1, u^2) &= 2u^1 \end{aligned}$$

이므로 F에 대한 ω의 당김은

$$\begin{aligned} F^*\omega(u^1, u^2) &= \left\{f^2(u^1, u^2) + f^3(u^1, u^2)\right\}\left\{(\partial_1 f^1)(u^1, u^2)\partial^1 + (\partial_2 f^1)(u^1, u^2)\partial^2\right\} \\ &\quad + \left\{f^3(u^1, u^2) + f^1(u^1, u^2)\right\}\left\{(\partial_1 f^2)(u^1, u^2)\partial^1 + (\partial_2 f^2)(u^1, u^2)\partial^2\right\} \\ &\quad + \left\{f^1(u^1, u^2) + f^2(u^1, u^2)\right\}\left\{(\partial_1 f^3)(u^1, u^2)\partial^1 + (\partial_2 f^3)(u^1, u^2)\partial^2\right\} \\ &= (u^2 + 2u^1u^2)\partial^1 + (2u^1u^2 + u^1)\partial^2 + (u^1 + u^2)(2u^2\partial^1 + 2u^1\partial^2) \\ &= (u^2 + 4u^1u^2 + 2(u^2)^2)\partial^1 + (u^1 + 4u^1u^2 + 2(u^1)^2)\partial^2 \end{aligned}$$

이다. □

연습문제 1.6

1. 다음 미분일형식 ω_1과 ω_2에 대하여, $\omega_1 + \omega_2$를 구하라.

   (가) $\omega_1(x^1, x^2, x^3) = (2x^1 + x^2)\partial^1 + (2x^2 + x^3)\partial^2 + (2x^3 + x^1)^2\partial^3,$
   $\omega_2(x^1, x^2, x^3) = (x^2 + x^3)\partial^1 + (x^3 + x^1)\partial^2 + (x^1 + x^2)\partial^3,$

   (나) $\omega(x^1, x^2, x^3) = x^1x^2\partial^1 + x^2x^3\partial^2 + x^3x^1\partial^3,$
   $\omega(x^1, x^2, x^3) = (1 + x^1)\partial^1 + (2 + x^2)\partial^2 + (3 + x^3)\partial^3.$

2. 다음 미분일형식 ω와 함수 f에 대하여, $f\omega$를 구하라.

   (가) $\omega(x^1, x^2, x^3) = (2x^1 + x^2)\partial^1 + (2x^2 + x^3)\partial^2 + (2x^3 + x^1)^2\partial^3,$
   $f(x^1, x^2, x^3) = x^1 + x^2 + x^3,$

   (나) $\omega(x^1, x^2, x^3) = x^1x^2\partial^1 + x^2x^3\partial^2 + x^3x^1\partial^3,$
   $f(x^1, x^2, x^3) = x^1x^2x^3.$

3. 다음 미분일형식 ω와 접벡터장 X에 대하여, 함수 $\omega(X)$를 구하라.

   (가) $\omega(x^1, x^2, x^3) = (2 + x^1x^2)\partial^1 + (x^2 + x^3)\partial^2 + (x^3)^2\partial^3,$
   $X(x^1, x^2, x^3) = x^2x^3\partial_1 + x^1\partial_2 + x^1x^2\partial_3,$

   (나) $\omega(x^1, x^2, x^3) = (x^1)^2\partial^1 + (1 + x^2x^3)\partial^2 + (x^1 + (x^3)^2)\partial^3,$
   $X(x^1, x^2, x^3) = (x^1 + x^2)\partial_1 + (x^2 + x^3)\partial_2 + (x^3 + x^1)\partial_3.$

4. 다음 함수 f에 대하여, 미분일형식 df와 전미분 Df를 구하라.

   (가) $f(x^1, x^2, x^3) = 5 + x^1 + 4x^3 - 3x^1x^2 - 4x^1x^3 + x^2x^3,$

   (나) $f(x^1, x^2, x^3) = 4x^1 - x^2 + 3x^3 - 4x^1x^2 + 3x^1x^3.$

5. 사상 $F(u^1, u^2) = (u^1 + u^2, u^1 - u^2, u^1u^2)$와 미분일형식

$$\omega(x^1, x^2, x^3) = (1 + x^1x^3)\partial^1 + (x^1 + x^2)\partial^2 + (2x^1 + x^2x^3)\partial^3$$

   에 대하여, F에 대한 ω의 당김 $F^*\omega$를 구하라.

1.7 유클리드 공간에서 직교변환과 등거리변환

이 절에서는 유클리드 공간에서 벡터의 내적을 보존하는 변환과 두 점 사이의 거리를 보존하는 변환에 대하여 알아본다.

1.7.1 직교변환

벡터의 내적을 보존하는 변환을 다음과 같이 정의한다.

정의 1.32: 직교변환

선형사상 $F\colon \mathbb{E}^3 \to \mathbb{E}^3$에 대하여,

$$\forall \mathbf{v}, \mathbf{w} \in \mathbb{R}^3,\ F(\mathbf{v}) \cdot F(\mathbf{w}) = \mathbf{v} \cdot \mathbf{w}$$

이면 F는 **직교변환**이라고 한다.

예제 1.31. 공간에서 x^2x^3-평면에 대한 **반사** $R(x^1, x^2, x^3) = (x^1, x^2, -x^3)$은 직교변환임을 보여라.

풀이. 반사 R은 일차동차사상이므로 선형사상이다. 이제 R이 벡터의 내적을 보존함을 보이면 된다. 임의의 벡터 $\mathbf{v} = (v^1, v^2, v^3)$와 $\mathbf{w} = (w^1, w^2, w^3)$에 대하여,

$$R(\mathbf{v}) \cdot R(\mathbf{w}) = v^1w^1 + v^2w^2 + (-v^3)(-w^3) = \mathbf{v} \cdot \mathbf{w}$$

이므로 R은 벡터의 내적을 보존한다. □

평면 $\mathbb{E}^2$에서 그림 1.13에서와 같은 회전변환 $R\colon \mathbb{E}^2 \to \mathbb{E}^2$을 다음과 같이 이해하자. 평면 $\mathbb{E}^2$을 공간 $\mathbb{E}^3$의 부분공간 $\mathbb{E}^2 \times \{0\}$으로 놓자. 그러면,

$$\mathbf{e}_1 = (1, 0, 0), \quad \mathbf{e}_2 = (0, 1, 0), \quad \mathbf{e}_3 = (0, 0, 1)$$

인 자연틀 $(\mathbf{e}_1, \mathbf{e}_2, \mathbf{e}_3)$에 대하여,

$$R(\mathbf{e}_1) = (v^1, v^2, 0) \quad \text{그리고} \quad (v^1)^2 + (v^2)^2 = 1$$

인 실수 v^1, v^2가 존재하고 $R(\mathbf{e}_2) = \mathbf{e}_3 \times R(\mathbf{e}_1)$이다.

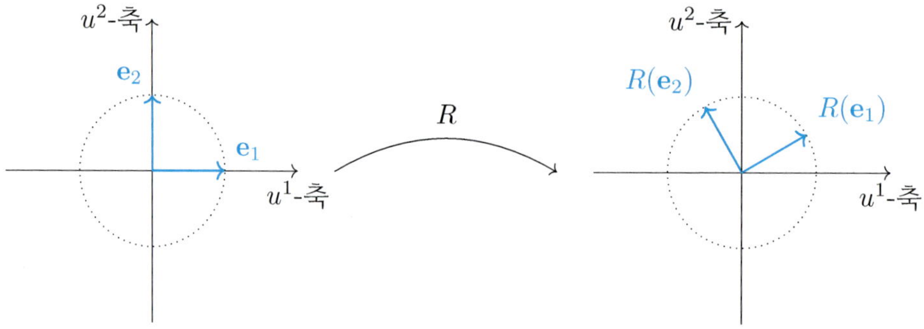

그림 1.13 평면에서의 회전변환

평면에서의 회전변환의 일반화로서 공간에서 회전변환을 다음과 같이 정의한다.

정의 1.33: 회전변환

선형사상 $R\colon \mathbb{E}^3 \to \mathbb{E}^3$에 대하여, $(R(\mathbf{e}_1), R(\mathbf{e}_2), R(\mathbf{e}_3))$이 $R(\mathbf{e}_3) = R(\mathbf{e}_1) \times R(\mathbf{e}_2)$인 정규직교틀이면 R은 **회전변환**이라고 한다.

회전변환은 벡터의 내적을 보존하다.

정리 1.29: 회전변환은 직교변환이다

선형사상 $R\colon \mathbb{E}^3 \to \mathbb{E}^3$에 대하여, R이 회전변환이면 R은 직교변환이다.

증명. 사상 R이 회전변환이라고 가정하자. 이제 R이 벡터의 내적을 보존함을 보이자. R이 회전변환이므로, 자연틀 $(\mathbf{e}_1, \mathbf{e}_2, \mathbf{e}_3)$에 대하여 $i, j = 1, 2, 3$일 때 $R(\mathbf{e}_i) \cdot R(\mathbf{e}_j) = \delta_{ij}$이고 $R(\mathbf{e}_3) = R(\mathbf{e}_1) \times R(\mathbf{e}_2)$이다. 임의의 벡터 $\mathbf{v} = v^i\mathbf{e}_i$와 $\mathbf{w} = w^i\mathbf{e}_i$에 대하여,

$$R(\mathbf{v}) \cdot R(\mathbf{w}) = R(v^i\mathbf{e}_i) \cdot R(w^j\mathbf{e}_j) = v^i w^j R(\mathbf{e}_i) \cdot R(\mathbf{e}_j) = v^i w^j \delta_{ij} = \mathbf{v} \cdot \mathbf{w}$$

이다. □

직교변환은 회전변환과 반전을 이용하여 다음과 같이 분해할 수 있다,

정리 1.30: 직교변환의 분해

직교변환 $F\colon \mathbb{E}^3 \to \mathbb{E}^3$에 대하여,

$$F = R \quad \text{또는} \quad F = R \circ L$$

인 회전변환 R이 존재한다. 여기서 $L(x^1, x^2, x^3) = (x^1, x^2, -x^3)$이다.

증명. F는 선형사상이므로, 자연틀 $(\mathbf{e}_1, \mathbf{e}_2, \mathbf{e}_3)$에 대한 사상값 $F(\mathbf{e}_1), F(\mathbf{e}_2), F(\mathbf{e}_3)$이 변환 F를 결정한다. 또한 F가 벡터의 내적을 보존하므로, $i, j = 1, 2, 3$일 때

$$F(\mathbf{e}_i) \cdot F(\mathbf{e}_j) = \mathbf{e}_i \cdot \mathbf{e}_j = \delta_{ij}$$

이다. 따라서, $F(\mathbf{e}_1) \perp F(\mathbf{e}_2)$이고

$$F(\mathbf{e}_3) = F(\mathbf{e}_1) \times F(\mathbf{e}_2) \quad \text{또는} \quad F(\mathbf{e}_3) = -F(\mathbf{e}_1) \times F(\mathbf{e}_2)$$

이다. 만약 $F(\mathbf{e}_3) = F(\mathbf{e}_1) \times F(\mathbf{e}_2)$이면 F는 회전변환이다. 만약 $F(\mathbf{e}_3) = -F(\mathbf{e}_1) \times F(\mathbf{e}_2)$이면 $F = R \circ L$이다. 여기서 R은

$$R(\mathbf{e}_1) = F(\mathbf{e}_1), \quad R(\mathbf{e}_2) = F(\mathbf{e}_2), \quad R(\mathbf{e}_3) = -F(\mathbf{e}_3)$$

인 회전변환이다. □

1.7.2 등거리변환

두 점 사이의 거리를 보존하는 변환을 정의하자.

정의 1.34: 등거리변환

사상 $F\colon \mathbb{R}^3 \to \mathbb{R}^3$에 대하여,

$$\forall \mathbf{p}, \mathbf{q} \in \mathbb{R}^3,\ d\,(F(\mathbf{p}), F(\mathbf{q})) = d(\mathbf{p}, \mathbf{q})$$

이면 F는 **등거리변환**[a]이라고 한다.

[a]등거리변환을 **등거리사상** 또는 **등장사상**이라고도 한다.

등거리변환이 선형사상일 필요는 없다.

예제 1.32. 사상 $T: \mathbb{R}^3 \to \mathbb{R}^3$에 대하여, 사상 T가 평행이동이면 T는 등거리변환임을 보여라.

풀이. 사상 T가 평행이동이라고 가정하자. 그러면 $T(\mathbf{x}) = \mathbf{x} + \mathbf{a}$인 점 $\mathbf{a}$가 존재한다. 점 $\mathbf{a}$를 $\mathbf{a} = (a^1, a^2, a^3)$와 같이 성분으로 나타내자. 임의의 점 $\mathbf{p} = (p^1, p^2, p^3)$와 $\mathbf{q} = (q^1, q^2, q^3)$에 대하여,

$$\begin{aligned} d(T(\mathbf{p}), T(\mathbf{q})) &= d(\mathbf{p} + \mathbf{a},\ \mathbf{q} + \mathbf{a}) \\ &= \sqrt{(q^1 - p^1)^2 + (q^2 - p^2)^2 + (q^3 - p^3)^2} \\ &= d(\mathbf{p}, \mathbf{q}) \end{aligned}$$

이므로, 평행이동 T는 등거리변환이다. □

예제 1.33. 사상 $R: \mathbb{R}^3 \to \mathbb{R}^3$에 대하여, R이 회전변환이면 R은 등거리변환임을 보여라.

풀이. 사상 R이 회전변환이라고 가정하자. 그러면, 자연틀 $(\mathbf{e}_1, \mathbf{e}_2, \mathbf{e}_3)$에 대하여

$$(R(\mathbf{e}_1), R(\mathbf{e}_2), R(\mathbf{e}_3))$$

은 $R(\mathbf{e}_3) = R(\mathbf{e}_1) \times R(\mathbf{e}_3)$인 정규직교틀이다. 임의의 점 $\mathbf{p} = p^i \mathbf{e}_i$와 $\mathbf{q} = q^i \mathbf{e}_i$에 대하여,

$$\begin{aligned} d(R(\mathbf{p}), R(\mathbf{q})) &= d(p^i R(\mathbf{e}_i), q^i R(\mathbf{e}_i)) \\ &= \sqrt{(p^1 - q^1)^2 + (p^2 - q^2)^2 + (p^3 - q^3)^2} \\ &= d(\mathbf{p}, \mathbf{q}) \end{aligned}$$

이므로 R은 등거리변환이다. □

예제 1.34. u^1u^2-평면에 대한 반사 $R(p^1, p^2, p^3) = (p^1, p^2, -p^3)$은 등거리변환임을 보여라.

풀이. 임의의 점 $\mathbf{p} = (p^1, p^2, p^3)$와 $\mathbf{q} = (q^1, q^2, q^3)$에 대하여,

$$d(R(\mathbf{p}), R(\mathbf{q})) = \sqrt{(p^1 - q^1)^2 + (p^2 - q^2)^2 + (p^3 - q^3)^2} = d(\mathbf{p}, \mathbf{q})$$

이므로 R은 등거리변환이다. □

정리 1.31: 등거리변환의 합성의 등거리변환성

사상 $F\colon \mathbb{R}^3 \to \mathbb{R}^3$와 $G\colon \mathbb{R}^3 \to \mathbb{R}^3$에 대하여, 만약 F와 G가 등거리변환이면 합성사상 $G \circ F$도 등거리변환이다.

증명. 사상 F와 G가 등거리변환이라고 가정하자. 임의의 점 $\mathbf{p}$와 $\mathbf{q}$에 대하여

$$d((G \circ F)(\mathbf{p}), (G \circ F)(\mathbf{q})) = d(G(F(\mathbf{p})), G(F(\mathbf{q}))) = d(F(\mathbf{p}), F(\mathbf{q})) = d(\mathbf{p}, \mathbf{q})$$

이므로, $G \circ F$는 등거리변환이다. 여기서 두 번째 등식은 G가 등거리변환이므로 성립하고 세 번째 등식은 F가 등거리변환이므로 성립한다. □

예제 1.32로부터 임의의 평행이동은 등거리변환임을 알 수 있다. 다음에서 직교변환이 아닌 평행이동을 볼 수 있다.

예제 1.35. 벡터 $\mathbf{a} = (1, 0, 0)$에 대한 평행이동 $T(\mathbf{x}) = \mathbf{x} + \mathbf{a}$는 직교변환이 아님을 보여라.

풀이. 점 $\mathbf{p} = (0, 1, 0)$에 대하여

$$T(\mathbf{p}) \cdot T(\mathbf{p}) = (1, 1, 0) \cdot (1, 1, 0) = 2$$

이지만

$$\mathbf{p} \cdot \mathbf{p} = (1, 0, 0) \cdot (1, 0, 0) = 1$$

이므로, 평행이동 T는 직교변환이 아니다. □

정리 1.32: 원점을 고정하는 등거리변환임은 직교변환이기 위한 필요충분조건

사상 $F\colon \mathbb{R}^3 \to \mathbb{R}^3$에 대하여, F가 등거리변환이고 $F(\mathbf{o}) = \mathbf{o}$는 F가 직교변환이기 위한 필요충분조건이다.

증명. 사상 F가 직교변환이라고 가정하자. 그러면 F는 선형사상이므로 $F(\mathbf{o}) = \mathbf{o}$

이다. 또한 임의의 점 $\mathbf{p}$와 $\mathbf{q}$에 대하여

$$\begin{aligned}\|F(\mathbf{q})-F(\mathbf{p})\|^2 &= \{F(\mathbf{q})-F(\mathbf{p})\}\cdot\{F(\mathbf{q})-F(\mathbf{p})\} \\ &= F(\mathbf{q})\cdot F(\mathbf{q})-2F(\mathbf{q})\cdot F(\mathbf{p})+F(\mathbf{p})\cdot F(\mathbf{p}) \\ &= \mathbf{q}\cdot\mathbf{q}-2\mathbf{q}\cdot\mathbf{p}+\mathbf{p}\cdot\mathbf{p} \\ &= \|\mathbf{q}-\mathbf{p}\|^2\end{aligned}$$

이므로,

$$d(F(\mathbf{p}),F(\mathbf{q}))=\|F(\mathbf{q})-F(\mathbf{p})\|=\|\mathbf{q}-\mathbf{p}\|=d(\mathbf{p},\mathbf{q})$$

이다. 따라서, F는 등거리변환이다.

사상 F가 등거리변환이고 $F(\mathbf{o})=\mathbf{o}$이라고 가정하자. 사상 F가 직교변환임을 보이기 위해서는 F가 벡터의 내적을 보존하고 선형사상임을 보여야 한다.

먼저, F가 벡터의 내적을 보존함을 보이자. 사상 F가 등거리변환이면서 $F(\mathbf{o})=\mathbf{o}$이므로, 임의의 벡터 $\mathbf{p}$에 대하여

$$\|F(\mathbf{p})\|=d(F(\mathbf{p}),\mathbf{o})=d(F(\mathbf{p}),F(\mathbf{o}))=d(\mathbf{p},\mathbf{o})=\|\mathbf{p}\|$$

이다. 즉, F는 벡터의 크기를 보존한다. 사상 F가 등거리변환이므로, 임의의 점 $\mathbf{p}$와 $\mathbf{q}$에 대하여

$$\|F(\mathbf{p})-F(\mathbf{q})\|=d(F(\mathbf{p}),F(\mathbf{q}))=d(\mathbf{p},\mathbf{q})=\|\mathbf{p}-\mathbf{q}\|$$

이다. 그런데,

$$\begin{aligned}\|F(\mathbf{p})-F(\mathbf{q})\|^2 &= \{F(\mathbf{p})-F(\mathbf{q})\}\cdot\{F(\mathbf{p})-F(\mathbf{q})\} \\ &= F(\mathbf{p})\cdot F(\mathbf{p})-2F(\mathbf{p})\cdot F(\mathbf{q})+F(\mathbf{q})\cdot F(\mathbf{q}) \\ &= \|F(\mathbf{p})\|^2-2F(\mathbf{p})\cdot F(\mathbf{q})+\|F(\mathbf{q})\|^2 \\ &= \|\mathbf{p}\|^2-2F(\mathbf{p})\cdot F(\mathbf{q})+\|\mathbf{q}\|^2\end{aligned}$$

이고

$$\|\mathbf{p}-\mathbf{q}\|^2=\|\mathbf{p}\|^2-2\mathbf{p}\cdot\mathbf{q}+\|\mathbf{q}\|^2$$

이므로,

$$F(\mathbf{p})\cdot F(\mathbf{q})=\mathbf{p}\cdot\mathbf{q}$$

이다.

이제 F가 선형사상임을 보이자. 벡터공간 $\mathbb{E}^3$의 자연틀

$$\mathbf{e}_1 = (1,0,0), \quad \mathbf{e}_2 = (0,1,0), \quad \mathbf{e}_3 = (0,0,1)$$

에 대하여, 사상 F가 벡터의 내적을 보존하므로 $(F(\mathbf{e}_1), F(\mathbf{e}_2), F(\mathbf{e}_3))$는 정규직교틀이다. 임의의 벡터 $\mathbf{p} = (p^1, p^2, p^3) \in \mathbb{E}^3$에 대하여 F가 벡터의 내적을 보존하므로

$$F(\mathbf{p}) = \sum_{i=1}^{3} \{F(\mathbf{p}) \cdot F(\mathbf{e}_i)\} F(\mathbf{e}_i) = \sum_{i=1}^{3} (\mathbf{p} \cdot \mathbf{e}_i) F(\mathbf{e}_i) = p^i F(\mathbf{e}_i)$$

이다. 위의 마지막 우변에 아인슈타인의 합 규약을 적용한다. 따라서, 임의의 실수 a, b와 임의의 벡터 $\mathbf{p} = (p^1, p^2, p^3)$와 $\mathbf{q} = (q^1, q^2, q^3)$에 대하여

$$\begin{aligned} F(a\mathbf{p} + b\mathbf{q}) = F((ap^i + bq^i)\mathbf{e}_i) &= (ap^i + bq^i) F(\mathbf{e}_i) \\ &= ap^i F(\mathbf{e}_i) + bq^i F(\mathbf{e}_i) = aF(\mathbf{p}) + bF(\mathbf{q}) \end{aligned}$$

이므로 F는 선형사상이다. □

등거리변환은 다음과 같이 직교변환과 평행이동의 합성으로 분해할 수 있다.

정리 1.33: 등거리변환의 분해

사상 $F\colon \mathbb{R}^3 \to \mathbb{R}^3$에 대하여, F가 등거리변환이면

$$F = T \circ O$$

인 평행이동 $T\colon \mathbb{R}^3 \to \mathbb{R}^3$와 직교변환 $O\colon \mathbb{E}^3 \to \mathbb{E}^3$이 유일하게 존재한다.

증명. 사상 F가 등거리변환이라고 가정하자. 평행이동 $T(\mathbf{x}) = \mathbf{x} + F(\mathbf{o})$에 대하여 역사상 $T^{-1}(\mathbf{x}) = \mathbf{x} - F(\mathbf{o})$은 평행이동이다. 이제 $O = T^{-1} \circ F$로 놓으면 O는 등거리변환의 합성이므로 등거리변환이고

$$O(\mathbf{o}) = T^{-1}(F(\mathbf{o})) = \mathbf{o}$$

이므로, 정리 1.32에 따라서 O는 직교변환이다. 그러므로, $F = T \circ O$이다.

이제 $F = T \circ O$인 평행이동 T와 직교변환 O의 유일성을 보이기위하여,

$$T_1 \circ O_1 = F = T_2 \circ O_2$$

인 평행이동 T_1과 T_2와 직교변환 O_1과 O_2가 존재한다고 가정하자. 그러면, $O_1(\mathbf{o}) = \mathbf{o} = O_2(\mathbf{o})$이므로 $T_1(\mathbf{o}) = F(\mathbf{o}) = T_2(\mathbf{o})$인데 T_1과 T_2가 평행이동이므로 $T_1 = T_2$이다. 따라서, $O_1 = T_1^{-1} \circ F = T_2^{-1} \circ F = O_2$이다. □

등거리변환화 관련하여 다음의 변환을 정의하자.

정의 1.35: 강체변환

사상 $F\colon \mathbb{R}^3 \to \mathbb{R}^3$에 대하여, 사상 F가 직교변환이거나 평행이동이거나 또는 유한개의 직교변환이나 평행이동의 합성이면 F는 **강체변환**이라고 한다.[a] 이 정의에서 직교변환 대신에 회전변환이 대입되면 사상 F는 **적절한 강체변환**이라고 한다.

[a]강체변환을 **강체운동** 또는 **유클리드 변환**이라고도 한다.

직교변환과 평행이동이 모두 등거리변환이고 등거리변환의 합성은 다시 등거리변환이므로, 강체변환은 등거리변환이다. 정리 1.33에 따라서 등거리변환은 강체변환이므로, 다음과 같이 정리할 수 있다.

따름정리 1.34: 등거리변환과 강체변환

사상 $F\colon \mathbb{R}^3 \to \mathbb{R}^3$에 대하여, F가 등거리변환임은 F가 강체변환이기 위한 필요충분조건이다.

연습문제 1.7

1. 공간에서 원점에 대한 반사 $R(x^1, x^2, x^3) = (-x^1, -x^2, -x^3)$은 직교변환임을 보여라.

2. 변환

$$F(x^1, x^2, x^3) = \left(\frac{3}{5}x^1 + \frac{4}{10}x^2 + \frac{4\sqrt{3}}{10}x^3, \right. \\ \left. \frac{4}{5}x^1 - \frac{3}{10}x^2 - \frac{3\sqrt{3}}{10}x^3,\ \frac{\sqrt{3}}{2}x^2 - \frac{1}{2}x^3\right)$$

이 회전변환임을 보여라.

3. 점 $\mathbf{p}$에 대한 평행이동 $\mathbf{x} \mapsto \mathbf{x} + \mathbf{p}$를 $T_{\mathbf{p}}$로 나타낼 때, 직교변환 F에 대하여

$$F \circ T_{\mathbf{p}} = T_{F(\mathbf{p})} \circ F$$

임을 보여라.

4. 등거리변환 $F_1 = T_1 \circ O_1$와 $F_2 = T_2 \circ O_2$에 대하여, T_1과 T_2는 평행이동이고 O_1과 O_2는 직교변환이다. 등거리변환 $F_2 \circ F_1$을 $T \circ O$와 같이 나타낼 때 평행이동 T와 직교변환 O를 구하라.

5. 다음 변환 F가 등거리변환인지 판별하라. 만약 등거리변환이면 직교변환부분과 평행이동부분을 나타내라.

   (가) $F(x^1, x^2, x^3) = (x^1, x^2, 0)$,

   (나) $F(x^1, , x^2, x^3) = (x^1, x^3, x^2)$,

   (다) $F(x^1, x^2, x^3) = \left(\frac{1}{3}x^1 + \frac{2}{3}x^2 + \frac{2}{3}x^3\right)\left(\frac{1}{3}, \frac{2}{3}, \frac{2}{3}\right)$.

6. 등거리변환 $F\colon \mathbb{R}^3 \to \mathbb{R}^3$에 대하여, 역변환 F^{-1}이 존재함을 보이고 역변환 F^{-1}이 등거리변환임을 보여라. 등거리변환 F가 $F = T \circ O$와 같이 평행이동 T와 직교변환 O로 분해될 때, 역변환 F^{-1}에 대하여 $F^{-1} = T_1 \circ O_1$인 평행이동 T_1과 직교변환 O_1을 구하라.

제 2 장

곡선

유클리드 공간에 놓인 1차원 대상체를 실수의 열린 구간에서 공간으로의 사상인 곡선으로 나타낼 수 있다.

곡선을 탐구하기 위하여, 유클리드 공간의 자연틀을 이용하기 보다는 곡선의 속도벡터장과 가속도벡터장을 이용하여 곡선의 상에 놓인 점에서 움직이는 틀인 프레네틀을 이용한다. 프레네 틀을 이용하여 곡선의 곡률과 비틀림을 보다 명확하게 나타낼 수 있다.

곡률과 비틀림은 곡선의 모양을 결정한다. 즉 곡률과 비틀림이 같은 두 곡선은 적절한 강체변환을 통하여 합동임을 알 수 있다. 이를 곡선의 기본정리라고 한다.

평면곡선의 경우에는 여러 대역적인 성질을 알 수 있다.

2.1 곡선

2.1.1 곡선의 정의

공간에 놓인 1차원 대상을 분석하기 위하여, 실수 구간에서 공간으로의 사상을 도입한다.

실수 a와 b에 대하여,

$$(a,b) = \{t \in \mathbb{R} \,|\, a < t < b\} \quad (\text{단, } a < b\text{일 때}),$$
$$(a,\infty) = \{t \in \mathbb{R} \,|\, a < t\},$$
$$(-\infty,b) = \{t \in \mathbb{R} \,|\, t < b\}$$

와 같은 형태의 집합을 **열린 구간**이라고 한다.

정의 2.1: 곡선

열린 구간 I에 정의된 사상 $\alpha\colon I \to \mathbb{R}^3$에 대하여, α가 연속이면 α는 **곡선**[a]이라고 한다. 곡선 $\alpha\colon I \to \mathbb{R}^3$를 $\alpha(t) = (\alpha^1(t), \alpha^2(t), \alpha^3(t))$와 같이 나타낼 때, α^1, α^2, α^3을 곡선 α의 **성분함수**라고 한다.

[a]분석하려는 대상이 상 $\alpha(I)$이므로 이를 곡선으로 정의할 수도 있지만, 관습적으로 사상 α를 곡선으로 정의한다.

특별한 언급이 없는 한, 이 책에서 곡선 α는 C^k급 미분가능하다고 가정한다. 여기서 k는 자연수이다.

보기 2.1. 영벡터가 아닌 벡터 $\mathbf{v} = (v^1, v^2, v^3)$에 대하여, 곡선

$$\alpha(t) = \mathbf{p} + t\mathbf{v} = (p^1 + tv^1, p^2 + tv^2, p^3 + tv^3)$$

는 점 $\mathbf{p} = (p^1, p^2, p^3)$를 지나고 방향이 벡터 $\mathbf{v}$의 방향과 같은 직선이다.

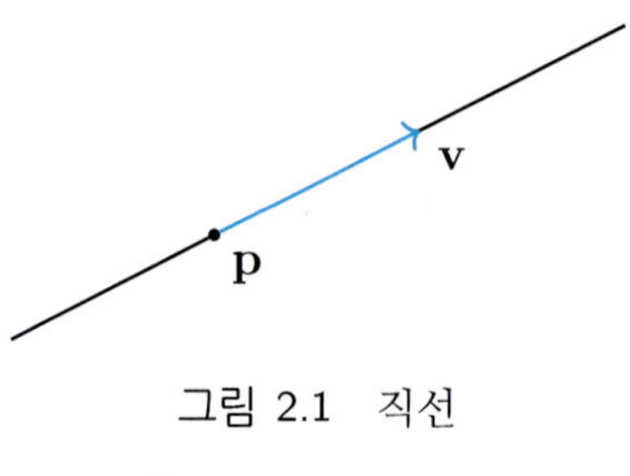

그림 2.1 직선

보기 2.2. 양의 실수 r에 대하여 곡선 $\alpha(t) = (r\cos t, r\sin t, 0)$은 x^1x^2-평면에서 중심이 원점이고 반지름의 길이가 r인 원에 놓여 있다. 이제 b를 0이 아닌 실수라고 하면 곡선 $\beta(t) = (r\cos t, r\sin t, bt)$은 곡선 α 위에 놓이면서 x^3-축으로 일정한 비율로 변화하는 나선이다.

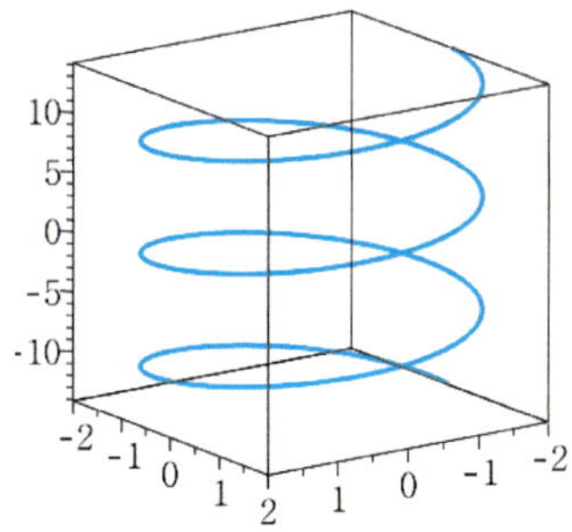

그림 2.2 나선

보기 2.3. 모든 실수 t에 정의된 곡선

$$\alpha(t) = \left(1 + \cos t, \sin t, 2\sin\frac{t}{2}\right)$$

는 중심이 $(1, 0, 0)$이고 반지름이 1인 x^1x^2-평면에 놓인 원 위에 만들어진 원기둥과 중심이 원점이고 반지름이 2인 구가 만나는 곡선에 놓여 있다.

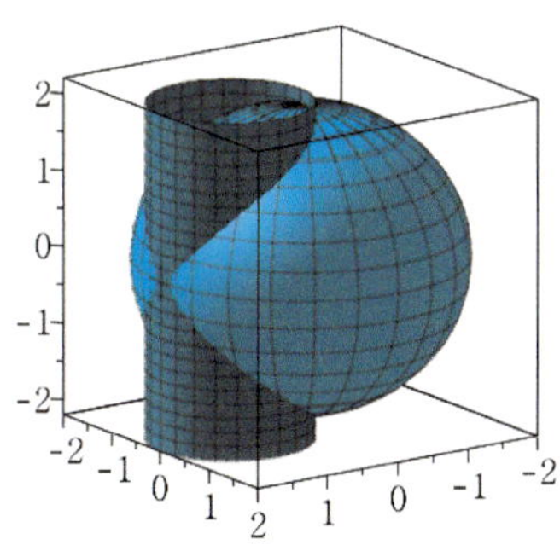

그림 2.3 원기둥과 구의 교선

2.1.2 곡선에 놓인 벡터장

곡선을 분석하기 위해서는 곡선의 속도벡터장과 가속도벡터장을 구할 필요가 있다. 이때 이 벡터장들은 그림 2.4에서와 같이 곡선에 따라서 정의되는 벡터장이다. 일반적으로 곡선을 따라서 정의된 벡터장을 다음과 같이 정의한다.

정의 2.2: 곡선에 놓인 벡터장

곡선 $\alpha\colon (a,b) \to \mathbb{R}^3$와 사상 $V\colon (a,b) \to T\mathbb{R}^3$에 대하여,

$$\forall t \in (a,b), V(t) \in T_{\alpha(t)}\mathbb{R}^3$$

이면 V는 **곡선 α에 놓인 벡터장**이라고 한다.

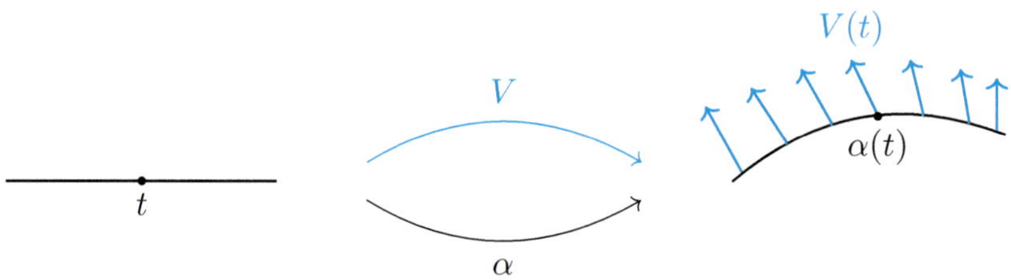

그림 2.4 곡선에 놓인 벡터장

자연틀장 $(\partial_1, \partial_2, \partial_3)$에 대하여,

$$\partial_1|_{\mathbf{p}} = (1,0,0)_{\mathbf{p}}, \quad \partial_2|_{\mathbf{p}} = (0,1,0)_{\mathbf{p}}, \quad \partial_3|_{\mathbf{p}} = (0,0,1)_{\mathbf{p}}$$

이다. $i = 1,2,3$일 때, 곡선 α에 놓인 벡터장 $E_i\colon (a,b) \to T\mathbb{R}^3$를 $E_i(t) = \partial_i|_{\alpha(t)}$로 놓자. 벡터장을 다음과 같이 성분함수로 나타내자.

정의 2.3: 벡터장의 성분함수

곡선 α에 놓인 벡터장 $V\colon (a,b) \to T\mathbb{R}^3$에 대하여

$$V(t) = (v^1(t), v^2(t), v^3(t))_{\alpha(t)} = v^i(t)E_i(t)$$

인 함수 v^i를 V의 **i번째 (유클리드) 성분함수**라고 한다.

곡선에 정의된 함수는 다음과 같이 정의할 수 있다.

정의 2.4: 곡선에 놓인 함수

곡선 $\alpha\colon (a,b) \to \mathbb{R}^2$와 함수 $f\colon (a,b) \to \mathbb{R}$에 대하여,

$$f = g \circ \alpha$$

인 함수 $g\colon \alpha((a,b)) \to \mathbb{R}$가 존재하면 함수 f는 **곡선 α에 놓인 함수**라고 한다.

곡선 $\alpha\colon (a,b) \to \mathbb{R}^3$에 놓인 벡터장 V, W와 함수 f에 대하여, 곡선 α에 놓인 V와 W의 합 $V+W$와 V의 f배 fV를 각각

$$(V+W)(t) = V(t) + W(t), \qquad (fV)(t) = f(t)V(t)$$

로 정의한다. 또한, 벡터장 V와 W의 내적과 외적을 각각

$$(V \cdot W)(t) = V(t) \cdot W(t), \qquad (V \times W)(t) = V(t) \times W(t)$$

로 정의한다.

예제 2.1. 곡선 $\alpha\colon I \to \mathbb{R}^3$에 놓인 벡터장

$$V(t) = (2t, t^2+2, t)_{\alpha(t)}, \quad W(t) = (t+3, t, 3t^2+2)_{\alpha(t)}$$

와 함수 $f(t) = t+1$에 대하여, $V+W$, fV, $V \cdot W$, $V \times W$를 구하라.

풀이. 벡터장 V와 W의 합은 $(V+W)(t) = (3t+3,\ t^2+t+2,\ 3t^2+t+2)_{\alpha(t)}$이고 벡터장 V의 f배와 $V \cdot W$는 각각

$$\begin{aligned}(fV)(t) &= ((t+1)2t,\ (t+1)(t^2+2),\ (t+1)t)_{\alpha(t)} \\ &= (2t^2+2t,\ t^3+t^2+2t+2,\ t^2+t)_{\alpha(t)}, \\ (V \cdot W)(t) &= 2t(t+3) + (t^2+2)t + t(3t^2+2) \\ &= 4t^3 + 2t^2 + 10t\end{aligned}$$

이다. 또한 벡터장 V와 W의 외적은

$$\begin{aligned}&(V \times W)(t) \\ &\quad = \big((t^2+2)(3t^2+2) - t^2,\ t(t+3) - 2t(3t^2+2),\ 2t^2 - (t^2+2)(t+3)\big)_{\alpha(t)} \\ &\quad = (3t^4+7t^2+4,\ -6t^3+t^2-t,\ -t^3-t^2-2t-6)_{\alpha(t)}\end{aligned}$$

이다. □

곡선 $\alpha\colon I \to \mathbb{R}^3$에 놓인 벡터장 V에 대하여, 점 $t_0 \in I$에서 V의 도벡터장 $\dot{V}(t_0)$를 구하기 위하여, 서로 다른 작용점 $\alpha(t)$와 $\alpha(t_0)$에 각각 놓인 접벡터 $V(t)$와 $V(t_0)$의 차를 알아야 한다. 이때 다른 작용점에 놓인 접벡터의 차는 정의가 되지 않으므로 접벡터 $V(t)$를 작용점 $\alpha(t_0)$으로 평행이동시킨 후에 계산한다.

즉, 점 $t_0 \in I$에서 V의 도벡터장 $\dot{V}(t_0)$를 다음과 같이 정의한다.

정의 2.5: 곡선에 놓인 벡터장의 도벡터장

곡선 $\alpha\colon I \to \mathbb{R}^3$에 놓인 벡터장 $V = v^i E_i$에 대하여,

$$\lim_{t \to t_0} \frac{v^i(t)E_i(t_0) - v^i(t)E_i(t_0)}{t - t_0}$$

을 t_0에서 V의 **도벡터장**이라고 하고 $\dot{V}(t_0)$ 또는 $V'(t_0)$으로 나타낸다. 이때 정의되는 벡터장 $\dot{V}\colon I \to T\mathbb{R}^3$을 벡터장 V의 **도벡터장**이라고 한다.

위의 정의에서 정의된 도벡터장 V'은 곡선 α에 놓인 벡터장이다. 정의에 따라서, 곡선 α에 놓인 벡터장 $V = v^i E_i$의 도벡터장은

$$\dot{V}(t) = \dot{v}^i(t)E_i(t)$$

이다.

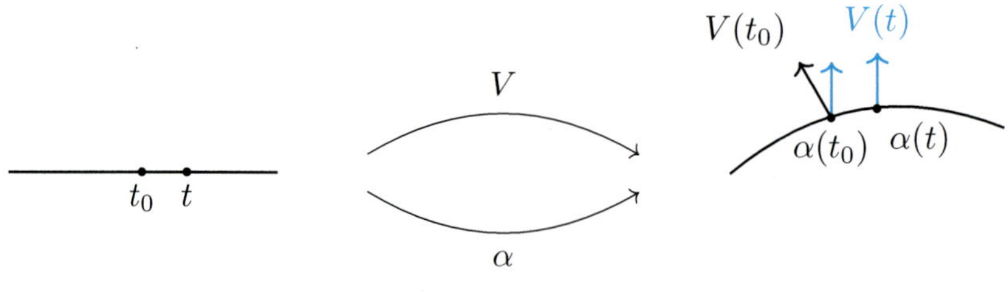

그림 2.5 곡선에 놓인 벡터장의 도벡터장

위의 정의에서의 극한에 놓인 식

$$\frac{v^i(t)E_i(t_0) - v^i(t)E_i(t_0)}{t - t_0}$$

에서, 분자의 첫 항이 $v^i(t)E_i(t)$가 아니고 $v^i(t)E_i(t_0)$임을 명심하자. 그 이유는, 그림 2.5에서와 같이, 접벡터 $V(t_0)$과 $V(t)$의 작용점이 달라서 $V(t_0)$과 $V(t)$의 합을 구할 수 없기 때문에 접벡터 $V(t)$를 작용점이 $\alpha(t_0)$인 접벡터로 평행이동시킨 후에 계산함을 나타낸다.

함수의 도함수의 성질에 따라서, 곡선에 놓인 벡터장의 도벡터장의 성질을 다음과 같이 정리할 수 있다.

정리 2.1: 곡선에 놓인 벡터장의 도벡터장의 성질

곡선 $\alpha\colon I \to \mathbb{R}^3$에 놓인 벡터장 V, W와 함수 f에 대하여,

(가) $(V+W)'(t) = V'(t) + W'(t)$,

(나) $(fV)'(t) = f'(t)V(t) + f(t)V'(t)$,

(다) $(V \cdot W)'(t) = V'(t) \cdot W(t) + V(t) \cdot W'(t)$,

(라) $(V \times W)'(t) = V'(t) \times W(t) + V(t) \times W'(t)$

이다.

증명. (가) 벡터장 $V = v^i E_i$와 $W = w^i E_i$에 대하여,

$$(V+W)' = (v^i + w^i)' E_i = (\dot{v}^i + \dot{w}^i) E_i = \dot{v}^i E_i + \dot{w}^i E_i = V' + W'$$

이다.

(나) 벡터장 $V = v^i E_i$와 함수 f에 대하여,

$$(fV)' = (fv^i)' E_i = (f'v^i + f\dot{v}^i) E_i = f'v^i E_i + f\dot{v}^i E_i = f'V + fV'$$

이다.

(다) 벡터장 $V = v^i E_i$와 $W = w^i E_i$에 대하여,

$$(V \cdot W)' = (v^i \delta_{ij} w^j)' = \dot{v}^i \delta_{ij} w^j + v^i \delta_{ij} \dot{w}^j = V' \cdot W + V \cdot W'$$

이다.

(라) 벡터장 $V = v^i E_i$와 $W = w^i E_i$에 대하여,

$$\begin{aligned}(V \times W)' &= (v^2w^3 - v^3w^2)'E_1 + (v^3w^1 - v^1w^3)'E_2 + (v^1w^2 - v^2w^1)'E_3 \\ &= (\dot{v}^2w^3 - \dot{v}^3w^2)E_1 + (v^2\dot{w}^3 - v^3\dot{w}^2)E_1 + (\dot{v}^3w^1 - \dot{v}^1w^3)E_2 \\ &\quad + (v^3\dot{w}^1 - v^1\dot{w}^3)E_2 + (\dot{v}^1w^2 - \dot{v}^2w^1)E_3 + (v^1\dot{w}^2 - v^2\dot{w}^1)E_3 \\ &= (\dot{v}^2w^3 - \dot{v}^3w^2)E_1 + (\dot{v}^3w^1 - \dot{v}^1w^3)E_2 + (\dot{v}^1w^2 - \dot{v}^2w^1)E_3 \\ &\quad + (v^2\dot{w}^3 - v^3\dot{w}^2)E_1 + (v^3\dot{w}^1 - v^1\dot{w}^3)E_2 + (v^1\dot{w}^2 - v^2\dot{w}^1)E_3 \\ &= V' \times W + V \times W'\end{aligned}$$

이다. □

예제 2.2. 곡선 $\alpha\colon I \to \mathbb{R}^3$에 놓인 벡터장

$$V(t) = (t+2, t^2+t, t+2)_{\alpha(t)}, \quad W = (t+1, t^2, 3t+1)_{\alpha(t)}$$

와 함수 $f(t) = t+2$에 대하여, $(V+W)'$와 $(fV)'$와 $(V \cdot W)'$를 구하라.

풀이. 벡터장 V와 W에 대하여 $V'(t) = (1, 2t+1, 1)_{\alpha(t)}$와 $W'(t) = (1, 2t, 3)_{\alpha(t)}$이고 함수 f의 도함수는 $f'(t) = 1$이므로,

$$(V+W)'(t) = V'(t) + W'(t) = (2,\ 4t+1,\ 4)_{\alpha(t)},$$

$$\begin{aligned}(fV)'(t) &= f'(t)V(t) + f(t)V'(t) \\ &= (t+2, t^2+t, t+2)_{\alpha(t)} + (t+2, 2t^2+5t+2,\ t+2)_{\alpha(t)} \\ &= (2t+4,\ 3t^2+6t+2,\ 2t+4)_{\alpha(t)},\end{aligned}$$

$$\begin{aligned}(V \cdot W)'(t) &= V'(t) \cdot W(t) + V(t) \cdot W'(t) \\ &= (1,\ 2t+1,\ 1)_{\alpha(t)} \cdot (t+1, t^2, 3t+1)_{\alpha(t)} \\ &\qquad + (t+2, t^2+t, t+2)_{\alpha(t)} \cdot (1, 2t, 3)_{\alpha(t)} \\ &= (t+1) + (2t+1)t^2 + (3t+1) + (t+2) + (t^2+t)2t + (t+2)3 \\ &= 4t^3 + 3t^2 + 8t + 10\end{aligned}$$

이다. □

2.1.3 곡선의 속도벡터장

곡선을 분석하기 위하여 먼저 곡선의 속도를 구하자.

정의 2.6: 곡선의 속도벡터장

열린 구간 I에 정의된 곡선 $\alpha(t) = (\alpha^1(t), \alpha^2(t), \alpha^3(t))$에 대하여, 점 $\alpha(t_0)$에서 접벡터

$$\left(\frac{d\alpha^1}{dt}(t_0), \frac{d\alpha^2}{dt}(t_0), \frac{d\alpha^3}{dt}(t_0)\right)_{\alpha(t_0)}$$

를 $t_0 \in I$에서 α의 **속도벡터**라고 하고

$$\frac{d\alpha}{dt}(t_0) \quad \text{또는} \quad \alpha'(t_0) \quad \text{또는} \quad \dot{\alpha}(t_0)$$

로 나타낸다. 이때 정의된 사상 $\dot{\alpha}\colon I \to T\mathbb{R}^3$를 곡선 α의 **속도벡터장**이라고 한다.

앞으로 $d\alpha^i/dt$를 $\dot{\alpha}^i$로 나타내기도 한다.

고정된 t_0에서 속도벡터 $\dot{\alpha}(t_0)$를 곡선의 순간변화율로 이해할 수 있다. $\Delta t \neq 0$일 때, $\alpha(t_0)$에서의 접벡터의 벡터부분

$$\left(\frac{\alpha^1(t_0+\Delta t) - \alpha^1(t_0)}{\Delta t}, \frac{\alpha^2(t_0+\Delta t) - \alpha^2(t_0)}{\Delta t}, \frac{\alpha^3(t_0+\Delta t) - \alpha^3(t_0)}{\Delta t}\right)$$

은 $\alpha(t_0)$에서 $\alpha(t_0+\Delta t)$로의 벡터의 $1/\Delta t$배이다. 이제 Δt를 점점 0으로 보낼 때, 이 접벡터의 극한은 $\dot{\alpha}(t_0)$이다.

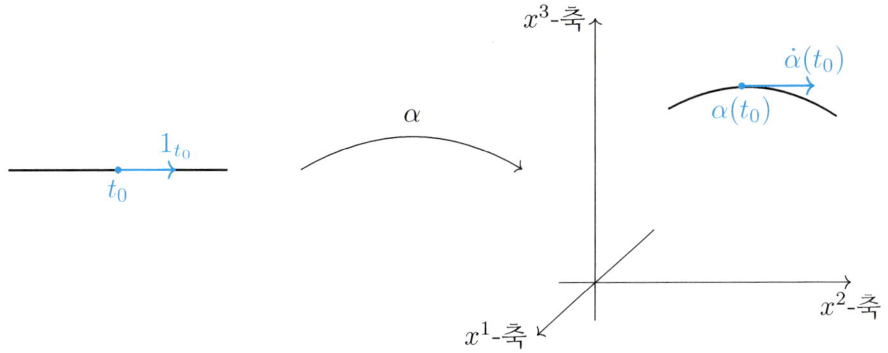

그림 2.6 곡선의 속도벡터

곡선의 전미분을 이용하여 속도벡터장을 이해할 수 있다. 점 $t_0 \in I$에서 곡선 α의 전미분 $D\alpha|_{t_0}$는 접공간 $T_{t_0}I$에서 접공간 $T_{\alpha(t_0)}\mathbb{R}^3$로의 선형사상

$$D\alpha|_{t_0}(\tau_{t_0}) = \left(\tau\dot{\alpha}^1(t_0), \tau\dot{\alpha}^2(t_0), \tau\dot{\alpha}^3(t_0)\right)_{\alpha(t_0)}$$

이다. 따라서 $t_0 \in I$에서 α의 속도벡터는 그림 2.6에서와 같이

$$\dot{\alpha}(t_0) = D\alpha|_{t_0}(1_{t_0})$$

이다. 곡선 α의 속도벡터장을 유클리드 자연틀장 $(\partial_1, \partial_2, \partial_3)$을 이용하여 나타내면

$$\dot{\alpha}(t) = \dot{\alpha}^i(t)\partial_i$$

이다.

예제 2.3. 직선 $\alpha(t) = \mathbf{p} + t\mathbf{v}$의 속도벡터장을 구하라.

풀이. 점 $\mathbf{p} = (p^1, p^2, p^3)$와 벡터 $\mathbf{v} = (v^1, v^2, v^3)$에 대하여,

$$\alpha(t) = (p^1 + tv^1, p^2 + tv^2, p^3 + tv^3)$$

이므로 직선 α의 속도벡터장은 $\dot{\alpha}(t) = (v^1, v^2, v^3)_{\alpha(t)} = \mathbf{v}_{\alpha(t)}$이다. □

예제 2.4. 나선 $\beta(t) = (r\cos t, r\sin t, bt)$의 속도벡터장을 구하라.

풀이. 나선 β의 속도벡터장은 $\dot{\beta}(t) = (-r\sin t, r\cos t, b)_{\beta(t)}$이다. □

접벡터 $\mathbf{v}_\mathbf{p}$에 대한 함수의 방향도함수를 구할 때, 직선 $t \mapsto \mathbf{p} + t\mathbf{v}$ 대신에 곡선을 이용할 수 있다.

정리 2.2: 함수의 방향도함수

영역 D에 놓인 곡선 $\alpha\colon I \to D$와 영역 D에서 정의된 미분가능한 함수 f에 대하여,

$$D_{\dot{\alpha}(t)}f = \frac{d(f \circ \alpha)}{dt}(t)$$

이다.

증명. 곡선 $\alpha = (\alpha^1(t), \alpha^2(t), \alpha^3(t))$에 대하여,

$$\dot{\alpha}(t) = \left(\dot{\alpha}^1(t), \dot{\alpha}^2(t), \dot{\alpha}^3(t)\right)_{\alpha(t)}$$

이므로, 사상의 합성에 대한 연쇄법칙에 따라서

$$D_{\dot{\alpha}(t)} f = \dot{\alpha}^i(t) \cdot \partial_i f(\alpha(t)) = \frac{d(f \circ \alpha)}{dt}(t)$$

이다. □

곡선의 가속도벡터장을 다음과 같이 정의한다.

정의 2.7: 곡선의 가속도벡터장

곡선 $\alpha(t) = (\alpha^1(t), \alpha^2(t), \alpha^3(t))$에 대하여, $\ddot{\alpha}(t) = (\ddot{\alpha}^1(t), \ddot{\alpha}^2(t), \ddot{\alpha}^3(t))_{\alpha(t)}$로 정의된 곡선 α에 놓인 벡터장 $\ddot{\alpha}\colon I \to T\mathbb{R}^3$을 α의 **가속도벡터장**이라고 한다.

따라서, 곡선 α의 가속도벡터장 $\ddot{\alpha}$는 속도벡터장 $\dot{\alpha}$의 도벡터장이다.

예제 2.5. 곡선 $\alpha(t) = (3t + 2,\ t^2 + t - 3,\ 3t^2 + 2t + 1)$의 속도벡터장과 가속도벡터장을 구하라.

풀이. 곡선 α의 속도벡터장은

$$\dot{\alpha}(t) = (3,\ 2t + 1,\ 6t + 2)_{\alpha(t)}$$

이고 가속도벡터장은

$$\ddot{\alpha}(t) = (0, 2, 6)_{\alpha(t)}$$

이다. □

2.1.4 곡선의 재매개화와 곡선의 길이

곡선 α에 대하여, α와 같은 경로지만 속도를 바꾸어야 할 경우가 많다. 이때는 곡선의 정의역을 다음과 같은 방식으로 변경하여 곡선의 속도를 바꾼다.

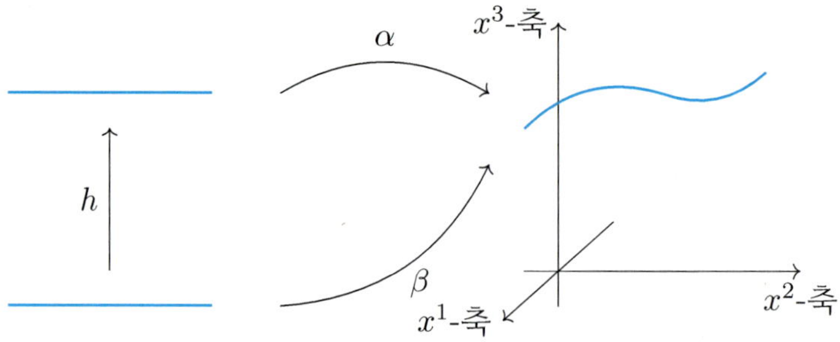

그림 2.7 곡선의 재매개화

정의 2.8: 곡선의 재매개화

자연수 k에 대한 C^k급 곡선 $\alpha\colon I \to \mathbb{R}^3$와 열린 구간 J에서 I로의 일대일대응인 함수 $h\colon J \to I$에 대하여, h와 h^{-1}가 C^k급 함수이면 h와 α의 합성사상

$$\beta(s) = \alpha(h(s))$$

를 h에 대한 α의 **재매개화**라고 한다.

곡선의 재매개화를 이용하여, 곡선에 대하여 경로는 같지만 속도가 다른 곡선을 구할 수 있다.

정리 2.3: 곡선의 재매개화의 속도벡터장

곡선 $\alpha\colon I \to \mathbb{R}^3$와 $\beta\colon J \to \mathbb{R}^3$에 대하여, 곡선 β가 $h\colon J \to I$에 대한 곡선 α의 재매개화이면

$$\dot{\beta}(s) = \dot{h}(s)\dot{\alpha}(h(s))$$

이다.

증명. 곡선 $\alpha(t) = (\alpha^1(t), \alpha^2(t), \alpha^3(t))$에 대하여,

$$\begin{aligned}\dot{\beta}(s) &= D\beta|_s(1_s) = \left(D\alpha|_{h(s)} \circ Dh|_s\right)(1_s) \\ &= D\alpha|_{h(s)}\left(\dot{h}(s)_{h(s)}\right) = \dot{h}(s)\, D\alpha|_{h(s)}\left(1_{h(s)}\right) = \dot{h}(s)\dot{\alpha}(h(s))\end{aligned}$$

이다. □

곡선에서 속력을 다음과 같이 정의한다.

정의 2.9: 곡선의 속력

곡선 $\alpha\colon I \to \mathbb{R}^3$에 대하여, $t_0 \in I$에서 접벡터 $\dot{\alpha}(t_0)$의 벡터부분의 크기 $\|\dot{\alpha}(t_0)\|$를 t_0에서 α의 **속력**이라고 한다.

정의에 따라서, t_0에서 $\alpha(t) = (\alpha^1(t), \alpha^2(t), \alpha^3(t))$의 속력 $v(t_0)$는

$$v(t_0) = \|\dot{\alpha}(t_0)\| = \sqrt{(\dot{\alpha}^1(t_0))^2 + (\dot{\alpha}^2(t_0))^2 + (\dot{\alpha}^3(t_0))^2}$$

이다.

예제 2.6. 점 $\mathbf{p} \in \mathbb{R}^3$와 영벡터가 아닌 벡터 $\mathbf{v} \in \mathbb{E}^3$에 대하여, 직선 $\alpha(t) = \mathbf{p}+t\mathbf{v}$의 속력이 1인 재매개화 β를 구하라.

풀이. 직선 α의 속도벡터장이 $\dot{\alpha}(t) = \mathbf{v}_{\alpha(t)}$ 이므로, 직선 α는 속력이 $\|\mathbf{v}\|$인 등속운동을 한다. $h(s) = s/\|\mathbf{v}\|$로 놓으면 $\dot{h}(s) = 1/\|\mathbf{v}\|$이므로, 재매개화 $\beta = \alpha \circ h$에 대하여,

$$\|\dot{\beta}(s)\| = |\dot{h}(s)|\|\dot{\alpha}(h(s))\| = \frac{1}{\|\mathbf{v}\|}\|\mathbf{v}\| = 1$$

이다. 따라서, $\beta(s) = \mathbf{p} + (s/\|\mathbf{v}\|)\mathbf{v}$이 구하는 재매개화이다. □

곡선의 길이를 구하기 위하여, 닫힌 구간에서 정의된 곡선을 생각하자. 만약 $\alpha\colon (a-\epsilon, b+\epsilon) \to \mathbb{R}^3$이 C^k급 곡선인 양의 상수 ϵ이 존재하면 곡선 α는 닫힌 구간 $[a,b]$에서 정의된 C^k급 **곡선분**이라고 하고 $\alpha\colon [a,b] \to \mathbb{R}^3$로 나타낸다.

정의 2.10: 곡선의 길이

곡선분 $\alpha\colon [a,b] \to \mathbb{R}^3$에 대하여,

$$\int_a^b \|\dot{\alpha}(t)\|\, dt$$

를 곡선 α의 **길이**라고 한다.

곡선을 재매개화하면 곡선의 속력은 변하지만 곡선의 길이는 변하지 않는다.

정리 2.4: 곡선의 재매개화와 곡선의 길이

곡선분 $\alpha\colon [a,b] \to \mathbb{R}^3$와 곡선분 $\beta\colon [c,d] \to \mathbb{R}^3$에 대하여, 곡선분 β가 $h\colon [c,d] \to [a,b]$에 대한 곡선분 α의 재매개화이면 곡선분 α의 길이는 곡선분 β의 길이와 같다.

증명. 곡선분 β의 길이는

$$\int_c^d \|\dot{\beta}(s)\|\,ds = \int_c^d \|\dot{h}(s)\dot{\alpha}(h(s))\|\,ds = \int_c^d \|\dot{\alpha}(h(s))\| \cdot |\dot{h}(s)|\,ds$$

이다.

만약 $c < s < d$에서 $\dot{h}(s) > 0$이면 $|\dot{h}(s)| = \dot{h}(s)$이고 $h(c) = a$, $h(d) = b$이므로

$$\int_c^d \|\dot{\beta}(s)\|\,ds = \int_c^d \|\dot{\alpha}(h(s))\| \cdot \dot{h}(s)\,ds = \int_a^b \|\dot{\alpha}(t)\|\,dt$$

이다. 만약 $c < s < d$에서 $\dot{h}(s) < 0$이면 $|\dot{h}(s)| = -\dot{h}(s)$이고 $h(c) = b$, $h(d) = a$ 이므로

$$\int_c^d \|\dot{\beta}(s)\|\,ds = -\int_c^d \|\dot{\alpha}(h(s))\| \cdot \dot{h}(s)\,ds = \int_a^b \|\dot{\alpha}(t)\|\,dt$$

이다. □

2.1.5 정칙곡선과 단위속력곡선

곡선 $\alpha\colon I \to \mathbb{R}^3$의 분석에서 주대상은 곡선의 상 $\alpha(I)$이다. 곡선의 상 $\alpha(I)$를 분석하는데, 사상으로서 곡선 α은 매우 유용한 도구이다. 그렇지만, C^∞급 곡선에서도 사상으로서 부적절한 경우도 있다. 다음의 곡선을 살펴보자.

(가) 곡선 $\alpha_1(t) = (t^2, 0, 0)$은 C^∞급 곡선이지만, 0 근방에서 곡선 α_1은 속도의 방향을 반대로 바꾸어 곡선의 지나온 궤적을 다시 중복하여 진행한다.

(나) 곡선

$$\alpha_2(t) = \begin{cases} (t^2, 0, 0), & t \le 0\text{일 때}, \\ (0, t^2, 0), & 0 < t\text{일 때} \end{cases}$$

에 대하여, 속도벡터장이

$$\dot{\alpha}_2(t) = \begin{cases} (2t, 0, 0)_{\alpha_2(t)}, & t \le 0\text{일 때}, \\ (0, 2t, 0)_{\alpha_2(t)}, & 0 < t\text{일 때} \end{cases}$$

이므로 곡선 α_2는 C^1급 곡선이다. 그렇지만 곡선 α는 x^1-축을 따라서 진행하다가 점 $\alpha(0) = (0,0,0)$에서 방향을 $\pi/2$만큼 회전한 후에 x^2-축 방향으로 진행한다.

위의 곡선들은 $\dot{\alpha}(t_0) = (0,0,0)_{\alpha(t_0)}$일 때, 점 t_0에서 문제가 일어난다. 곡선의 속도벡터 $\dot{\alpha}(t_0)$가 영벡터가 아니면, 점 $\alpha(t_0)$ 근방에서 곡선의 상을 확대하면 곡선의 상은 점점 곡선의 접선인 직선에 근사한다. 그렇지만, 곡선의 속도벡터 $\dot{\alpha}(t_0)$가 영벡터일 때는 점 $\alpha(t_0)$ 근방에서 곡선의 상을 확대하면 곡선의 상이 어떠한 직선에도 근사하지 않을 수도 있다. 이런 특수한 경우는 제외하고 다음과 같은 일반적인 곡선을 정의하자.

정의 2.11: 정칙곡선

곡선 $\alpha\colon I \to \mathbb{R}^3$에 대하여, 모든 $t \in I$에서 $\dot{\alpha}(t) \neq \mathbf{0}_{\alpha(t)}$이면 곡선 α는 **정칙곡선**이라고 한다.

곡선을 탐구할 때, 탐구의 대상은 사상으로서의 곡선의 궤적이지 사상 그 자체가 탐구의 대상은 아니다. 곡선의 궤적을 탐구하기 위하여, 곡선을 사상으로 정의할 뿐이다. 곡선의 속력이 1이면, 곡선의 궤적을 탐구하는데 편리한 경우가 많다.

정의 2.12: 단위속력곡선

곡선 $\alpha\colon I \to \mathbb{R}^3$에 대하여, 모든 $t \in I$에서 $\|\dot{\alpha}(t)\| = 1$이면 α는 **단위속력곡선**이라고 한다.

곡선이 단위속력곡선이면 이 곡선은 정칙곡선이지만, 그 역은 성립하지 않는다. 그렇지만, 모든 정칙곡선을 단위속력곡선으로 재매개화할 수 있다.

정리 2.5: 단위속력곡선으로 정칙곡선의 재매개화

곡선분 $\alpha\colon [a,b] \to \mathbb{R}^3$에 대하여, 곡선 α가 정칙곡선이면 α의 단위속력곡선인 재매개화 β가 존재한다.

증명. 곡선의 길이를 나타내는 함수 $g\colon [a,b] \to \mathbb{R}$를

$$g(t) = \int_a^t \|\alpha'(\tau)\|\, d\tau$$

로 정의하자. 그러면 α가 정칙곡선이므로, 모든 $t \in (a,b)$에 대하여

$$\dot{g}(t) = \|\dot{\alpha}(t)\| > 0$$

이다. 역함수의 정리에 따라서 g의 미분가능한 역함수 $h\colon [c,d] \to [a,b]$가 존재한다.

함수 h에 대한 곡선 α의 재매개화 $\beta(s) = \alpha(h(s))$에 대하여,

$$\|\dot{\beta}(s)\| = \left\|\dot{h}(s)\dot{\alpha}(h(s))\right\| = \frac{1}{|\dot{g}(h(s))|}\|\dot{\alpha}(h(s))\| = \frac{1}{\|\dot{\alpha}(h(s))\|}\|\dot{\alpha}(h(s))\| = 1$$

이므로 곡선 β는 단위속력곡선이다. □

> **예제 2.7.** 양의 상수 r에 대한 곡선 $\alpha(t) = (r\cos t, r\sin t, 0)$의 단위속력곡선인 재매개화 β를 구하라.

풀이. 곡선 α의 속도벡터장이

$$\dot{\alpha}(t) = (-r\sin t, r\cos t, 0)_{\alpha(t)} = r(-\sin t, \cos t, 0)_{\alpha(t)}$$

이므로, 곡선 α의 속력은 r이고 곡선 α는 등속력운동을 한다. 0을 기준으로 곡선 α의 길이함수는

$$g(t) = \int_0^t r\, d\tau = rt$$

이므로

$$h(s) = g^{-1}(s) = \frac{s}{r}$$

이다. 따라서 구하는 재매개화는

$$\beta(s) = (\alpha \circ h)(s) = \left(r\cos\frac{s}{r}, r\sin\frac{s}{r}, 0\right)$$

이다. □

예제 2.8. 양의 상수 r와 b에 대한 나선 $\alpha(t) = (r\cos t, r\sin t, bt)$의 단위속력곡선인 재매개화 β를 구하라.

풀이. 곡선 α의 속도벡터장이 $\dot{\alpha}(t) = (-r\sin t, r\cos t, b)_{\alpha(t)}$이므로, 곡선 α의 속력은

$$\sqrt{r^2\sin^2 t + r^2\cos^2 t + b^2} = \sqrt{r^2 + b^2}$$

이고 곡선 α는 등속력운동을 한다. 따라서, 0을 기준으로 곡선 α의 길이함수는

$$g(t) = \int_0^t \sqrt{r^2 + b^2}\, d\tau = \sqrt{r^2 + b^2}\, t$$

이므로

$$h(s) = g^{-1}(s) = \frac{s}{\sqrt{r^2 + b^2}}$$

이다. 따라서 구하는 재매개화는

$$\beta(s) = (\alpha \circ h)(s) = \left(r\cos\frac{s}{\sqrt{r^2 + b^2}}, r\sin\frac{s}{\sqrt{r^2 + b^2}}, \frac{bs}{\sqrt{r^2 + b^2}}\right)$$

이다. □

연습문제 2.1

1. 곡선 $\alpha\colon I \to \mathbb{R}^3$에 놓인 벡터장

$$V(t) = (t, 2t+2, t^2+1)_{\alpha(t)}, \quad W = (3t+1, t^2+2, t^2-2)_{\alpha(t)}$$

와 함수 $f(t) = t^2 + 2$에 대하여, 물음에 답하라.

(가) 벡터장 $V+W$, fV, $V \cdot W$, $V \times W$를 구하라.

(나) 도벡터장 $(V+W)'$와 $(fV)'$와 $(V \cdot W)'$을 구하라.

2. 다음 곡선의 속도벡터장과 가속도벡터장을 구하라.

(가) $\alpha(t) = (3t+2,\ t^2+t-3,\ 3t^2+2t+1)$,

(나) $\alpha(t) = (3\cos t,\ 2t,\ 3\sin t)$,

(다) $\alpha(t) = (2+3t,\ -1+t,\ 1+2t)$,

(라) $\alpha(t) = (1+\cos t,\ \sin t,\ 2\sin t/2)$,

(마) $\alpha(t) = (\cos t,\ 2\sin t - \cos t,\ 2+\sin t)$,

(바) $\alpha(t) = (3\cos 2t,\ 2\sin t, t)$.

3. 곡선 $\alpha\colon (a,b) \to \mathbb{R}^3$에 대하여, 곡선의 속력 $\|\dot{\alpha}\|$이 상수함수임은 모든 점에서 가속도벡터장이 속도벡터장에 직교하기 위한 필요충분조건임을 보여라.

4. 다음 곡선 α에 대하여, $\alpha(t)$에서 접벡터 $\dot{\alpha}(t)$에 대한 함수

$$f(x,y,z) = 3 + 2xy + x^2 + z^2 + xz^2$$

의 방향도함수를 구하라.

(가) $\alpha(t) = (1+2t,\ -1+t^2,\ 1+t^3)$,

(나) $\alpha(t) = (1+\cos t,\ \sin t,\ 2\sin t/2)$,

(다) $\alpha(t) = (t,\ t^2,\ t^3)$,

(라) $\alpha(t) = (2\cos t,\ 2\sin t, 3t)$.

5. 다음 곡선이 정칙곡선인지를 판별하라.

(가) $\alpha(t) = (3+t,\ 2,\ 1+t)$,

(나) $\alpha(t) = (t^2,\, t^3, 0)$,

(다) $\alpha(t) = (1 + \cos t,\, \sin t,\, 2\sin t/2)$,

(라) $\alpha(t) = (\cos t,\, -\sin t, 1 + \cos t + \sin t)$.

6. 미분가능한 함수 $f\colon I \to \mathbb{R}$에 대하여, 곡선 $\alpha(t) = (t,\, f(t),\, 0)$이 정칙곡선인지를 판별하라.

7. 곡선 $\alpha(t) = (3\cos t,\, 3\sin t,\, 4t)$에 대하여, 다음 물음에 답하라.

(가) 곡선 α의 길이함수를 구하라.

(나) 구간 $[0, 5]$에서 곡선 α의 길이를 구하라.

(다) 곡선 α의 단위속력곡선인 재매개화 β를 구하라.

8. 곡선 $\alpha(t) = (\cosh t,\, \sinh t,\, t)$에 대하여, 다음 물음에 답하라.

(가) 곡선 α의 길이함수를 구하라.

(나) 구간 $[0, 5]$에서 곡선 α의 길이를 구하라.

(다) 곡선 α의 단위속력곡선인 재매개화 β를 구하라.

9. 곡선 $\alpha(t) = (e^t \cos t,\, e^t \sin t,\, e^t)$에 대하여, 다음 물음에 답하라.

(가) 곡선 α의 길이함수를 구하라.

(나) 구간 $[0, 5]$에서 곡선 α의 길이를 구하라.

(다) 곡선 α의 단위속력곡선인 재매개화 β를 구하라.

2.2 단위속력곡선에 대한 프레네-세레 장치

곡선의 재매개화의 궤적은 원래의 곡선의 궤적과 같다. 우리가 탐구하려는 대상은 정칙곡선인데, 이 정칙곡선을 재매개화하여 단위속력곡선으로 바꿀 수 있다. 이 절에서는 단위속력곡선에 대하여 다루고, 일반적인 정칙곡선은 다음 절에서 다룬다.

2.2.1 단위속력곡선의 단위접벡터장과 곡률

단위속력곡선 α를 분석하기 위하여, 곡선 α에 따른 속도벡터장과 가속도벡터장을 분석할 필요가 있다. 곡선의 속도벡터장을 다음과 같이 정의한다.

정의 2.13: 단위속력곡선의 단위접벡터장

단위속력곡선 $\alpha\colon (a,b) \to \mathbb{R}^3$에 대하여, 곡선 α의 속도벡터장 $\dot{\alpha}$을 α의 **단위접벡터장**이라고 하고 T로 나타낸다.

단위속력곡선 α의 단위접벡터장 T는 α에 놓인 벡터장으로 모든 점에서 크기가 1이다.

단위속력곡선 α는 모든 점에서 속력이 1이므로, 속도벡터장 방향으로의 가속은 없다. 따라서, 가속도벡터 $\ddot{\alpha}(s)$는 속도벡터 $\dot{\alpha}(s)$에 직교하므로 단위속력곡선의 가속도 $\dot{T} = \ddot{\alpha}$로부터 곡선의 휘는 정도를 알 수 있다.

정의 2.14: 단위속력곡선의 곡률

단위속력곡선 $\alpha\colon I \to \mathbb{R}^3$에 대하여,

$$\kappa(s) = \|\dot{T}(s)\|$$

로 정의되는 곡선 α에 놓인 함수 $\kappa\colon I \to \mathbb{R}$를 α의 **곡률**이라고 한다.

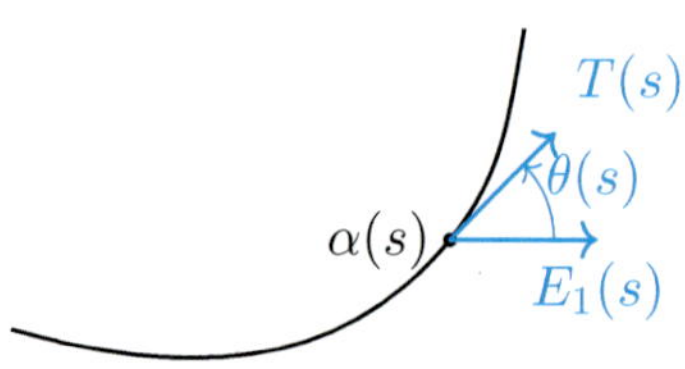

그림 2.8 곡선의 회전각

곡률이 곡선의 휘는 정도를 나타낸다는 것을 기하적으로 확인하여 위하여, 단위속력곡선 α가

$$\alpha(s) = (x(s), y(s), 0)$$

와 같이 xy-평면에 놓여있다고 가정하자. 그림 2.8과 같이, 곡선 α에 놓인 함수 $\theta\colon I \to \mathbb{R}$가 작용점 $\alpha(s)$에서 xy-평면에 평행한 접평면에서 접벡터 $E_1(s)$부터 반시계방향으로 단위접벡터 $T(s)$까지의 **회전각** 크기이면, 단위접벡터장을

$$T(s) = \cos\theta(s)E_1(s) + \sin\theta(s)E_2(s) + 0E_3(s)$$

와 같이 극형식으로 나타낼 수 있다. 그러면, 연쇄법칙에 따라서

$$\dot{T}(s) = \dot{\theta}(s)\,\{-\sin\theta(s)E_1(s) + \cos\theta(s)E_2(s) + 0E_3(s)\}$$

이므로

$$\kappa = \left|\dot{\theta}\right|$$

임을 알 수 있다. 즉, 평면에서 곡선의 곡률은 곡선의 길이에 대한 곡선의 회전각 크기의 변화율의 절댓값이다. 곡선의 곡률이 크면 곡선의 길이에 대한 곡선의 회전각의 변화율이 크기 때문에 곡선은 많이 휘어진다.

예제 2.9. 단위속력곡선 α가

$$\alpha(s) = \mathbf{p} + s\mathbf{v}$$

인 직선일 때, 직선 α의 곡률을 구하라. 여기서 $\|\mathbf{v}\| = 1$이다.

풀이. 직선 α에 대하여, 단위접벡터장 $T(s) = \mathbf{v}_{\alpha(t)}$의 벡터부분은 모든 점에서 $\mathbf{v}$이다. 따라서 직선 α의 곡률 κ는 영함수이다. □

예제 2.10. 양의 상수 r에 대하여, 단위속력곡선

$$\alpha(s) = \left(r\cos\frac{s}{r},\ r\sin\frac{s}{r},\ 0\right)$$

의 곡률을 구하라.

풀이. 단위속력곡선 α의 단위접벡터장 T와 $\dot{T}$은 각각

$$T(s) = \left(-\sin\frac{s}{r},\ \cos\frac{s}{r},\ 0\right), \qquad \dot{T}(s) = \left(-\frac{1}{r}\cos\frac{s}{r},\ -\frac{1}{r}\sin\frac{s}{r},\ 0\right)$$

이므로, α의 곡률은 $\kappa = 1/r$인 상수함수이다. □

위의 보기에서, 원의 곡률은 원의 반지름에 반비례함을 확인할 수 있다. 곡률을 곡선의 길이에 대한 회전각 크기의 변화율로도 확인할 수 있다. 곡선 α의 회전각 크기 θ는 적당한 정수 m에 대하여

$$\theta(s) = \frac{s}{r} + \frac{\pi}{2} + 2\pi m$$

이다. 따라서

$$\frac{d\theta}{ds}(s) = \frac{1}{r}$$

이다.

단위속력곡선에 대하여, 곡률이 영함수임은 곡선이 직선이기 위한 필요충분조건이다. 이때 곡선 α에 대하여,

$$\alpha(s) = \mathbf{p} + s\mathbf{v}$$

인 점 $\mathbf{p}$와 단위벡터 $\mathbf{v}$가 존재함은 곡선 α가 직선이기 위한 필요충분조건이다.

정리 2.6: 단위속력곡선이 직선이기 위한 필요충분조건

단위속력곡선 $\alpha : [a, b] \to \mathbb{R}^3$에 대하여, 곡선 α의 곡률이 영함수임은 곡선 α가 직선이기 위한 필요충분조건이다.

증명. 단위속력곡선 α가 직선이라고 가정하자. 그러면, $\alpha(s) = \mathbf{p} + s\mathbf{v}$인 점 $\mathbf{p}$와 단위벡터 $\mathbf{v}$가 존재한다. 이때 단위접벡터장 $T = \mathbf{v}$는 상수벡터장이므로 $\kappa = 0$이다.

이제 단위속력곡선 α의 곡률 κ가 영함수라고 가정하자. 그러면 단위접벡터장

$$T(s) = T(a) + \int_a^s \dot{T}(\tau)\, d\tau = T(a)$$

은 상수벡터장이므로

$$\begin{aligned}
\alpha(s) &= \alpha(a) + \int_a^s T(a)\, ds \\
&= \alpha(a) + (s-a)T(a) \\
&= \{\alpha(a) - aT(a)\} + sT(a)
\end{aligned}$$

이다. 여기서

$$\mathbf{p} = \alpha(a) - aT(a), \qquad \mathbf{v} = T(a)$$

로 놓으면 $\alpha(s) = \mathbf{p} + s\mathbf{v}$이므로, α는 직선이다. □

2.2.2 단위속력곡선의 주법선벡터장과 종법선벡터장

단위속력곡선 α에 대한 단위접벡터장 T에 대하여, $T \cdot T = 1$이므로 $2(T \cdot \dot{T}) = 0$, 즉 $\dot{T}$과 T는 항상 직교한다. 만약 작용점 $\alpha(s)$에서 $\dot{T}(s)$이 영접벡터가 아니면, $\dot{T}(s)$ 방향의 단위접벡터를 정의할 수 있고, 단위접벡터 $T(s)$과 앞의 단위접벡터의 외적으로 다른 단위접벡터를 정의할 수 있다.

정의 2.15: 단위속력곡선의 주법선벡터장과 종법선벡터장

단위속력곡선 $\alpha\colon I \to \mathbb{R}^3$에 대하여, 모든 점 $s \in I$에서 $\kappa(s) > 0$일 때

$$N = \frac{\dot{T}}{\|\dot{T}\|}$$

로 정의되는 곡선 α에 놓인 벡터장 $N\colon I \to \mathbb{R}^3$을 α의 **주법선벡터장**이라고 하고

$$B = T \times N$$

로 정의되는 곡선 α에 놓인 벡터장 $B\colon I \to \mathbb{R}^3$를 α의 **종법선벡터장**이라고 한다.

정의에 따라서, $\kappa > 0$인 경우 (T, N, B)는 곡선 α에 놓인 정규직교틀장이다. 점 $\alpha(s_0)$을 지나고 $B(s_0)$에 수직인 평면을 점 $\alpha(s_0)$에서 α의 **접촉평면**이라고 한다. 점 $\alpha(s_0)$에서의 접벡터공간 $T_{\alpha(s_0)}\mathbb{R}^3$에서 단위접벡터 $T(s_0)$과 주법선벡터 $N(s_0)$가 생성하는 부분공간이 점 $\alpha(s_0)$에서 α의 접촉평면이므로 이 평면이 점 $\alpha(s_0)$ 근방에서 곡선의 상 $\alpha(I)$와 가장 가까운 평면이다.

정의 2.16: 단위속력곡선의 프레네 틀장

단위속력곡선 α에 대하여, $\kappa > 0$일 때 (T, N, B)를 α의 **프레네 틀장**이라고 한다.

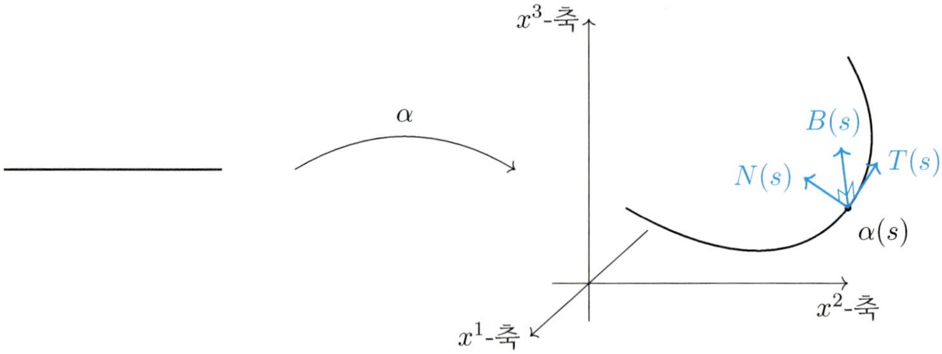

그림 2.9 단위속력곡선의 프레네 틀장

곡선을 분석하는데, 곡선 α에 놓인 정규직교틀장인 자연틀장 (E_1, E_2, E_3)을 이용할 수도 있다. 자연틀장 (E_1, E_2, E_3)의 벡터부분은 곡선을 대하여 변하지 않아서 편리하지만 이를 이용하여 곡선의 성질을 탐구하려면 복잡한 식을 분석해야 한다. 이와 대조적으로 프레네 틀장 (T, N, B)의 벡터부분은 곡선을 따라서 변하지만 이를 이용하면 곡선의 성질을 간단한 식으로 나타낼 수 있다.

단위속력곡선 α의 주법선벡터장의 도벡터장 $\dot{N}$을 프레네 틀장 (T, N, B)로 나타내면

$$\dot{N} = (\dot{N} \cdot T)T + (\dot{N} \cdot N)N + (\dot{N} \cdot B)B$$

이다. 여기서 단위속력곡선 α가 접촉평면에서 멀어지려는 비율을 다음과 같이 정의할 수 있다.

정의 2.17: 단위속력곡선의 비틀림

단위속력곡선 α에 대하여,

$$\tau(s) = \dot{N}(s) \cdot B(s)$$

로 정의되는 함수 $\tau\colon I \to \mathbb{R}$를 α의 **비틀림**[a]이라고 한다.

[a]비틀림을 **꼬임**이라고도 한다.

정의 2.18: 단위속력곡선의 프레네-세레 장치

단위속력곡선 α에 대하여, (T, N, B, κ, τ)를 α의 **프레네-세레 장치**라고 한다.

$\kappa > 0$인 경우, 이 장의 뒤 부분에서 프레네-세레 장치 (T, N, B, κ, τ)를 이용하면 단위속력곡선을 완전히 이해할 수 있음을 확인할 것이다.

예제 2.11. 곡선 $\alpha(t) = (a\cos t, a\sin t, bt)$의 단위속력곡선인 재매개화 β를 구하고 단위속력곡선 β에 대한 프레네-세레 장치 (T, N, B, κ, τ)를 구하라. 여기서 a는 양의 상수이고 b는 임의의 상수이다.

풀이. 곡선 α의 속력은

$$\|\dot{\alpha}(t)\| = \sqrt{a^2\sin^2 t + a^2\cos^2 t + b^2} = \sqrt{a^2 + b^2}$$

로 상수이다. $c = \sqrt{a^2 + b^2}$으로 놓으면 α의 길이함수는

$$g(t) = \int_0^t c\,d\tau = ct$$

이므로 g의 역함수는

$$h(s) = \frac{s}{c}$$

이다. h에 대한 α의 재매개화

$$\beta(s) = \alpha(h(s)) = \left(a\cos\frac{s}{c}, a\sin\frac{s}{c}, b\cdot\frac{s}{c}\right)$$

의 속력은 $\|\dot{\beta}(s)\| = \|\dot{\alpha}(h(s))\| \cdot |\dot{h}(s)| = 1$이므로 β는 단위속력곡선이다.

β의 단위접벡터장은

$$T(s) = \dot{\beta}(s) = \left(-\frac{a}{c}\sin\frac{s}{c},\ \frac{a}{c}\cos\frac{s}{c},\ \frac{b}{c}\right)$$

이므로

$$\dot{T}(s) = \left(-\frac{a}{c^2}\cos\frac{s}{c},\ -\frac{a}{c^2}\sin\frac{s}{c},\ 0\right)$$

이다. 따라서 β의 곡률은

$$\kappa(s) = \|\dot{T}(s)\| = \frac{a}{c^2} = \frac{a}{a^2 + b^2}$$

이고, β의 주법선벡터장은

$$N(s) = \left(-\cos\frac{s}{c},\ -\sin\frac{s}{c},\ 0\right)$$

이다. 또한 β의 종법선벡터장은

$$B(s) = T(s) \times N(s) = \begin{vmatrix} \mathbf{e}_1 & \mathbf{e}_2 & \mathbf{e}_3 \\ -\frac{a}{c}\sin\frac{s}{c} & \frac{a}{c}\cos\frac{s}{c} & \frac{b}{c} \\ -\cos\frac{s}{c} & -\sin\frac{s}{c} & 0 \end{vmatrix} = \left(\frac{b}{c}\sin\frac{s}{c},\ -\frac{b}{c}\cos\frac{s}{c},\ \frac{a}{c}\right)$$

이다. 한편

$$\dot{N}(s) = \left(\frac{1}{c}\sin\frac{s}{c},\ -\frac{1}{c}\cos\frac{s}{c},\ 0\right)$$

이므로, β의 비틀림은

$$\tau(s) = \dot{N}(s) \cdot B(s) = \frac{b}{c^2} = \frac{b}{a^2+b^2}$$

이다. □

2.2.3 단위속력곡선에 대한 프레네-세레의 방정식

단위속력곡선 α의 프레네 틀장 (T, N, B)에 대하여,

$$\dot{T} = \kappa N$$

임을 알고 있다. 다음의 연립미분방정식을 완성하자.

정리 2.7: 단위속력곡선에 대한 프레네-세레의 방정식

단위속력곡선 $\alpha\colon (a,b) \to \mathbb{R}^3$에 대하여, $\kappa(s) > 0$이면

$$\begin{aligned} \dot{T}(s) &= \quad \kappa(s)N(s) \\ \dot{N}(s) &= -\kappa(s)T(s) \quad\quad + \quad\quad \tau(s)B(s) \\ \dot{B}(s) &= \quad -\tau(s)N(s) \end{aligned}$$

이다.

증명. 첫 번째 식이 성립함은 앞에서 이미 보였으므로 두 번째 식과 세 번째 식이 성립함을 증명하면 된다.

곡선 α에 놓인 벡터장 $\dot{N}$을 프레네 틀장의 일차결합으로 나타내면

$$\dot{N} = (\dot{N} \cdot T)T + (\dot{N} \cdot N)N + (\dot{N} \cdot B)B$$

이다. 그런데, $N \cdot T = 0$이므로

$$\dot{N} \cdot T = -(N \cdot \dot{T}) = -(N \cdot (\kappa N)) = -\kappa$$

이고, $N \cdot N = 1$이므로

$$\dot{N} \cdot N = 0$$

이고, $\dot{N} \cdot B = \tau$이다. 따라서 두 번째 식이 성립한다.

종법선벡터장의 도벡터장 $\dot{B}$을 프레네 틀 (T, N, B)로 나타내면

$$\dot{B} = (\dot{B} \cdot T)T + (\dot{B} \cdot N)N + (\dot{B} \cdot B)B$$

이다. 등식 $B \cdot T = 0$의 양변을 미분하면 $\dot{B} \cdot T + B \cdot \dot{T} = 0$이므로

$$\dot{B} \cdot T = -(B \cdot \dot{T}) = -\kappa(B \cdot N) = 0$$

이다. 등식 $B \cdot N = 0$의 양변을 미분하면 $\dot{B} \cdot N + B \cdot \dot{N} = 0$이므로

$$\dot{B} \cdot N = -(B \cdot \dot{N}) = -\tau$$

이다. 등식 $B \cdot B = 1$의 양변을 미분하면 $\dot{B} \cdot B + B \cdot \dot{B} = 0$이므로 $\dot{B} \cdot B = 0$이다. □

점 s_0 근방에서 단위속력곡선 α의 테일러 급수전개를 살펴보자. s_0 근방에서 $(s - s_0)$의 절댓값이 1보다 훨씬 작은 값이면 $(s - s_0)^2/(s - s_0) = s - s_0$이므로 s_0 근방에서 $s - s_0$는 $(s - s_0)^2$보다 상대적으로 매우 큰 값임을 이해하자. 또한 같은 이유로 s_0 근방에서 $(s - s_0)^2$은 $(s - s_0)^3$보다 상대적으로 매우 큰 값이다. 그러면, 다음을 알 수 있다.

(가) 곡선 α를 점 $\alpha(s_0)$ 근방에서 1차 테일러 전개를 하면

$$\alpha(s_0) + (s - s_0)\dot{\alpha}(s_0) + o((s - s_0)^1)$$

이다. 여기서 $\dot{\alpha}(s_0) = T(s_0)$이므로, 위 식을

$$\alpha(s) = \alpha(s_0) + (s - s_0)T(s_0) + o((s - s_0)^1)$$

로 나타낼 수 있다. 즉, s_0 근방에서 곡선 α의 상에 가장 근접한 직선은 점 s_0에서 α의 접선이고 s_0 근방에서 곡선 α는 $T(s_0)$ 방향으로 진행함을 확인할 수 있다.

(나) 곡선 α를 점 $\alpha(s_0)$ 근방에서 2차 테일러 전개를 하면

$$\alpha(s_0)+(s-s_0)\dot{\alpha}(s_0)+\frac{(s-s_0)^2}{2}\ddot{\alpha}(s_0)+o((s-s_0)^2)$$

이다. 여기서 $\dot{\alpha}(s_0)=T(s_0)$이고 $\ddot{\alpha}(s_0)=\kappa(s_0)N(s_0)$이므로

$$\alpha(s)=\alpha(s_0)+(s-s_0)T(s_0)+\frac{\kappa(s_0)}{2}(s-s_0)^2N(s_0)+o((s-s_0)^2)$$

이다. 즉, s_0 근방에서 곡선 α의 상에 가장 근접한 평면은 점 s_0에서 α의 접촉평면이고 s_0 근방에서 곡선 α는 $T(s_0)$ 방향으로 진행하며 $N(s_0)$ 방향으로 $\kappa(s_0)$ 비율로 휘어진다.

(다) 곡선 α를 점 $\alpha(s_0)$ 근방에서 3차 테일러 전개를 하면

$$\alpha(s_0)+(s-s_0)\dot{\alpha}(s_0)+\frac{(s-s_0)^2}{2}\ddot{\alpha}(s_0)+\frac{(s-s_0)^3}{6}\dddot{\alpha}(s_0)+o((s-s_0)^3)$$

이다. 여기서

$$\dot{\alpha}(s_0)=T(s_0),\quad \ddot{\alpha}(s_0)=\kappa(s_0)N(s_0)$$

이고

$$\dddot{\alpha}(s_0)=(\kappa\cdot N)'(s_0)=\dot{\kappa}(s_0)N(s_0)+\kappa(s_0)\{-\kappa(s_0)T(s_0)+\tau(s_0)B(s_0)\}$$

이므로, 위 식은

$$\begin{aligned}\alpha(s)=\alpha(s_0)&+\left[(s-s_0)-\frac{\kappa(s_0)^2}{6}(s-s_0)^3\right]T(s_0)\\&+\left[\frac{\kappa(s_0)}{2}(s-s_0)^2+\frac{\dot{\kappa}(s_0)}{6}(s-s_0)^3\right]N(s_0)\\&+\left[\frac{\tau(s_0)\kappa(s_0)}{6}(s-s_0)^3\right]B(s_0)+o((s-s_0)^3)\end{aligned}$$

로 나타낼 수 있다. $\kappa(s_0)>0$일 때, 만약 $\tau(s_0)>0$이면 곡선 α는 $B(s_0)$ 방향으로 솟아오름을 확인할 수 있다.

단위속력곡선 α에 대하여, $\dot{B}(s)=-\tau(s)N(s)$이므로 비틀림의 함숫값 $\tau(s)$가 클수록 곡선은 점 $\alpha(s)$에서의 곡선 α의 접촉평면에서 더 빨리 벗어나려 한다. 만약 비틀림이 영함수이면 곡선은 고정된 접촉평면에서 벗어나지 않는다.

단위속력곡선에 대한 프레네-세레의 방정식을 이용하여, 곡률이 양인 곡선이 평면

곡선이기 위한 조건을 알아보자.

정리 2.8: 단위속력곡선이 평면곡선이기 위한 필요충분조건

모든 점 $s \in (a,b)$에서 $\kappa(s) > 0$인 단위속력곡선 $\alpha\colon (a,b) \to \mathbb{R}^3$에 대하여, 비틀림이 영함수임은 곡선 α가 평면곡선이기 위한 필요충분조건이다.

증명. 곡선 α가 평면에 놓여 있다고 가정하자. 그러면 모든 점 $s \in (a,b)$에서

$$(\alpha(s) - \mathbf{p}) \cdot \mathbf{v} = 0$$

인 점 $\mathbf{p}$와 영벡터가 아닌 벡터 $\mathbf{v}$가 존재한다. 이 식의 양변을 s에 대하여 미분하고 그 식을 다시 미분하면 $\dot{\alpha}(s) \cdot \mathbf{v} = 0$이고 $\ddot{\alpha}(s) \cdot \mathbf{v} = 0$이다. 따라서 모든 점 $s \in (a,b)$에서 $T(s)$와 $N(s)$는 $\mathbf{v}$와 직교한다. 따라서

$$B(s) = \frac{\mathbf{v}}{\|\mathbf{v}\|} \quad \text{또는} \quad B(s) = -\frac{\mathbf{v}}{\|\mathbf{v}\|}$$

이므로 $\dot{B}(s) = 0$이다. 즉, 곡선 α의 비틀림 τ는 영함수이다.

곡선 α의 비틀림 τ가 영함수라고 가정하자. 그러면 모든 점 $s \in (a,b)$에서 $\dot{B}(s) = 0$이므로 종법선벡터장의 벡터부분은 상수벡터이므로 $B(s) = \mathbf{v}_{\alpha(t)}$인 벡터 $\mathbf{v} \in \mathbb{E}^3$가 존재한다. 함수 $f\colon (a,b) \to \mathbb{R}$을

$$f(s) = \{\alpha(s) - \alpha(a)\} \cdot \mathbf{v}$$

로 정의하자. 그러면 $f(a) = 0$이고 모든 점 $s \in (a,b)$에서

$$\dot{f}(s) = \dot{\alpha}(s) \cdot \mathbf{v} = T(s) \cdot B(s) = 0$$

이므로 f는 영함수이다. 따라서 모든 점 $s \in (a,b)$에서 $(\alpha(s) - \alpha(a)) \cdot \mathbf{v} = 0$이다. 즉 α는 평면곡선이다. □

단위속력곡선이 평면곡선인 경우, 곡선에 대한 프레네-세레의 방정식을 적용하여 곡선의 상이 원에 놓여 있기 위한 조건을 찾아보자.

정리 2.9: 단위속력곡선이 원에 놓여 있기 위한 필요충분조건

단위속력곡선 α와 양의 상수 κ_0에 대하여, α의 곡률 κ가 함숫값이 양의 상수 κ_0인 상수함수이고 비틀림 τ가 영함수임은 곡선 α가 반지름이 $1/\kappa_0$인 원에 놓여 있기 위한 필요충분조건이다.

증명. 단위속력곡선 α가 중심이 $\mathbf{p}$이고 반지름이 $1/\kappa_0$인 원에 놓여 있다고 가정하자. 그러면 곡선 α는 원이 놓인 평면에 놓여 있으므로, 곡선 α가 놓인 평면이

$$\{\mathbf{p} + x\mathbf{e}_1 + y\mathbf{e}_2 \mid x \in \mathbb{R},\ y \in \mathbb{R}\}$$

이고

$$\alpha(s) = \mathbf{p} + \frac{1}{\kappa_0}\cos(\kappa_0 s - s_0)\mathbf{e}_1 + \frac{1}{\kappa_0}\sin(\kappa_0 s - s_0)\mathbf{e}_2$$

인, 서로 직교하는 단위벡터 $\mathbf{e}_1$와 $\mathbf{e}_2$가 존재한다. 그러면 곡선 α의 곡률은

$$\kappa(s) = \|\ddot{\alpha}(s)\| = \|-\kappa_0\cos(\kappa_0 s - s_0)\mathbf{e}_1 - \kappa_0\sin(\kappa_0 s - s_0)\mathbf{e}_2\| = \kappa_0$$

이다. 곡선 α의 곡률이 양의 상수인 상수함수이고 곡선 α가 평면곡선이므로, 앞의 정리에 따라서 곡선 α의 비틀림은 영함수이다.

이제 α의 곡률은 $\kappa = \kappa_0$인 상수함수이고, 비틀림은 영함수라고 가정하자. 그러면 앞의 정리에 따라서 α는 평면곡선이다. 곡선 $\beta(s) = \alpha(s) + (1/\kappa_0)N(s)$를 생각하자. 모든 $s \in (a, b)$에서

$$\dot{\beta}(s) = \dot{\alpha}(s) + \frac{1}{\kappa_0}\dot{N}(s) = T(s) + \frac{1}{\kappa_0}(-\kappa_0 T(s)) = 0$$

이므로 β는 상수곡선 $\beta = \mathbf{p}$이다. 따라서 모든 $s \in [a, b]$에서

$$\|\alpha(s) - \mathbf{p}\| = \left\|\frac{1}{\kappa_0}N(s)\right\| = \frac{1}{\kappa_0}$$

이다. α는 평면곡선이므로 α는 중심이 $\mathbf{p}$이고 반지름이 $1/\kappa_0$인 원에 놓여 있다. □

2.2.4 나선

정칙곡선 중에서 다음의 곡선을 정의하자.

정의 2.19: 나선

정칙곡선 $\beta\colon (a,b) \to \mathbb{R}$에 대하여, 모든 $t \in (a,b)$에 대하여 $T(t) \cdot \mathbf{u}$이 상수인 단위벡터 $\mathbf{u}$가 존재하면 β는 **나선**이라고 한다. 이때 $\mathbf{u}$를 β의 **나선축**이라고 한다. 여기서 T는 정칙곡선 β의 단위접벡터장이다.

나선 β에서 나선축 $\mathbf{u}$와 $T(t)$가 이루는 사잇각의 크기를 θ로 놓으면

$$T(t) \cdot \mathbf{u} = \cos\theta$$

이다.

보기 2.4. 임의의 평면곡선은 나선이다. 이때 나선축은 평면에 수직인 단위벡터이다.

예제 2.12. 양의 상수 r과 임의의 상수 b에 대한 정칙곡선 $\beta(t) = (r\cos t, r\sin t, bt)$이 나선임을 보이고 나선축을 구하라.

증명. 정칙곡선 β의 속도벡터장은 $\dot{\beta}(t) = (-r\sin t, r\cos t, b)_{\beta(t)}$이므로, β의 단위접벡터장은

$$T(t) = \frac{1}{\sqrt{r^2+b^2}}(-r\sin t, r\cos t, b)_{\beta(t)}$$

이다. 이때 단위벡터 $\mathbf{u} = (u^1, u^2, u^3)$에 대하여, 모든 t에서

$$T(t) \cdot \mathbf{u} = \frac{1}{\sqrt{r^2+b^2}}(-ru^1\sin t + ru^2\cos t + bu^3)$$

이 상수이려면 $\mathbf{u} = (0,0,1)$이어야 한다. 즉, β는 나선이며 이때 $\mathbf{u} = (0,0,1)$는 β의 나선축이다. □

곡선에 대한 프레네-세레의 방정식을 적용하여, 곡률이 양인 단위속력곡선 중에서 곡선이 나선이기 위한 조건을 찾아보자.

정리 2.10: 단위속력곡선이 나선이기 위한 필요충분조건

곡률이 양의 실수인 단위속력곡선 α에 대하여, 모든 점 s에서 $\tau(s)/\kappa(s) = c$인 상수 c가 존재함은 곡선 α가 나선이기 위한 필요충분조건이다.

증명. 곡선 α가 나선이라고 가정하자. 그러면 α의 나선축 $\mathbf{u}$에 대하여

$$T \cdot \mathbf{u} = \cos\theta$$

인 상수 θ가 존재한다. 따라서

$$0 = \dot{T}(s) \cdot \mathbf{u} = \kappa(s)N(s) \cdot \mathbf{u}$$

이고, $\kappa(s) > 0$이므로 $N(s) \cdot \mathbf{u} = 0$, 즉 $\mathbf{u}$는 $N(s)$에 수직이다. 따라서

$$\mathbf{u} = \cos\theta \cdot T(s) + \sin\theta \cdot B(s)$$

이다. 이 식을 s에 대하여 미분하면

$$\mathbf{0} = [\cos\theta \cdot \kappa(s) - \sin\theta \cdot \tau(s)]N(s)$$

이므로

$$\cos\theta \cdot \kappa(s) = \sin\theta \cdot \tau(s)$$

이다. 여기서 $\sin\theta \neq 0$이다. 왜냐하면 $\sin\theta = 0$이면 $T \cdot \mathbf{u} = 1$이므로 $T = \mathbf{u}$이고 $\kappa = 0$이기 때문에 가정에 모순이다. 그러므로

$$\frac{\tau(s)}{\kappa(s)} = \cot\theta$$

이다.

$\tau(s)/\kappa(s)$가 상수라고 가정하자. 그리고

$$\cot\theta = \frac{\tau(s)}{\kappa(s)}, \qquad 0 < \theta < \pi$$

인 각의 크기 θ에 대하여

$$\mathbf{u}(s) = \cos\theta \cdot T(s) + \sin\theta \cdot B(s)$$

로 놓자. 그러면

$$\dot{\mathbf{u}}(s) = [\cos\theta \cdot \kappa(s) - \sin\theta \cdot \tau(s)]N(s) = \mathbf{0}$$

이므로 $\mathbf{u}(s) = \mathbf{u}$는 상수벡터이며, $T(s) \cdot \mathbf{u} = \cos\theta$이다. 즉, α는 나선이며, 이때 $\mathbf{u}$는 α의 나선축이다. □

연습문제 2.2

1. 단위속력곡선 $\alpha\colon (a,b) \to \mathbb{R}^3$에 대하여,

$$\forall s \in (a,b),\ \|\alpha(s)\| = r$$

인 양의 상수 r이 존재하면 임의의 실수 $s \in (a,b)$에 대하여 $\kappa(s) \geq 1/r$임을 보여라.

2. 단위속력곡선 $\alpha\colon (a,b) \to \mathbb{R}^3$에 대하여,

$$T = N \times B \qquad \text{그리고} \qquad N = B \times T$$

임을 보여라.

3. 단위속력곡선 $\alpha\colon (a,b) \to \mathbb{R}^3$와 곡선 α에 놓인 벡터장 $X = \tau T + \kappa B$에 대하여,

$$\dot{T} = X \times T, \qquad \dot{N} = X \times N, \qquad \dot{B} = X \times B$$

임을 보여라.

4. 곡률이 양의 실수인 단위속력곡선 $\alpha\colon (a,b) \to \mathbb{R}^3$와 평면 P와 점 $s \in (a,b)$에 대하여,

(가) 점 $\alpha(s)$에서 곡선 α의 접선이 평면 P에 포함되고

(나) 점 s의 임의의 근방 J에 대하여 $\alpha(J)$가 평면 P가 나누는 양쪽과 만나면

평면 P는 s에서 곡선 α의 접촉평면임을 보여라.

5. 단위속력곡선

$$\alpha(s) = \left(\frac{3}{5}\cos s, \frac{4}{5}\cos s, 2 - \sin s\right)$$

에 대한 프레네-세레 장치 (T, N, B, κ, τ)를 구하라.

6. 단위속력곡선 $\alpha\colon (a,b) \to \mathbb{R}^3$에 대하여,

$$(\dot{\alpha} \times \ddot{\alpha}) \cdot \dddot{\alpha} = \kappa^2 \tau$$

임을 보여라.

7. 단위속력곡선 $\alpha\colon (a,b) \to \mathbb{R}^3$에 대하여, 단위접벡터장 T가 상수접벡터장이면 곡선 α의 상은 한 직선에 놓여 있음을 보여라.

8. 단위속력곡선 $\alpha\colon I \to \mathbb{R}^3$와 함수 h에 대한 α의 재매개화 $\beta\colon J \to \mathbb{R}^3$에 대하여, 만약 h가 증가함수이고 곡선 β가 단위속력곡선이면 (T, N, B, κ, τ)가 곡선 α의 프레네-세레 장치이고 $(\overline{T}, \overline{N}, \overline{B}, \overline{\kappa}, \overline{\tau})$가 곡선 β의 프레네-세레 장치일 때

$$\overline{T} = T \circ h, \qquad \overline{N} = N \circ h, \qquad \overline{B} = B \circ h$$

그리고

$$\overline{\kappa} = \kappa \circ h, \qquad \overline{\tau} = \tau \circ h$$

임을 보여라.

9. 단위속력곡선 $\alpha\colon (a,b) \to \mathbb{R}^3$에 대하여, 모든 $s \in (a,b)$에 대하여 $\kappa(s)\tau(s) \neq 0$일 때 $\rho = 1/\kappa$와 $\sigma = 1/\tau$로 놓으면 다음이 성립함을 보여라.

(가) 곡선의 상 $\alpha((a,b))$가 중심이 $\mathbf{c}$이고 반지름의 길이가 r_0인 구면에 놓여 있으면

$$\alpha(s) = \mathbf{c} - \rho(s)N(s) - \rho'(s)\sigma(s)B(s)$$

이다.

(나) 양의 상수 r_0에 대하여 함수 $\rho^2 + (\rho'\sigma)^2$이 함숫값이 ${r_0}^2$인 상수함수이면 단위속력곡선 α의 상은 반지름의 길이가 r_0인 구면에 놓여 있다.

10. 곡률이 양의 실수이고 모든 점 I에서 비틀림이 영이 아닌 단위속력곡선 $\alpha\colon I \to \mathbb{R}^3$에 대하여, 다음을 보여라.

(가) 모든 $s \in I$에 대하여 점 $\alpha(s)$를 지나고 방향이 $N(s)$인 직선이 고정된 한 평면과 평행함은 곡선 α가 나선이기 위한 필요충분조건이다.

(나) 모든 $s \in I$에 대하여 점 $\alpha(s)$를 지나고 방향이 $B(s)$인 직선이 고정된 한 방향과 일정한 각을 이룸은 곡선 α가 나선이기 위한 필요충분조건이다.

2.3 정칙곡선에 대한 프레네-세레 장치

이 절에서는 단위속력곡선이란 제한이 없는 일반적인 정칙곡선에 대한 프레네-세레 장치를 구한다.

정칙곡선 $\beta\colon [a,b] \to \mathbb{R}^3$에 대하여, 길이함수

$$g(t) = \int_a^t \|\beta'(u)\| du$$

의 역함수를 $h = g^{-1}$로 놓으면 곡선 $\alpha = \beta \circ h$는 단위속력곡선이고 그림 2.10에서와 같이

$$\alpha(s) = \beta(h(s)), \quad \beta(t) = \alpha(g(t))$$

이다.

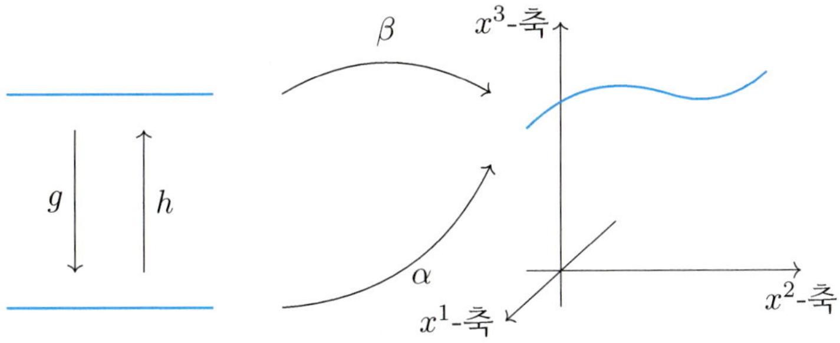

그림 2.10 정칙곡선의 단위속력곡선으로의 재매개화

단위속력곡선 α와 정칙곡선 β의 프레네-세레 장치를 각각

$$(\tilde{T}, \tilde{N}, \tilde{B}, \tilde{\kappa}, \tilde{\tau}), \qquad (T, N, B, \kappa, \tau)$$

로 놓으면 $T(t) = \tilde{T}(g(t))$, $N(t) = \tilde{N}(g(t))$, $B(t) = \tilde{B}(g(t))$, $\kappa(t) = \tilde{\kappa}(g(t))$, $\tau(t) = \tilde{\tau}(g(t))$이므로

$$\dot{T}(t) = \dot{g}(t)\tilde{T}'(g(t)), \quad \dot{N}(t) = \dot{g}(t)\tilde{N}'(g(t)), \quad \dot{B}(t) = \dot{g}(t)\tilde{B}'(g(t)),$$

그리고

$$\dot{\kappa}(t) = \dot{g}(t)\tilde{\kappa}'(g(t)), \quad \dot{\tau}(t) = \dot{g}(t)\tilde{\tau}'(g(t))$$

이다.

예제 2.13. 정칙곡선 $\beta\colon [a,b] \to \mathbb{R}^3$에 대하여

$$\dot\beta(t) = \dot g(t)T(t), \qquad \ddot\beta(t) = \ddot g(t)T(t) + \dot g(t)^2\kappa(t)N(t)$$

임을 보여라. 여기서 $g(t) = \int_a^t \|\dot\beta(u)\|\,du$는 β의 길이함수이다.

풀이. 정칙곡선 β의 $h = g^{-1}$에 대한 단위속력곡선인 재매개화가 $\alpha = \beta \circ h$일 때 $\beta = \alpha \circ g$이므로, 연쇄법칙에 따라서

$$\dot\beta(t) = (\alpha \circ g)'(t) = \dot g(t)\dot\alpha(g(t)) = \dot g(t)T(t)$$

이다. 식 $\dot\beta(t) = \dot g(t)\dot\alpha(g(t))$을 t에 대하여 미분하면, 연쇄법칙에 따라서

$$\begin{aligned}\ddot\beta(t) &= \ddot g(t)\dot\alpha(g(t)) + \dot g(t)^2\ddot\alpha(g(t))\\ &= \ddot g(t)T(t) + \dot g(t)^2\kappa(t)N(t)\end{aligned}$$

이다. □

프레네-세레 장치의 정의를 이용하여 정칙곡선에 대한 프레네-세레 장치를 직접 계산하자.

정리 2.11: 정칙곡선의 프레네-세레 장치

정칙곡선 β에 대하여, $\dot\beta(t) \times \ddot\beta(t) \neq (0,0,0)_{\beta(t)}$이면

$$T(t) = \frac{\dot\beta(t)}{\|\dot\beta(t)\|}, \quad B(t) = \frac{\dot\beta(t) \times \ddot\beta(t)}{\|\dot\beta(t) \times \ddot\beta(t)\|}, \quad N(t) = B(t) \times T(t)$$

이고

$$\kappa(t) = \frac{\|\dot\beta(t) \times \ddot\beta(t)\|}{\|\dot\beta(t)\|^3}, \quad \tau(t) = \frac{(\dot\beta(t) \times \ddot\beta(t)) \cdot \dddot\beta(t)}{\|\dot\beta(t) \times \ddot\beta(t)\|^2}$$

이다.

증명. 곡선의 길이 $g(t) = \int_a^t \|\beta'(u)\|\,du$의 역함수 $h = g^{-1}$에 대한 β의 재매개화를 α로 놓으면 $\beta = \alpha \circ g$이고

$$\dot\beta(t) = \dot g(t)\dot\alpha(g(t)) = \|\dot\beta(t)\|T(t)$$

이므로

$$T(t) = \frac{\dot{\beta}(t)}{\|\dot{\beta}(t)\|}$$

이다.

등식 $\dot{\beta}(t) = \dot{g}(t)\dot{\alpha}(g(t))$로부터

$$\ddot{\beta}(t) = \ddot{g}(t)\dot{\alpha}(g(t)) + \dot{g}(t)^2\ddot{\alpha}(g(t)) = \ddot{g}(t)T(t) + \dot{g}(t)^2\kappa(t)N(t)$$

이고,

$$\begin{aligned}\dot{\beta}(t) \times \ddot{\beta}(t) &= \dot{g}(t)T(t) \times [\ddot{g}(t)T(t) + \dot{g}(t)^2\kappa(t)N(t)] \\ &= \dot{g}(t)^3\kappa(t)B(t)\end{aligned}$$

이다. 가정 $\dot{\beta}(t) \times \ddot{\beta}(t) \neq (0,0,0)_{\beta(t)}$에 따라서, $\dot{g}(t) = \|\dot{\beta}(t)\| > 0$이고 $\kappa(t) > 0$이며

$$\kappa(t) = \frac{\|\dot{\beta}(t) \times \ddot{\beta}(t)\|}{\|\dot{\beta}(t)\|^3}, \qquad B(t) = \frac{\dot{\beta}(t) \times \ddot{\beta}(t)}{\|\dot{\beta}(t) \times \ddot{\beta}(t)\|}$$

이다.

$T(t)$와 $N(t)$는 직교하고 $B(t) = T(t) \times N(t)$이므로

$$N(t) = B(t) \times T(t)$$

이다.

등식 $\ddot{\alpha}(g(t)) = \kappa(t)N(t)$로부터

$$\begin{aligned}\dot{g}(t)\dddot{\alpha}(g(t)) &= \dot{\kappa}(t)N(t) + \kappa(t)\dot{N}(t) \\ &= \dot{\kappa}(t)N(t) + \dot{g}(t)\kappa(t)\{-\kappa(t)T(t) + \tau(t)B(t)\} \\ &= -\dot{g}(t)\kappa(t)^2T(t) + \dot{\kappa}(t)N(t) + \dot{g}(t)\kappa(t)\tau(t)B(t)\end{aligned}$$

이다. 등식 $\ddot{\beta}(t) = \ddot{g}(t)\dot{\alpha}(g(t)) + \dot{g}(t)^2\ddot{\alpha}(g(t))$로부터

$$\begin{aligned}\dddot{\beta}(t) &= \dddot{g}(t)\dot{\alpha}(g(t)) + \dot{g}(t)\ddot{g}(t)\ddot{\alpha}(g(t)) + 2\dot{g}(t)\ddot{g}(t)\ddot{\alpha}(g(t)) + \dot{g}(t)^3\dddot{\alpha}(g(t)) \\ &= \dddot{g}(t)T(t) + 3\dot{g}(t)\ddot{g}(t)\kappa(t)N(t) \\ &\quad + \dot{g}(t)^2\left\{-\dot{g}(t)\kappa(t)^2T(t) + \dot{\kappa}(t)N(t) + \dot{g}(t)\kappa(t)\tau(t)B(t)\right\} \\ &= \left\{\dddot{g}(t) - \dot{g}(t)^3\kappa(t)^2\right\}T(t) + \left\{3\dot{g}(t)\ddot{g}(t)\kappa(t) + \dot{g}(t)^2\dot{\kappa}(t)\right\}N(t) \\ &\quad + \dot{g}(t)^3\kappa(t)\tau(t)B(t)\end{aligned}$$

이므로

$$\dot{\beta}(t) \times \ddot{\beta}(t) \cdot \dddot{\beta}(t) = \dot{g}(t)^3\kappa(t)B(t) \cdot \dddot{\beta}(t) = \dot{g}(t)^6\kappa(t)^2\tau(t)$$

이다. 이 식과 $\kappa(t)$에 대한 식으로부터

$$\tau(t) = \frac{\dot{\beta}(t) \times \ddot{\beta}(t) \cdot \dddot{\beta}(t)}{\dot{g}(t)^6 \kappa(t)^2} = \frac{\dot{\beta}(t) \times \ddot{\beta}(t) \cdot \dddot{\beta}(t)}{\|\dot{\beta}(t) \times \ddot{\beta}(t)\|^2}$$

이다. □

예제 2.14. 정칙곡선 $\beta(t) = (2t - t^2, t^2, 2t + t^2)$의 프레네-세레 장치를 구하라.

풀이. 정칙곡선 β의 길이함수를 $g(t) = \int_a^t \|\beta'(u)\|\, du$로 놓자. 정칙곡선 β의 속도벡터장은 $\dot{\beta}(t) = (2 - 2t,\ 2t,\ 2 + 2t)_{\beta(t)}$이고

$$\|\dot{\beta}(t)\| = \sqrt{(2-2t)^2 + 4t^2 + (2+2t)^2} = 2\sqrt{2 + 3t^2}$$

이므로, 정칙곡선 β의 단위접벡터장은

$$T(t) = \frac{\dot{\beta}(t)}{\|\dot{\beta}(t)\|} = \left(\frac{2-2t}{2\sqrt{2+3t^2}}, \frac{2t}{2\sqrt{2+3t^2}}, \frac{2+2t}{2\sqrt{2+3t^2}}\right)_{\beta(t)}$$

이다. 정칙곡선 β의 가속도벡터장은 $\ddot{\beta}(t) = (-2, 2, 2)_{\beta(t)}$이고

$$\begin{aligned}\dot{\beta}(t) \times \ddot{\beta}(t) &= (4t - 2(2+2t),\ -2(2+2t) - 2(2-2t),\ 2(2-2t) + 4t)_{\beta(t)} \\ &= (-4, -8, 4)_{\beta(t)}\end{aligned}$$

이므로, 정칙곡선 β의 종법선벡터장은

$$B(t) = \frac{\dot{\beta}(t) \times \ddot{\beta}(t)}{\|\dot{\beta}(t) \times \ddot{\beta}(t)\|} = \left(\frac{-1}{\sqrt{6}}, \frac{-2}{\sqrt{6}}, \frac{1}{\sqrt{6}}\right)_{\beta(t)}$$

이다. 따라서, 정칙곡선 β의 주법선벡터장은

$$\begin{aligned}N(t) &= B(t) \times T(t) \\ &= \left(\frac{-2}{\sqrt{6}}\frac{2+2t}{2\sqrt{2+3t^2}} - \frac{1}{\sqrt{6}}\frac{2t}{2\sqrt{2+3t^2}}, \frac{1}{\sqrt{6}}\frac{2-2t}{2\sqrt{2+3t^2}} + \frac{1}{\sqrt{6}}\frac{2+2t}{2\sqrt{2+3t^2}},\right. \\ &\qquad \left.\frac{-1}{\sqrt{6}}\frac{2t}{2\sqrt{2+3t^2}} + \frac{2}{\sqrt{6}}\frac{2-2t}{2\sqrt{2+3t^2}}\right)_{\beta(t)} \\ &= \left(\frac{-2-3t}{\sqrt{12+18t^2}}, \frac{2}{\sqrt{12+18t^2}}, \frac{2-3t}{\sqrt{12+18t^2}}\right)_{\beta(t)}\end{aligned}$$

이다. 정칙곡선 β의 곡률은

$$\kappa(t) = \frac{\|\dot{\beta}(t) \times \ddot{\beta}(t)\|}{\|\dot{\beta}(t)\|^3} = \frac{4\sqrt{6}}{8(2+3t^2)\sqrt{2+3t^2}} = \frac{\sqrt{6}}{2(2+3t^2)\sqrt{2+3t^2}}$$

이다. 마지막으로, $\dddot{\beta}(t) = (0,0,0)_{\beta(t)}$이므로, 정칙곡선 β의 비틀림은

$$\tau(t) = \frac{(\dot{\beta}(t) \times \ddot{\beta}(t)) \cdot \dddot{\beta}(t)}{\|\dot{\beta}(t) \times \ddot{\beta}(t)\|^2} = 0$$

이다. □

단위속력곡선에 대한 프레네-세레의 방정식과 연쇄법칙에 따라서, 정칙곡선에 대한 프레네-세레의 방정식을 구할 수 있다.

정리 2.12: 정칙곡선에 대한 프레네-세레의 방정식

정칙곡선 $\beta\colon [a,b] \to \mathbb{R}^3$에 대하여, $\kappa(t) > 0$이면

$$\begin{aligned} \dot{T}(t) &= & \dot{g}(t)\,\kappa(t)N(t) & \\ \dot{N}(t) &= -\dot{g}(t)\,\kappa(t)T(t) & + & \quad \dot{g}(t)\,\tau(t)B(t) \\ \dot{B}(t) &= & -\dot{g}(t)\,\tau(t)N(t) & \end{aligned}$$

이다. 여기서 $g(t) = \int_a^t \|\dot{\beta}(u)\|\,du$는 β의 길이함수이다.

증명. 길이함수의 역함수 $h = g^{-1}$에 대한 β의 재매개화를 α로 놓으면 $\beta = \alpha \circ g$이다. α의 프레네-세레 장치를 $(\tilde{T}, \tilde{N}, \tilde{B}, \tilde{\kappa}, \tilde{\tau})$로 놓으면, 단위속력곡선 $\alpha = \beta \circ g^{-1}$에 대한 프레네-세레의 방정식과 연쇄법칙에 따라서

$$\begin{aligned} \dot{T}(t) &= \dot{g}(t)\,\tilde{T}'(g(t)) = \dot{g}(t)\,\tilde{\kappa}(g(t))\tilde{N}(g(t)) = \dot{g}(t)\kappa(t)N(t), \\ \dot{N}(t) &= \dot{g}(t)\,\tilde{N}'(g(t)) = \dot{g}(t)\left\{-\tilde{\kappa}(g(t))\tilde{T}(g(t)) + \tilde{\tau}(g(t))\tilde{B}(g(t))\right\} \\ &= \dot{g}(t)\left\{-\kappa(t)T(t) + \tau(t)B(t)\right\}, \\ \dot{B}'(t) &= \dot{g}(t)\,\tilde{B}'(g(t)) = -\dot{g}(t)\,\tilde{\tau}(g(t))\tilde{N}(g(t)) = -\dot{g}(t)\,\tau(t)N(t) \end{aligned}$$

이다. □

연습문제 2.3

1. 다음 정칙곡선의 프레네-세레 장치를 구하라.

   (가) $\beta(t) = (2t, t^2, 3t^3)$,

   (나) $\beta(t) = (t - \cos t, t, \sin t)$,

   (다) $\beta(t) = (\cosh t, \sinh t, 2 + t)$,

   (라) $\beta(t) = (t\cos t, t\sin t, t)$.

2. 정칙곡선 $\beta\colon (a,b) \to \mathbb{R}^3$에 대하여, $v = \|\dot{\beta}\|$로 놓을 때

$$\kappa^2 v^4 = \|\ddot{\beta}\|^2 - \dot{v}^2$$

   임을 보여라.

3. 곡률이 양의 실수인 정칙곡선 $\beta\colon (a,b) \to \mathbb{R}^3$에 대하여, $\left(\dot{\beta} \times \ddot{\beta}\right) \cdot \dddot{\beta}$가 영함수임은 β가 평면곡선이기 위한 필요충분조건임을 보여라.

4. 정칙곡선 $\beta(t) = (x(t), y(t), 0)$에 대하여,

$$\kappa = \frac{\dot{x}\ddot{y} - \ddot{x}\dot{y}}{\left(\dot{x}^2 + \dot{y}^2\right)^{3/2}}$$

   임을 보여라.

5. 정칙곡선 $\beta\colon (a,b) \to \mathbb{R}^3$에 대하여, 모든 점 t에서 곡률 $\kappa(t)$가 양의 실수이고 곡선 β의 속력 $\|\dot{\beta}\|$가 v로 상수이면

$$T = \frac{\dot{\beta}}{v}, \quad N = \frac{\ddot{\beta}}{\|\ddot{\beta}\|}, \quad B = \frac{\dot{\beta} \times \ddot{\beta}}{v\|\ddot{\beta}\|}$$

   그리고

$$\kappa = \frac{\|\ddot{\beta}\|}{v^2}, \quad \tau = \frac{(\dot{\beta} \times \ddot{\beta}) \cdot \dddot{\beta}}{v^2\,\|\ddot{\beta}\|^2}$$

   임을 보여라.

2.4 곡선의 기본정리

이 절에서는 곡률이 양인 정칙곡선의 경우에, 곡률과 비틀림이 곡선의 모양을 결정함을 알아본다.

먼저, 다음과 같은 초깃값문제 해의 유일존재성에 대한 정리가 필요하다.

정리 2.13: (피카르-린델뢰프) 초깃값문제 해의 유일존재성

양의 상수 r_1과 r_2에 대한 닫힌 영역

$$A = \{(\mathbf{x}, t) \in \mathbb{R}^n \times \mathbb{R} : \|\mathbf{x} - \mathbf{p}\| \leq r_1,\ |t - a| \leq r_2\}$$

에서 정의된 사상 $F\colon A \to \mathbb{R}^n$에 대하여, F가 연속이고

$$\|F(\mathbf{x}_1, t_1) - F(\mathbf{x}_2, t_2)\| \leq C\|\mathbf{x}_1 - \mathbf{x}_2\|$$

인 상수 C가 존재하면, 초깃값문제

$$\begin{aligned} \alpha(a) &= \mathbf{p}, \\ \dot{\alpha}(t) &= F(\alpha(t), t) \end{aligned}$$

의 해 α가 구간 $\{t \in \mathbb{R} : |t - a| \leq \min\{r_2, r_1/M\}\}$에서 유일하게 존재한다. 여기서 $M = \sup\{\|F(\mathbf{x}, t)\| : (\mathbf{x}, t) \in A\}$이다.

위의 정리의 증명은 생략한다.

앞에서 곡선의 곡률과 비틀림으로 여러 곡선의 성질을 규정할 수 있음을 살펴보았다. 즉,

(가) 정칙곡선에 대하여, 곡률이 영함수임은 곡선이 직선이기 위한 필요충분조건이고,

(나) 곡률이 양인 정칙곡선에 대하여, 비틀림이 영함수임은 곡선이 평면곡선이기 위한 필요충분조건이고, τ/κ가 상수함수임은 곡선이 나선이기 위한 필요충분조건이다.

(다) 또한 정칙곡선에 대하여, 곡률이 양의 상수이며 비틀림이 영함수임은 곡선이 원에 놓여 있기 위한 필요충분조건이다.

이제, 양의 곡률과 비틀림이 정칙곡선의 모양을 결정함을 보이자.

정리 2.14: 곡선의 기본정리

함수 $\overline{\kappa}\colon (-a,a) \to \mathbb{R}$는 연속미분가능하고 함숫값이 양이며 함수 $\overline{\tau}\colon (-a,a) \to \mathbb{R}$이 연속이며 $\mathbf{p} \in \mathbb{R}^3$는 고정된 점이고 $(\mathbf{v}_1, \mathbf{v}_2, \mathbf{v}_3)$은 $\mathbf{v}_1 \times \mathbf{v}_2 = \mathbf{v}_3$인 정규직교기저이면

(가) $\alpha(0) = \mathbf{p}$,

(나) $T(0) = \mathbf{v}_1$, $N(0) = \mathbf{v}_2$, $B(0) = \mathbf{v}_3$,

(다) $\kappa(s) = \overline{\kappa}(s)$, $\tau(s) = \overline{\tau}(s)$

이고 프레네-세레 장치가 (T, N, B, κ, τ)인 C^3급 단위속력곡선 α가 유일하게 존재한다.

증명. 벡터장 $\mathbf{u}_i\colon (-a,a) \to \mathbb{R}^3$ $(i = 1, 2, 3)$에 대한 연립미분방정식

$$\begin{aligned}
\dot{\mathbf{u}}_1(s) &= \overline{\kappa}(s)\mathbf{u}_2(s),\\
\dot{\mathbf{u}}_2(s) &= -\overline{\kappa}(s)\mathbf{u}_1(s) + \overline{\tau}(s)\mathbf{u}_3(s),\\
\dot{\mathbf{u}}_3(s) &= -\overline{\tau}(s)\mathbf{u}_2(s)
\end{aligned}$$

에 대하여, 피카르-린델뢰프의 정리에 따라서

$$\mathbf{u}_1(0) = \mathbf{v}_1, \quad \mathbf{u}_2(0) = \mathbf{v}_2, \quad \mathbf{u}_3(0) = \mathbf{v}_3$$

인 연립미분방정식의 해 $(\mathbf{u}_1, \mathbf{u}_2, \mathbf{u}_3)$는 유일하게 존재한다.

먼저 $s \in (-a,a)$일 때,

$$\mathbf{u}_i(s) \cdot \mathbf{u}_j(s) = \begin{cases} 0, & i \neq j\text{일 때},\\ 1, & i = j\text{일 때} \end{cases}$$

임을 보이기 위하여 $f_{ij} = \mathbf{u}_i \cdot \mathbf{u}_j$로 놓자. 그러면

$$\dot{f}_{ij} = \dot{\mathbf{u}}_i \cdot \mathbf{u}_j + \mathbf{u}_i \cdot \dot{\mathbf{u}}_j$$

이므로, 연립미분방정식

$$\begin{aligned}
\dot{f}_{11}(s) &= \dot{\mathbf{u}}_1(s)\cdot\mathbf{u}_1(s)+\mathbf{u}_1(s)\cdot\dot{\mathbf{u}}_1(s) = \overline{\kappa}(s)f_{21}(s)+\overline{\kappa}(s)f_{12}(s),\\
\dot{f}_{12}(s) &= \dot{\mathbf{u}}_1(s)\cdot\mathbf{u}_2(s)+\mathbf{u}_1(s)\cdot\dot{\mathbf{u}}_2(s) = \overline{\kappa}(s)f_{22}(s)-\overline{\kappa}(s)f_{11}(s)+\overline{\tau}(s)f_{13}(s),\\
\dot{f}_{13}(s) &= \dot{\mathbf{u}}_1(s)\cdot\mathbf{u}_3(s)+\mathbf{u}_1(s)\cdot\dot{\mathbf{u}}_3(s) = \overline{\kappa}(s)f_{23}(s)-\overline{\tau}(s)f_{12}(s),\\
\dot{f}_{21}(s) &= \dot{\mathbf{u}}_2(s)\cdot\mathbf{u}_1(s)+\mathbf{u}_2(s)\cdot\dot{\mathbf{u}}_1(s) = -\overline{\kappa}(s)f_{11}(s)+\overline{\tau}(s)f_{31}(s)+\overline{\kappa}(s)f_{22}(s),\\
\dot{f}_{22}(s) &= \dot{\mathbf{u}}_2(s)\cdot\mathbf{u}_2(s)+\mathbf{u}_2(s)\cdot\dot{\mathbf{u}}_2(s) = -\overline{\kappa}(s)f_{12}(s)+\overline{\tau}(s)f_{32}(s)\\
&\qquad\qquad -\overline{\kappa}(s)f_{21}(s)+\overline{\tau}(s)f_{23}(s),\\
\dot{f}_{23}(s) &= \dot{\mathbf{u}}_2(s)\cdot\mathbf{u}_3(s)+\mathbf{u}_2(s)\cdot\dot{\mathbf{u}}_3(s) = -\overline{\kappa}(s)f_{13}(s)+\overline{\tau}(s)f_{33}(s)-\overline{\tau}(s)f_{22}(s),\\
\dot{f}_{31}(s) &= \dot{\mathbf{u}}_3(s)\cdot\mathbf{u}_1(s)+\mathbf{u}_3(s)\cdot\dot{\mathbf{u}}_1(s) = -\overline{\tau}(s)f_{21}(s)+\overline{\kappa}(s)f_{32}(s),\\
\dot{f}_{32}(s) &= \dot{\mathbf{u}}_3(s)\cdot\mathbf{u}_2(s)+\mathbf{u}_3(s)\cdot\dot{\mathbf{u}}_2(s) = -\overline{\tau}(s)f_{22}(s)-\overline{\kappa}(s)f_{31}(s)+\overline{\tau}(s)f_{33}(s),\\
\dot{f}_{33}(s) &= \dot{\mathbf{u}}_3(s)\cdot\mathbf{u}_3(s)+\mathbf{u}_3(s)\cdot\dot{\mathbf{u}}_3(s) = -\overline{\tau}(s)f_{23}(s)-\overline{\tau}(s)f_{32}(s)
\end{aligned}$$

이 성립한다. 피카르-린델뢰프의 정리에 따라서

$$f_{11}(0)=1=f_{22}(0)=f_{33}(0),$$
$$f_{12}(0)=0=f_{13}(0)=f_{21}(0)=f_{23}(0)=f_{31}(0)=f_{32}(0)$$

인 함수 $(f_{11},f_{12},f_{13},f_{21},f_{22},f_{23},f_{31},f_{32},f_{33})$가 유일하게 존재한다. 그런데

$$(1,0,0,0,1,0,0,0,1)$$

도 해이므로

$$\begin{aligned}
f_{11}&=1, & f_{12}&=0, & f_{13}&=0,\\
f_{21}&=0, & f_{22}&=1, & f_{23}&=0,\\
f_{31}&=0, & f_{32}&=0, & f_{33}&=1
\end{aligned}$$

이다. 따라서, $(\mathbf{u}_1\mathbf{u}_2,\mathbf{u}_3)$는 정규직교틀장이다.

$s\in(-a,a)$일 때,

$$\alpha(s)=\mathbf{p}+\int_0^s \mathbf{u}_1(t)\,dt$$

로 놓자. 그러면 $\dot{\alpha}(s)=\mathbf{u}_1(s)$ 이므로

$$\ddot{\alpha}(s)=\dot{\mathbf{u}}_1(s)=\overline{\kappa}(s)\mathbf{u}_2(s)$$

이다. $\overline{\kappa}$와 $\mathbf{u}_2$가 미분가능하므로

$$\ddot{\alpha}(s) = \dot{\overline{\kappa}}(s)\mathbf{u}_2(s) + \overline{\kappa}(s)\dot{\mathbf{u}}_2 = \dot{\overline{\kappa}}(s)\mathbf{u}_2(s) + \overline{\kappa}(s)\left(-\overline{\kappa}(s)\mathbf{u}_1 + \overline{\tau}(s)\mathbf{u}_3\right)$$

이다. $\overline{\kappa}$는 C^1급이고 $\overline{\tau}$는 연속이고 $\mathbf{u}_1$, $\mathbf{u}_2$, $\mathbf{u}_3$는 미분가능하므로 α는 C^3급이다. 또한 모든 $s \in (-a, a)$에 대하여 $\|\dot{\alpha}(s)\| = \|\mathbf{u}_1(s)\| = 1$이므로 α는 단위속력곡선이다. 따라서

$$T = \dot{\alpha} = \mathbf{u}_1$$

이다. 그리고

$$\kappa N = \dot{T} = \dot{\mathbf{u}}_1 = \overline{\kappa}\mathbf{u}_2$$

이고 N과 $\mathbf{u}_2$ 모두 단위속력이고 $\overline{\kappa} > 0$이므로

$$\kappa = \overline{\kappa} \quad \text{그리고} \quad N = \mathbf{u}_2$$

이다. 그리고

$$\det(\mathbf{u}_1(0), \mathbf{u}_2(0), \mathbf{u}_3(0)) = \det(\mathbf{v}_1, \mathbf{v}_2, \mathbf{v}_3) = 1$$

이고, $\det(\mathbf{u}_1, \mathbf{u}_2, \mathbf{u}_3) = 1$이므로

$$B = T \times N = \mathbf{u}_1 \times \mathbf{u}_2 = \mathbf{u}_3$$

이다. 그리고

$$-\tau N = \dot{B} = \dot{\mathbf{u}}_3 = -\overline{\tau}\mathbf{u}_2$$

이므로 $\overline{\tau} = \tau$이다. 그러므로, 정리의 조건이 모두 성립하는 단위속력곡선 α가 존재한다.

한편 곡선 β도 모든 조건이 성립하는 곡선이면, $s \in (-a, a)$일 때

$$\beta(s) = \mathbf{p} + \int_0^s T(t)\,dt = \mathbf{p} + \int_0^s \mathbf{u}_1(t)\,dt = \alpha(s)$$

이므로, 곡선의 존재의 유일성이 증명된다. □

위의 곡면의 기본정리에 따라서, 곡률과 비틀림이 동일한 두 직선은 적절한 강체변환을 이용하여 서로 합동임을 증명할 수 있다.

정리 2.15: 곡선의 곡률과 비틀림에 대한 곡선의 합동

C^3급 단위속력곡선 $\alpha\colon (-a,a) \to \mathbb{R}^3$와 $\beta\colon (-a,a) \to \mathbb{R}^3$에 대하여, 곡선 α의 곡률과 비틀림이 β의 곡률과 비틀림과 같으면

$$\beta = F \circ \alpha$$

인 적절한 강체변환 $F\colon \mathbb{R}^3 \to \mathbb{R}^3$가 존재한다.

증명. 곡선 α와 β의 프레네 틀을 각각 $(T_\alpha, N_\alpha, B_\alpha)$와 $(T_\beta, N_\beta, B_\beta)$로 놓자. 평행이동 T_1과 T_2를 각각

$$T_1(\mathbf{x}) = \mathbf{x} - \alpha(0), \qquad T_2(\mathbf{x}) = \mathbf{x} + \beta(0)$$

로 정의하자. 또한

$$T_\alpha(0) = \mathbf{u}_{\alpha(0)}, \quad N_\alpha(0) = \mathbf{v}_{\alpha(0)}, \quad B_\alpha(0) = \mathbf{w}_{\alpha(0)}$$

와

$$T_\beta(0) = \overline{\mathbf{u}}_{\beta(0)}, \quad N_\beta(0) = \overline{\mathbf{v}}_{\beta(0)}, \quad B_\beta(0) = \overline{\mathbf{w}}_{\beta(0)}$$

로 놓자. 그러면

$$R(\mathbf{u}) = \overline{\mathbf{u}}, \quad R(\mathbf{v}) = \overline{\mathbf{v}}, \quad R(\mathbf{w}) = \overline{\mathbf{w}}$$

인 회전이동 R에 대하여, 곡선의 기본정리에 따라서

$$T_2 \circ R \circ T_1 \circ \alpha = \beta$$

이다. 여기서 $F = T_2 \circ R \circ T_1$이다. □

연습문제 2.4

1. 곡률이 상수함수인 평면곡선은 원에 놓여 있음을 보여라.

2. 정칙곡선 $\beta_1 \colon I \to \mathbb{R}^3$와 적절한 강체변환 $F \colon \mathbb{R}^3 \to \mathbb{R}^3$에 대하여, 정칙곡선 $\beta_2 = F \circ \beta_1$과 β_1의 곡선의 길이와 곡률과 비틀림은 서로 같음을 보여라.

3. 곡률이 다음과 같고 비틀림이 영인 단위속력곡선 $\alpha(s) = (x(s), y(s), 0)$을 구하라.

   (가) $\kappa(s) = 1/(1+s^2)$, (나) $\kappa(s) = 1 + e^s$.

4. 두 곡선 $\alpha(t) = (0, \sqrt{2}t, t^2)$와 $\beta(t) = (t, -t, t^2)$은 합동임을 보여라.

5. 곡률이 양의 상수인 단위속력곡선 α에 대하여, 비틀림이 상수이면 단위속력곡선 α는 원형나선임을 보여라. 여기서 원형나선이란 나선으로서 나선축에 수직인 평면에 사영된 곡선이 원인 나선이다.

2.5 평면곡선의 대역적 성질

2.5.1 평면곡선

이 절에서는 평면 $\mathbb{R}^2$에 놓인 단위속력곡선 $\alpha\colon (a,b) \to \mathbb{R}^2$을 탐구한다. 곡선 α의 프레네 틀장이 매우 중요한 도구이므로 이를 구해야 한다. 이때 곡선 α의 접촉평면이 $\mathbb{R}^2$로 고정되므로 공간에서 곡선의 프레네 틀장을 구하는 방법과는 다르게 접근하자.

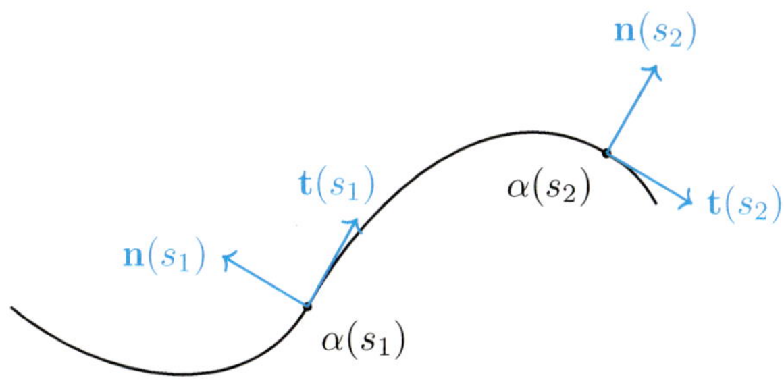

그림 2.11 평면곡선의 단위접벡터장과 평면법선벡터장

곡선 α의 단위접벡터장 $\dot{\alpha}$을 $\mathbf{t}$로 나타내자. 이제 단위속력곡선 α의 주법선벡터장 대신에 다음의 벡터장을 정의하자.

정의 2.20: 평면곡선의 평면법선벡터장

C^1급 단위속력곡선 $\alpha\colon (a,b) \to \mathbb{R}^2$에 대하여, 각 $s \in (a,b)$에서 $\mathbf{n}(s)$는 $\mathbf{t}(s)$를 반시계방향으로 $\pi/2$만큼 회전한 단위벡터인 벡터장 $\mathbf{n}\colon (a,b) \to T(\mathbb{R}^2)$을 α의 **평면법선벡터장**이라고 한다.

단위속력곡선 α에 대한 틀장 $(\mathbf{t}, \mathbf{n})$은 정규직교틀장이다. 이를 이용하여 단위속력곡선 α를 탐구할 수 있다.

성분함수를 이용하여 단위속력곡선 α를 $\alpha(s) = (\alpha^1(s), \alpha^2(s))$로 나타내면 단위접벡터장은

$$\mathbf{t}(s) = (\dot{\alpha}^1(s), \dot{\alpha}^2(s))_{\alpha(s)}$$

이다. 각 점에서의 평면법선벡터장은 단위접벡터장을 $\pi/2$만큼 회전시킨 것이므로

$$\mathbf{n}(s) = (-\dot{\alpha}^2(s), \dot{\alpha}^1(s))_{\alpha(s)}$$

이다.

정규직교틀장 $(\mathbf{t}, \mathbf{n})$을 이용하여, 다음의 곡률을 정의하자.

정의 2.21: 평면법선벡터장과 평면곡률

C^2급 단위속력곡선 $\alpha\colon (a,b) \to \mathbb{R}^2$에 대하여,

$$k(s) = \dot{\mathbf{t}}(s) \cdot \mathbf{n}(s)$$

로 정의되는 함수 $k\colon (a,b) \to \mathbb{R}$를 α의 **평면곡률**이라고 한다.

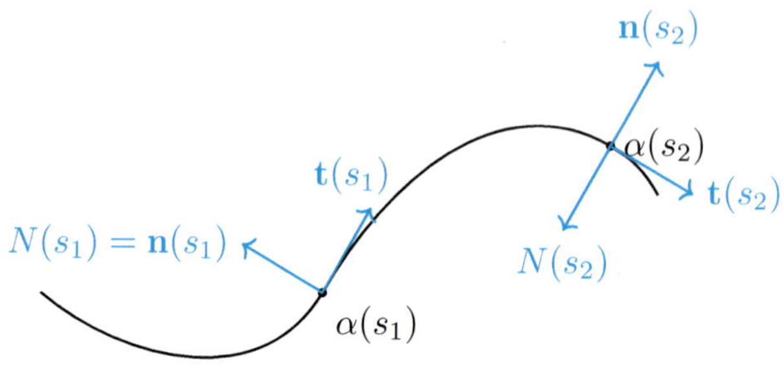

그림 2.12 평면곡선의 평면법선벡터장과 주법선벡터장

평면 $\mathbb{R}^2$을 공간 $\mathbb{R}^3$의 부분집합 $\mathbb{R}^2 \times \{0\}$과 일치시킬 때 곡선 α에 대한 $(\mathbf{t}, \mathbf{n}, k)$와 프레네-세레 장치 (T, N, B, κ, τ)를 비교하여 보자.

1. 먼저, $\mathbf{t} = T$이고 또한 곡선 α가 평면곡선이므로 비틀림 τ는 영함수이다.

2. 곡선 α의 곡률은 $\kappa = \|\dot{T}\| \geq 0$이지만, 평면곡률 k의 함숫값은 음일 수도 있다.

3. 주법선벡터장 N은 $\kappa(s) > 0$인 점 s에서만 정의되지만, 평면법선벡터장 $\mathbf{n}$은 모든 점에서 정의된다.

4. $\kappa(s) > 0$일 때, $N(s)$가 정의되며

$$k(s)\mathbf{n}(s) = \dot{\mathbf{t}}(s) = \dot{T}(s) = \kappa(s)N(s)$$

이고 $k(s) = \pm\kappa(s)$이다. 그림 2.12와 같이, 만약 $k(s_1) > 0$이면

$$k(s_1) = \kappa(s_1), \quad \mathbf{n}(s_1) = N(s_1), \quad B(s_1) = (0,0,1)_{\alpha(s_1)}$$

이고 만약 $k(s_2) < 0$이면

$$k(s_2) = -\kappa(s_2), \quad \mathbf{n}(s_2) = -N(s_2), \quad B(s_2) = (0, 0, -1)_{\alpha(s_2)}$$

이다.

공간곡선에 대하여 프레네-세레의 방정식이 성립함과 같이, 평면곡선 α에 대하여 다음의 연립미분방정식이 성립한다.

정리 2.16: 평면곡선에 대한 프레네-세레의 방정식

C^3급 단위속력곡선 $\alpha\colon (a,b) \to \mathbb{R}^2$에 대하여,

$$\begin{aligned} \dot{\mathbf{t}}(s) &= \phantom{-k(s)\mathbf{t}(s)} k(s)\mathbf{n}(s), \\ \dot{\mathbf{n}}(s) &= -k(s)\mathbf{t}(s) \end{aligned}$$

이다.

증명. 모든 $s \in (a,b)$에 대하여, $\mathbf{t}(s) \cdot \mathbf{t}(s) = 1$이므로

$$0 = \dot{\mathbf{t}}(s) \cdot \mathbf{t}(s) + \mathbf{t}(s) \cdot \dot{\mathbf{t}}(s),$$

즉 $\dot{\mathbf{t}}(s) \cdot \mathbf{t}(s) = 0$이다. 따라서

$$\dot{\mathbf{t}}(s) = \{\dot{\mathbf{t}}(s) \cdot \mathbf{t}(s)\}\mathbf{t}(s) + \{\dot{\mathbf{t}}(s) \cdot \mathbf{n}(s)\}\mathbf{n}(s) = k(s)\mathbf{n}(s)$$

이다.

모든 $s \in (a,b)$에 대하여, $\mathbf{n}(s) \cdot \mathbf{n}(s) = 1$이므로

$$0 = \dot{\mathbf{n}}(s) \cdot \mathbf{n}(s) + \mathbf{n}(s) \cdot \dot{\mathbf{n}}(s),$$

즉 $\dot{\mathbf{n}}(s) \cdot \mathbf{n}(s) = 0$이다. 또한 모든 $s \in (a,b)$에 대하여, $\mathbf{t}(s) \cdot \mathbf{n}(s) = 0$이므로

$$0 = \dot{\mathbf{t}}(s) \cdot \mathbf{n}(s) + \mathbf{t}(s) \cdot \dot{\mathbf{n}}(s),$$

즉 $\dot{\mathbf{n}}(s) \cdot \mathbf{t}(s) = -\dot{\mathbf{t}}(s) \cdot \mathbf{n}(s) = -k(s)$이므로

$$\dot{\mathbf{n}}(s) = \{\dot{\mathbf{n}}(s) \cdot \mathbf{t}(s)\}\mathbf{t}(s) + \{\dot{\mathbf{n}}(s) \cdot \mathbf{n}(s)\}\mathbf{n}(s) = -k(s)\mathbf{n}(s)$$

이다. □

예제 2.15. 양의 상수 r에 대한 단위속력곡선 $\alpha(s) = (r\cos(s/r), r\sin(s/r))$에 대하여, 다음 물음에 답하라.

(가) 단위속력곡선 α의 단위접벡터장 $\mathbf{t}$와 평면법선벡터장 $\mathbf{n}$을 구하라.
(나) 단위속력곡선 α의 평면곡률 k를 구하라.

풀이. (가) 단위속력곡선 α에 대하여, 단위접벡터장은

$$\mathbf{t}(s) = \dot{\alpha}(s) = \left(-\sin\frac{s}{r}, \cos\frac{s}{r}\right)_{\alpha(s)}$$

이고, 평면법선벡터장은 단위접벡터장을 $\pi/2$만큼 회전한 벡터장이므로

$$\mathbf{n}(s) = \left(-\cos\frac{s}{r}, -\sin\frac{s}{r}\right)_{\alpha(s)}$$

이다.

(나) 단위접벡터장을 미분하면

$$\dot{\mathbf{t}}(s) = \left(-\frac{1}{r}\cos\frac{s}{r}, -\frac{1}{r}\sin\frac{s}{r}\right)_{\alpha(s)}$$

이고 $\dot{\mathbf{t}} = k\mathbf{n}$이므로 평면곡률은

$$k(s) = \frac{1}{r}$$

이다. □

2.5.2 주기적인 평면곡선의 전곡률

곡률이 곡선의 휘는 정도를 나타냄을 기하적으로 확인하여 보자. 점 s_0 근방에서 단위속력곡선 $\alpha(s) = (\alpha^1(s), \alpha^2(s))$에 대하여 단위접벡터장을

$$\mathbf{t}(s) = (\cos\theta(s),\ \sin\theta(s))$$

와 같이 극형식으로 나타내자. 여기서 $\theta(s)$는 x^1x^2-평면에서 $\mathbf{t}(s)$가 x^1-축의 양의 방향과 이루는 각의 크기로서, 이때 각을 점 s에서의 곡선 α의 **회전각**이라고 한다. 그러면 연쇄법칙에 따라서

$$\dot{\mathbf{t}}(s) = \dot{\theta}(s)\,(-\sin\theta(s), \cos\theta(s)) = \dot{\theta}(s)\mathbf{n}(s)$$

이므로

$$k(s) = \dot{\theta}(s)$$

이다. 즉, 평면에서 곡선의 평면곡률은 곡선의 길이에 대한 곡선 회전각 크기의 변화율이다. 곡선의 곡률에서는

$$\kappa(s) = \|\dot{\theta}(s)\|$$

임은 앞의 장에서 확인할 수 있다.

다음과 같은 주기적인 곡선을 정의하자.

정의 2.22: 주기적인 곡선

곡선 $\alpha\colon \mathbb{R} \to \mathbb{R}^2$에 대하여,

모든 $t \in \mathbb{R}$에 대하여 $\alpha(t + t_0) = \alpha(t)$

인 양의 실수 t_0이 존재하면 α는 t_0-**주기적**이라고 한다.[a] 위와 같은 양의 실수 t_0 중에서 가장 작은 양의 실수를 α의 **주기**라고 한다.

[a]주기적인 곡선을 **닫힌 곡선**이라고도 한다.

곡선 α가 p-주기적이면

$$\dot{\alpha}(t + p) = \dot{\alpha}(t)$$

이다.

정의 2.23: 단순곡선

정칙곡선 $\alpha\colon I \to \mathbb{R}^2$에 대하여,

(가) α가 일대일이거나

(나) α의 주기가 p인 주기곡선이고 $\alpha(t_1) = \alpha(t_2)$이면 $t_1 - t_2 = np$인 정수 n이 존재한다

이면 α는 **단순곡선**이라고 한다.

예제 2.16. 양의 상수 a와 b에 대한 타원곡선 $\alpha(t) = (a\cos t, b\sin t)$의 주기를 구하라.

풀이. 모든 t에 대하여 $\alpha(t+t_0) = \alpha(t)$이면

$$(a\cos(t+t_0), b\sin(t+t_0)) = (a\cos t, b\sin t)$$

이므로 $\cos(t+t_0) = \cos t$이고 $\sin(t+t_0) = \sin t$이다. 이때 $\cos(t+t_0) = \cos t$이고 $\sin(t+t_0) = \sin t$인 가장 작은 양의 실수는 2π이므로 타원곡선 α의 주기는 2π이다. □

주기적인 곡선에 대하여 곡선의 상의 길이를 다음과 같이 정의할 수 있다.

정의 2.24: 주기적인 곡선의 길이

주기가 p인 주기적인 곡선 α에 대하여,

$$\int_0^p \|\dot{\alpha}(s)\|\, ds$$

를 곡선 α의 **길이**라고 한다.

곡선 α가 주기가 p인 단위속력곡선이면 p는 곡선 α의 길이이다. 이때 θ가 곡선 α의 회전각이면 $k = \dot{\theta}$이므로, 곡선이 한 주기만큼 움직일 때의 회전각의 총변화량을 다음과 같이 정의한다.

정의 2.25: 주기적인 평면곡선의 전곡률

길이가 ℓ인 주기적인 단위속력곡선 $\alpha\colon \mathbb{R} \to \mathbb{R}^2$에 대하여,

$$\int_0^\ell k(s)\, ds$$

를 곡선 α의 **전곡률**이라고 한다.

정리 2.17: 주기적인 평면곡선의 전곡률

주기적인 단위속력곡선 $\alpha\colon \mathbb{R} \to \mathbb{R}^2$에 대하여, α의 전곡률은 2π의 정수배이다.

증명. 곡선 α의 회전각 크기를 θ로 놓고 곡선 α의 길이를 ℓ로 놓자. 그러면

$$\int_0^\ell k(s)\,ds = \int_0^\ell \dot{\theta}(s)\,ds = \theta(\ell) - \theta(0)$$

이다. 곡선 α는 ℓ-주기적이므로

$$\alpha(s+\ell) = \alpha(s)$$

이다. 위의 식의 양변을 s로 미분하면

$$\dot{\alpha}(s+\ell) = \dot{\alpha}(s)$$

이므로 $\dot{\alpha}(\ell) = \dot{\alpha}(0)$이다. 그런데

$$\dot{\alpha}(\ell) = (\cos\theta(\ell), \sin\theta(\ell)), \qquad \dot{\alpha}(0) = (\cos\theta(0), \sin\theta(0))$$

이므로, $\theta(\ell) - \theta(0)$은 2π의 정수배이다. □

위의 정리를 단순곡선인 경우 다음과 같이 나타낼 수 있다.

정리 2.18: 주기적인 단순곡선에 대한 회전정리

주기적인 단위속력곡선 $\alpha\colon \mathbb{R} \to \mathbb{R}^2$에 대하여, α가 단순곡선이면 α의 전곡률은 $\pm 2\pi$이다.

주기적인 단순평면곡선에 대한 네꼭지점정리를 살펴보기 위하여 다음을 정의하자.

정의 2.26: 평면곡선의 꼭지점

정칙인 평면곡선 α에 대하여, 평면곡률 k의 극점을 곡선 α의 **꼭지점**이라고 한다.

주기적 단순곡선 α의 꼭지점은 적어도 네 개 존재한다.

정리 2.19: 주기적 단순곡선에 대한 네꼭지점정리

주기적 평면곡선 α에 대하여, α가 단순곡선이면 α의 꼭지점은 적어도 4개 존재한다.

증명. 곡선 α의 상 모두를 내부와 경계에 모두 포함하는 반지름이 가장 작은 원을 생각하자.

이 원이 곡선의 상과 겹치는 호가 존재하면 이 호의 점들이 꼭지점이므로 꼭지점은 무수히 많이 존재한다.

곡선의 상과 겹치는 호가 존재하지 않는다고 가정하자. 그러면 접점은 적어도 두 개 존재한다. 서로 다른 두 접점을 $\mathbf{p}$와 $\mathbf{q}$로 놓자. 각 접점에서 곡선의 곡률의 크기는 원의 곡률보다 크다. 그리고 두 점 $\mathbf{p}$와 $\mathbf{q}$ 사이에 놓인 곡선 α의 점에서 곡률이 원의 곡률보다 작은 점이 존재한다. 따라서, 그리고 두 점 $\mathbf{p}$와 $\mathbf{q}$ 사이에 놓인 곡선 α의 점에서 곡률이 극소인 점이 존재한다. 이런 점이 꼭지점인데 두 개 이상 존재한다. 그리고 이 꼭지점 사이에 곡률이 극대인 점, 즉 꼭지점이 두 개 이상 존재한다. □

2.5.3 등주부등식

길이가 일정한 끈으로 둘러싸인 영역 중에서 넓이가 최대인 영역을 찾는 문제는 다음의 정리로 해결된다.

정리 2.20: 등주부등식

길이가 L인 정칙인 주기적인 단순곡선 α에 대하여, 곡선 α가 둘러싸는 영역의 넓이가 A이면

$$4\pi A \leq L^2$$

이다. 여기서 α의 상이 원임은 등식이 성립하기 위한 필요충분조건이다.

만약 곡선 α의 상이 반지름의 길이가 r인 원이면 $A = \pi r^2$이고 $L = 2\pi r$이므로

$$4\pi A = L^2$$

이다. 위의 정리에 따라서 둘레가 L인 끈으로 둘러싸는 영역 중에서 넓이가 최대인 영역은 원판이다.

이 절에서는 등주부등식을 증명한다. 먼저, 다음의 그린의 정리를 생각하자.

정리 2.21: 그린의 정리

영역 D에 정의된 벡터장 $F(x,y) = (f(x,y), g(x,y))_{(x,y)}$와 영역 D에 놓인 정칙인 주기적인 단순곡선 $\alpha(t) = (x(t), y(t))$에 대하여, α가 반시계방향으로 회전하면

$$\oint_\alpha F(\alpha(t)) \cdot \mathbf{n}(t)\, ds = \iint_{\mathrm{Int}\,\alpha} (\partial_1 f(x,y) + \partial_2 g(x,y))\, dA$$

이다. 여기서 $\mathbf{n}$은 곡선 α에 놓인 바깥방향으로의 단위법선벡터장이며, $\mathrm{Int}\,\alpha$는 곡선 α의 내부이다.

그린의 정리를 이용하여, 주기적인 단순곡선이 둘러싸는 영역의 넓이를 구하는 식을 다음과 같이 정리할 수 있다.

정리 2.22: 주기적인 단순곡선이 둘러싸는 영역의 넓이

주기가 L인 정칙인 주기적인 단순곡선 $\alpha(t) = (x(t), y(t))$에 대하여, α가 반시계방향으로 회전하면

$$\frac{1}{2}\int_0^L (x(t)\dot{y}(t) - y(t)\dot{x}(t))\, dt$$

는 곡선 α가 둘러싸는 영역의 넓이이다.

증명. 벡터장 $F(x,y) = (x/2, y/2)$에 대하여, $\partial_1(x/2) + \partial_2(y/2) = 1$이다. 만약 α가 반시계방향으로 회전하면, 곡선 α에 놓인 바깥방향으로의 단위법선벡터장은

$$\mathbf{n}(t) = \left(\frac{\dot{y}(t)}{\sqrt{\dot{x}(t)^2 + \dot{y}(t)^2}}, -\frac{\dot{x}(t)}{\sqrt{\dot{x}(t)^2 + \dot{y}(t)^2}} \right)$$

이고 $\|\dot{\alpha}(t)\| = \sqrt{\dot{x}(t)^2 + \dot{y}(t)^2}$이므로 그린의 정리에 따라서

$$\begin{aligned}\iint_{\mathrm{Int}(\alpha)} 1\, dA &= \oint_\alpha F(\alpha(t)) \cdot \mathbf{n}(t)\, ds \\ &= \int_0^L F(\alpha(t)) \cdot \mathbf{n}(t) \|\dot{\alpha}(t)\|\, dt \\ &= \frac{1}{2}\int_0^L (x(t)\dot{y}(t) - y(t)\dot{x}(t))\, dt\end{aligned}$$

이다. □

정리 2.23: 비르팅거의 부등식

연속미분가능한 함수 $f\colon [0,\pi] \to \mathbb{R}$에 대하여, $f(0) = f(\pi) = 0$이면

$$\int_0^\pi f(t)^2\,dt \le \int_0^\pi \dot{f}(t)^2\,dt$$

이다. 이때 $f(t) = a\sin t$인 상수 a가 존재함은 위의 부등식이 등식이기 위한 필요충분조건이다.

증명. $g(t) = f(t)/\sin t$로 놓자. 그러면 $\dot{f}(t) = \dot{g}(t)\sin t + g(t)\cos t$이므로

$$\begin{aligned}\int_0^\pi \dot{f}(t)^2\,dt &= \int_0^\pi \left(\dot{g}(t)\sin t + g(t)\cos t\right)^2\,dt \\ &= \int_0^\pi \dot{g}(t)^2\sin^2 t\,dt + 2\int_0^\pi g(t)\dot{g}(t)\sin t\,\cos t\,dt + \int_0^\pi g(t)^2\,\cos^2 t\,dt\end{aligned}$$

이다. 부분적분법에 따라서

$$\begin{aligned}2\int_0^\pi g(t)\dot{g}(t)\sin t\,\cos t\,dt &= \left[g(t)^2\sin t\cos t\right]_0^\pi - \int_0^\pi g(t)^2\left(\cos^2 t - \sin^2 t\right)\,dt \\ &= \int_0^\pi g(t)^2\left(\sin^2 t - \cos^2 t\right)\,dt\end{aligned}$$

이므로,

$$\begin{aligned}\int_0^\pi \dot{f}(t)^2\,dt &= \int_0^\pi \dot{g}(t)^2\sin^2 t\,dt + \int_0^\pi g(t)^2\left(\sin^2 t - \cos^2 t\right)\,dt + \int_0^\pi g(t)^2\,\cos^2 t\,dt \\ &= \int_0^\pi \left(g(t)^2 + \dot{g}(t)^2\right)\sin^2 t\,dt \\ &= \int_0^\pi f(t)^2\,dt + \int_0^\pi \dot{g}(t)^2\sin^2 t\,dt\end{aligned}$$

이다. 그러므로,

$$\int_0^\pi \dot{f}(t)^2\,dt - \int_0^\pi f(t)^2\,dt = \int_0^\pi \dot{g}(t)^2\sin^2 t\,dt \ge 0$$

이다. 위의 식에서 $\dot{g} = 0$, 즉 $f(t) = a\sin t$인 상수 a가 존재하는 것은 부등식이 등식이기 위한 필요충분조건이다. □

이제 등주부등식을 증명하자.

등주부등식의 증명. 필요한 경우 재매개화를 이용하여 곡선 α가 속력이 L/π인 등속곡선이라고 가정할 수 있다. 이때 곡선 α의 주기는 π이다. 또한 필요한 경우 평행이동을 실행하여 $\alpha(0) = (0,0)$이라고 가정할 수 있다.

곡선 $\alpha(t) = (x(t), y(t))$를 극좌표를 이용하여 나타내면

$$x(t) = r(t)\cos\theta(t), \qquad y(t) = r(t)\sin\theta(t)$$

이므로

$$\begin{aligned}\dot{x}(t) &= \dot{r}(t)\cos\theta(t) - r(t)\dot{\theta}(t)\sin\theta(t),\\ \dot{y}(t) &= \dot{r}(t)\sin\theta(t) + r(t)\dot{\theta}(t)\cos\theta(t)\end{aligned}$$

이다. 한편

$$x(t)\dot{y}(t) - \dot{x}(t)y(t) = r(t)^2\dot{\theta}(t)$$

이므로, 정리 2.22에 따라서

$$A = \frac{1}{2}\int_0^\pi (x(t)\dot{y}(t) - y(t)\dot{x}(t))\,dt = \frac{1}{2}\int_0^\pi r(t)^2\dot{\theta}(t)\,dt \tag{2.1}$$

이다. 그리고 $s(t)$가 α의 길이함수이면 $(dx/ds)^2 + (dy/ds)^2 = 1$이고 $ds/dt = L/\pi$ 이므로

$$\dot{r}(t)^2 + r(t)^2\dot{\theta}(t)^2 = \dot{x}(t)^2 + \dot{y}(t)^2 = \left(\left(\frac{dx}{ds}\right)^2 + \left(\frac{dy}{ds}\right)^2\right)\dot{s}(t)^2 = \frac{L^2}{\pi^2}$$

이다. 따라서

$$\frac{L^2}{\pi} = \int_0^\pi (\dot{r}(t)^2 + r(t)^2\dot{\theta}(t)^2)\,dt \tag{2.2}$$

이다. 등식 2.1와 등식 2.2에 따라서

$$\begin{aligned}\frac{L^2}{4\pi} - A &= \frac{1}{4}\int_0^\pi (\dot{r}(t)^2 + r(t)^2\dot{\theta}(t)^2)\,dt - \frac{1}{2}\int_0^\pi r(t)^2\dot{\theta}(t)\,dt\\ &= \frac{1}{4}\int_0^\pi \left(\dot{r}(t)^2 + r(t)^2\dot{\theta}(t)^2 - 2r(t)^2\dot{\theta}(t)\right)\,dt\\ &= \frac{1}{4}\int_0^\pi (\dot{r}(t)^2 - r(t)^2)\,dt + \frac{1}{4}\int_0^\pi r(t)^2\left(\dot{\theta}(t) - 1\right)^2\,dt\end{aligned}$$

이다. 그런데, 비르팅거의 부등식에 따라서

$$0 \le \int_0^\pi (\dot{r}(t)^2 - r(t)^2)\,dt$$

이고

$$0 \leq \int_0^{\pi} r(t)^2 \left(\dot{\theta}(t) - 1\right)^2 dt$$

이므로

$$0 \leq \frac{L^2}{4\pi} - A$$

이다.

α의 상이 원이면 $A = L^2/(4\pi)$이다. 만약 $A = L^2/(4\pi)$이면 위의 결과에 따라서

$$\int_0^{\pi} \left(\dot{r}(t)^2 - r(t)^2\right) dt = 0, \qquad \int_0^{\pi} r(t)^2 \left(\dot{\theta}(t) - 1\right)^2 dt = 0$$

이다. 비르팅거의 부등식의 정리에 따라서,

$$r(t) = a \sin t$$

인 양의 상수 a가 존재하고, 위의 두 번째 식으로부터

$$\theta(t) = t + b$$

인 상수 b가 존재함을 알 수 있다. 따라서

$$r = a \sin(\theta - b)$$

인데, 이는 원의 방정식이다. □

연습문제 2.5

1. 곡선 $\alpha(t) = (t, \cosh t)$의 평면곡률 k를 구하라.

2. 평면곡률이 k인 평면곡선 α와 양의 상수 a에 대한 변환 $F(\mathbf{v}) = a\mathbf{v}$에 대하여, 평면곡선 $\beta = F \circ \alpha$의 평면곡률을 구하라.

3. 단위속력곡선 $\alpha\colon (a, b) \to \mathbb{R}$와 $\dot{\alpha}(s_0) = (\cos\theta_0, \sin\theta_0)_{\alpha(s_0)}$인 점 $s_0 \in (a, b)$와 각의 크기 θ_0에 대하여, $\theta(s_0) = \theta_0$이고

$$\forall s \in (a, b), \ \ \dot{\alpha}(s) = (\cos\theta(s), \sin\theta(s))_{\alpha(s)}$$

인 함수 $\theta\colon (a, b) \to \mathbb{R}$가 유일하게 존재함을 보여라.

4. 주기적인 단순평면곡선 α의 단위접벡터장 $\mathbf{t}$에 대하여, 적어도 네 점에서 $\ddot{\mathbf{t}}$는 $\mathbf{t}$와 평행함을 보여라.

5. 양의 상수 a와 b에 대한 타원 $x^2/a^2 + y^2/b^2 = 1$에 대하여, 부등식

$$2\pi\sqrt{ab} \leq \int_0^{2\pi} \sqrt{a^2 \sin^2 t + b^2 \cos^2 t}\, dt$$

가 성립함을 보여라. 또한 $a = b$는 위의 부등식이 등식이기 위한 필요충분조건임을 보여라.

제 3 장

곡면

일반적으로 유클리드 공간에 놓인 2차원 대상체인 곡면을 하나의 사상으로 나타낼 수 없다. 곡면을 국소적으로 나타내는 사상은 주어진 곡면의 좌표조각이라고 한다. 좌표조각의 상이 겹치는 영역에서 좌표조각 사이에 적절한 변수변환 법칙이 성립한다.

곡면의 각 작용점에서 접벡터를 정의할 수 있고 이런 접벡터의 모임으로서 접평면이 정의된다. 곡면에 제1 기본형식을 정의할 수 있고 이를 이용하여 곡면에 놓인 곡선의 길이와 영역의 넓이를 계산할 수 있다.

곡면의 각 작용점에서 접벡터 방향으로의 곡면의 곡률을 알기 위하여 곡면의 제2 기본형식을 정의한다. 곡면의 곡률은 모양연산자로 알려진 바인가르텐 사상으로도 계산된다.

곡면의 제1 기본형식과 제2 기본형식으로부터 곡면의 모양이 완벽하게 결정되는데 이를 곡면의 기본정리라고 한다.

3.1 곡면

3.1.1 정칙사상과 좌표조각

곡선의 경우와는 다르게, 단위구면과 같은 곡면은 하나의 사상으로 매개화할 수 없다. 그렇지만, 이 절에서는 곡면을 하나의 사상으로 매개화하는 경우를 생각한다. 곡면의 국소적인 성질을 알아보는 경우에는 곡면에 놓인 한 점 근방에서 곡면의 성질을 탐구함이 적절하기 때문이다.

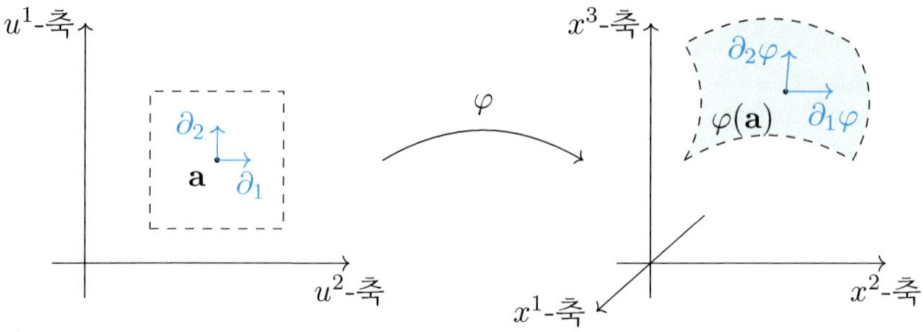

그림 3.1 정칙사상

평면 $\mathbb{R}^2$에 놓인 영역 D에 정의된 연속미분가능한 사상 $\varphi\colon D \to \mathbb{R}^3$에 대하여, $\varphi = (\varphi^1, \varphi^2, \varphi^3)$일 때

$$\partial_1\varphi = \partial_1\varphi^i\,\partial_i, \qquad \partial_2\varphi = \partial_2\varphi^i\,\partial_i$$

이다. 그림 3.1에서와 같이, 점 $\mathbf{p} = \varphi(\mathbf{a})$에서 벡터 $\partial_1\varphi \times \partial_2\varphi$의 크기는 두 벡터 $\partial_1\varphi$와 $\partial_2\varphi$가 만드는 평행사변형의 넓이이므로,

$$\partial_1\varphi(\mathbf{a}) \times \partial_2\varphi(\mathbf{a}) \neq \mathbf{0}_{\mathbf{p}}$$

이면 사상 φ는 점 $\mathbf{a}$ 근방에서 일대일이다.

곡면을 나타내기 위한 사상으로서 다음의 사상을 정의한다.

정의 3.1: 정칙사상

연속미분가능한 사상 $\varphi\colon D \to \mathbb{R}^3$에 대하여, 점 $\mathbf{a} \in D$에서 $\partial_1\varphi(\mathbf{a}) \times \partial_2\varphi(\mathbf{a}) \neq \mathbf{0}_{\mathbf{p}}$이면 사상 φ는 점 $\mathbf{a}$에서 **정칙**이라고 한다. 만약 D의 모든 점에서 사상 φ가 정칙이면 φ는 영역 D에서 **정칙**이라고 한다.

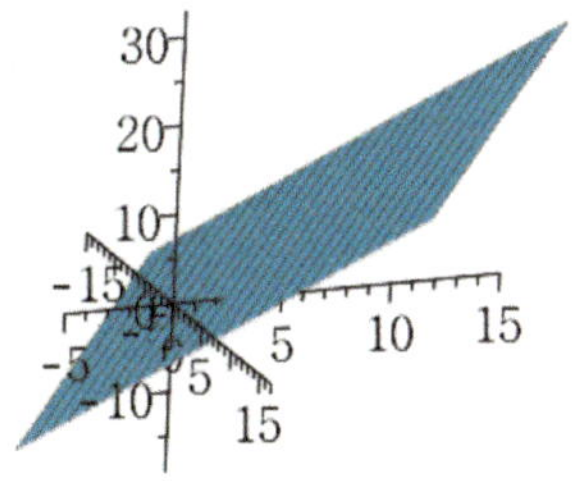

그림 3.2 평면

> **예제 3.1.** 그림 3.2에 나타난 사상
>
> $$\varphi(u^1, u^2) = (1 + 2u^1 - u^2, 2 + u^1 + u^2, 3u^1 + 2u^2)$$
>
> 에 대하여, $\partial_1\varphi \times \partial_2\varphi$를 구하라.

풀이. 사상 $\varphi = (\varphi^1, \varphi^2, \varphi^2)$에 대하여,

$$\begin{aligned} \partial_1\varphi^1(u^1, u^2) &= 2, \quad \partial_2\varphi^1(u^1, u^2) = -1, \\ \partial_1\varphi^2(u^1, u^2) &= 1, \quad \partial_2\varphi^2(u^1, u^2) = 1, \\ \partial_1\varphi^3(u^1, u^2) &= 3, \quad \partial_2\varphi^3(u^1, u^2) = 2, \end{aligned}$$

이므로, 점 $\mathbf{a} \in \mathbb{R}^2$에서

$$\partial_1\varphi(\mathbf{a}) = 2\partial_1 + \partial_2 + 3\partial_3, \quad \partial_2\varphi(\mathbf{a}) = -\partial_1 + \partial_2 + 2\partial_3$$

이다. 따라서, 점 $\mathbf{a} \in \mathbb{R}^2$에서

$$\begin{aligned} (\partial_1\varphi \times \partial_2\varphi)(\mathbf{a}) &= \det\begin{pmatrix} \partial_1 & \partial_2 & \partial_3 \\ 2 & 1 & 3 \\ -1 & 1 & 2 \end{pmatrix} \\ &= (1 \cdot 2 - 3 \cdot 1)\partial_1 + (3 \cdot (-1) - 2 \cdot 2)\partial_2 + (2 \cdot 1 - 1 \cdot (-1))\partial_3 \\ &= -\partial_1 - 7\partial_2 + 3\partial_3 \end{aligned}$$

이다. □

정칙사상은 국소적으로 일대일이지만 영역 전체에서는 일대일이 아닐 수도 있다. 공간에 놓인 곡면을 나타내기 위해서는 영역 전체에서 일대일인 사상을 이용하여야 하므로 다음의 사상을 정의한다.

정의 3.2: 좌표조각

사상 $\varphi\colon D \to \mathbb{R}^3$에 대하여, φ가 C^k급 일대일인 정칙사상이면 φ는 C^k급 **좌표조각**[a]이라고 한다. 여기서 k는 자연수이거나 ∞ 또는 ω이다.

[a]좌표조각을 **단순곡면**이라고도 한다.

앞으로 미분가능한 사상은 특별히 구별하지 않으면 C^∞급 사상이라고 가정한다.

예제 3.2. C^∞급 함수 $f : D \to \mathbb{R}$에 대하여, $\varphi(u^1, u^2) = (u^1, u^2, f(u^1, u^2))$로 정의된 사상 $\varphi\colon D \to \mathbb{R}^3$가 좌표조각임을 보여라.

풀이. 함수 u^1과 u^2와 함수 f가 C^∞급이므로 사상 φ는 C^∞급이다. 만약 $\varphi(u^1, u^2) = \varphi(v^1, v^2)$이면

$$(u^1, u^2, f(u^1, u^2)) = (v^1, v^2, f(v^1, v^2))$$

이므로 $(u^1, u^2) = (v^1, v^2)$이다. 따라서, φ는 일대일 사상이다. 또한 모든 점 $\mathbf{a} \in D$에서

$$\partial_1\varphi \times \partial_2\varphi = \det\begin{pmatrix} \partial_1 & \partial_2 & \partial_3 \\ 1 & 0 & \partial_1 f \\ 0 & 1 & \partial_2 f \end{pmatrix} = (-\partial_1 f, -\partial_2 f, 1)_{\varphi(\mathbf{a})} \neq \mathbf{0}_{\varphi(\mathbf{a})}$$

이므로 φ는 정칙이다. 그러므로, φ는 C^∞급인 일대일 정칙사상이므로 φ는 좌표조각이다. □

위의 예제와 같이, 방정식 $x^3 = f(x^1, x^2)$의 근이 곡면인 좌표조각은 **몽주 조각**이라고 한다.

보기 3.1. 그림 3.3에서와 같이 $\varphi(u^1, u^2) = (u^1, u^2, (u^1)^2 + (u^2)^2)$로 정의된 사상 $\varphi\colon \mathbb{R}^2 \to \mathbb{R}^3$는 몽주 조각이다.

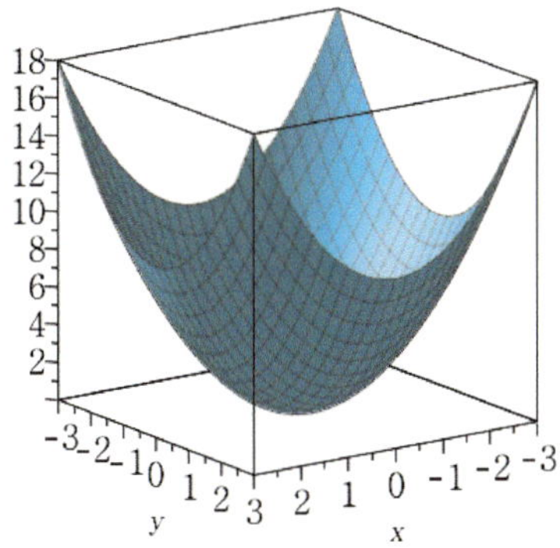

그림 3.3 몽주 조각

3.1.2 좌표변환

곡면을 탐구하기 위하여, 좌표조각의 정의역을 변환시켜야 할 경우가 있다. 이때 변환되어서 나타난 사상이 좌표조각이어야 하므로 다음을 정의한다.

정의 3.3: 좌표변환

평면 $\mathbb{R}^2$의 영역 D_1에서 D_2로의 사상 $\psi\colon D_1 \to D_2$에 대하여, ψ가 C^k급 일대일 대응이고 역사상 $\psi^{-1}\colon D_2 \to D_1$도 C^k급이면 ψ는 C^k급 **좌표변환**이라고 한다.

좌표변환 ψ에 대하여, ψ의 전미분은

$$D\psi(v^1\partial_1 + v^2\partial_2) = \left(v^1\partial_1\psi^1 + v^2\partial_2\psi^1\right)\partial_1 + \left(v^1\partial_1\psi^2 + v^2\partial_2\psi^2\right)\partial_2$$

이므로

$$\partial_1\psi = D\psi(\partial_1) = \partial_1\psi^1\partial_1 + \partial_1\psi^2\partial_2, \quad \partial_2\psi = D\psi(\partial_2) = \partial_2\psi^1\partial_1 + \partial_2\psi^2\partial_2$$

이다. 이때 행렬

$$\begin{bmatrix} \partial_1\psi^1 & \partial_2\psi^1 \\ \partial_1\psi^2 & \partial_2\psi^2 \end{bmatrix}$$

를 ψ의 **야코비 행렬**이라고 하고 J_ψ로 나타내며 야코비 행렬의 행렬식

$$\det J_\psi = \partial_1\psi^1\partial_2\psi^2 - \partial_2\psi^1\partial_1\psi^2$$

를 ψ의 **야코비 행렬식**이라고 한다.

보기 3.2. 단위구면 $M = \{(x^1, x^2, x^3) \in \mathbb{R}^3 : (x^1)^2 + (x^2)^2 + (x^3)^2 = 1\}$에 대하여, 영역 $D_1 = \{(u^1, u^2) \in \mathbb{R}^2 : (u^1)^2 + (u^2)^2 < 1\}$에 정의된 좌표조각

$$\varphi_1(u^1, u^2) = \left(u^1, u^2, \sqrt{1 - (u^1)^2 - (u^2)^2}\right)$$

에 대하여, $\varphi_1(D_1)$에서 $\varphi_1^{-1}(x^1, x^2, x^3) = (x^1, x^2)$이고, 영역 $D_2 = \{(v^1, v^2) \in \mathbb{R}^2 : (v^1)^2 + (v^2)^2 < 1\}$에 정의된 좌표조각

$$\varphi_2(v^1, v^2) = \left(v^1, \sqrt{1 - (v^1)^2 - (v^2)^2}, v^2\right)$$

에 대하여, $\varphi_2(D_2)$에서 $\varphi_2^{-1}(x^1, x^2, x^3) = (x^1, x^3)$이다. 영역 $\tilde{D}_1$과 $\tilde{D}_2$를 각각

$$\tilde{D}_1 = D_1 \cap \{(u^1, u^2) \in \mathbb{R}^2 : u^2 > 0\}, \quad \tilde{D}_2 = D_2 \cap \{(v^1, v^2) \in \mathbb{R}^2 : v^2 > 0\}$$

로 놓으면, 사상 $\varphi_1 \colon \tilde{D}_1 \to \varphi_1(\tilde{D}_1)$과 사상 $\varphi_2 \colon \tilde{D}_2 \to \varphi_2(\tilde{D}_2)$는 일대일대응이므로 $\varphi_{21} = \varphi_2^{-1} \circ \varphi_1 \colon \tilde{D}_1 \to \tilde{D}_2$와 $\varphi_{12} = \varphi_1^{-1} \circ \varphi_2 \colon \tilde{D}_2 \to \tilde{D}_1$은 일대일대응이다. 영역 $\tilde{D}_1$에서

$$\begin{aligned}\varphi_{21}(u^1, u^2) &= \varphi_2^{-1}(\varphi_1(u^1, u^2)) \\ &= \varphi_2^{-1}\left(u^1, u^2, \sqrt{1 - (u^1)^2 - (u^2)^2}\right) \\ &= \left(u^1, \sqrt{1 - (u^1)^2 - (u^2)^2}\right)\end{aligned}$$

이므로 φ_{21}은 미분가능하다. 영역 $\tilde{D}_2$에서

$$\begin{aligned}\varphi_{12}(v^1, v^2) &= \varphi_1^{-1}(\varphi_2(v^1, v^2)) \\ &= \varphi_1^{-1}\left(v^1, \sqrt{1 - (v^1)^2 - (v^2)^2}, v^2\right) \\ &= \left(v^1, \sqrt{1 - (v^1)^2 - (v^2)^2}\right)\end{aligned}$$

이므로 φ_{12}는 미분가능하다. 따라서, $\varphi_{21} \colon \tilde{D}_1 \to \tilde{D}_2$는 좌표변환이다.

좌표조각 $\varphi \colon D \to \mathbb{R}^3$를 도입한 이유는 국소적 좌표인 D를 이용하여 곡면 $\varphi(D)$를 나타내려는 목적이다. 이때 국소적 좌표인 D를 다음과 같이 변환할 수 있다.

정리 3.1: 좌표조각의 좌표변환

좌표조각 $\varphi_\alpha\colon D_\alpha \to \mathbb{R}^3$에 대하여, 사상 $\psi : D_\beta \to D_\alpha$가 좌표변환이면 $\varphi_\beta = \varphi_\alpha \circ \psi\colon D_\beta \to \mathbb{R}^3$는 좌표조각이다.

증명. 먼저 φ_α와 ψ가 일대일이므로 $\varphi_\beta = \varphi_\alpha \circ \psi$도 일대일이다. φ_α가 미분가능하고 ψ가 미분가능하므로 φ_β도 미분가능하다. 연쇄법칙에 따라서

$$\begin{aligned}\partial_1\varphi_\beta \times \partial_2\varphi_\beta &= \left(\partial_1\psi^1\partial_1\varphi_\alpha + \partial_1\psi^2\partial_2\varphi_\alpha\right) \times \left(\partial_2\psi^1\partial_1\varphi_\alpha + \partial_2\psi^2\partial_2\varphi_\alpha\right)\\ &= \left(\partial_1\psi^1\partial_2\psi^2 - \partial_2\psi^1\partial_1\psi^2\right)\left(\partial_1\varphi_\alpha \times \partial_2\varphi_\alpha\right)\\ &= \left(\det J_\psi\right)\left(\partial_1\varphi_\alpha \times \partial_2\varphi_\alpha\right)\end{aligned}$$

이다. 모든 점 $\mathbf{a} \in D_\beta$에서 $\det J_\psi \neq 0$이고 $\partial_1\varphi_\alpha \times \partial_2\varphi_\alpha \neq \mathbf{0}_{\varphi_\beta(\mathbf{a})}$이므로 $\partial_1\varphi_\beta \times \partial_2\varphi_\beta \neq \mathbf{0}_{\varphi_\beta(\mathbf{a})}$이다. 따라서 φ_β도 좌표조각이다. □

3.1.3 좌표조각의 좌표곡선

좌표조각 $\varphi\colon D \to \mathbb{R}^3$에서 특별히 영역 D의 좌표 u^1과 u^2에 대한 곡선을 정의하자.

정의 3.4: 좌표조각의 좌표곡선

좌표조각 $\varphi\colon D \to \mathbb{R}^3$와 점 $(a^1, a^2) \in D$에 대하여, $\alpha(t) = \varphi(t, a^2)$로 정의되는 곡선 α는 점 $\varphi(a^1, a^2)$를 지나는 u^1**-곡선**이라고 한다. 또한 $\beta(t) = \varphi(a^1, t)$로 정의되는 곡선 β는 점 $\varphi(a^1, a^2)$를 지나는 u^2**-곡선**이라고 한다.

예제 3.3. 영역 $D = \mathbb{R}^2$에 정의된 안장면 $\varphi(u^1, u^2) = (u^1, u^2, (u^1)^2 - (u^2)^2)$에 대하여, $(a^1, a^2) \in D$일 때 점 $\varphi(a^1, a^2)$를 지나는 u^1-곡선과 u^2-곡선을 구하라.

풀이. 그림 3.4에서 파란색 곡선인 곡선 $\alpha(t) = (t, a^2, t^2 - (a^2)^2)$가 점 $\varphi(a^1, a^2)$를 지나는 u^1-곡선이고, 그림 3.4에서 검은색 곡선인 곡선 $\beta(t) = (a^1, t, (a^1)^2 - t^2)$가 점 $\varphi(a^1, a^2)$를 지나는 u^2-곡선이다. □

좌표조각 $\varphi\colon D \to \mathbb{R}^3$와 $(a^1, a^2) \in D$에 대하여, u^1-곡선 $\alpha(t) = \varphi(t, a^2)$의 $t = a^1$에서의 속도벡터는

$$\dot\alpha(a^1) = \partial_1\varphi(a^1, a^2)$$

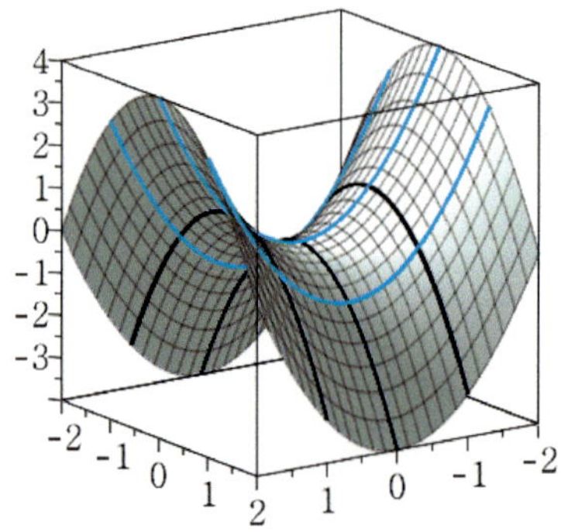

그림 3.4 안장면의 u^1-곡선과 u^2-곡선

이다. 마찬가지로 u^2-곡선 $\beta(t) = \varphi(a^1, t)$의 $u^2 = a^2$에서의 속도벡터는

$$\dot{\beta}(a^2) = \partial_2\varphi(a^1, a^2)$$

이다. 벡터 $\dot{\alpha}(a^1)$와 $\dot{\beta}(a^2)$를 점 $\mathbf{p} = \varphi(a^1, a^2)$에서 **편속도**라고 한다.

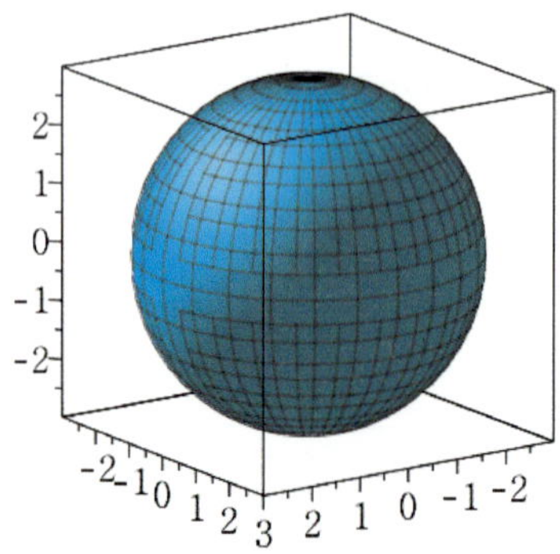

그림 3.5 구면

그림 3.5에서 중심이 원점이고 반지름이 r인 구면을 볼 수 있다. 이 구면의 좌표조각을 다음의 예제에서 살펴보자.

예제 3.4. 영역 $D = \{(u^1, u^2) \in \mathbb{R}^2 : -\pi < u^1 < \pi,\ -\pi/2 < u^2 < \pi/2\}$에서 좌표조각 $\varphi(u^1, u^2) = (r\cos u^2 \cos u^1, r\cos u^2 \sin u^1, r\sin u^2)$의 편속도를 구하라.

풀이. 좌표조각 φ의 편속도는

$$\partial_1\varphi(u^1,u^2) = r(-\cos u^2 \sin u^1, \cos u^2 \cos u^1, 0),$$
$$\partial_2\varphi(u^1,u^2) = r(-\sin u^2 \cos u^1, -\sin u^2 \sin u^1, \cos u^2)$$

이다. □

3.1.4 곡면

이제 일반적인 곡면을 정의하자.

곡면은 앞에서 살펴본 것과 같이 미분가능한 일대일 정칙사상인 좌표조각을 이용하여 나타낸다. 이때 좌표조각의 정의역의 경계에서도 좌표조각이 곡면을 잘 나타낼 수 있도록, 좌표조각에 다음과 같은 제한을 둔다.

정의 3.5: 고유좌표조각

좌표조각 $\varphi\colon D \to \mathbb{R}^3$에 대하여, 역사상 $\varphi^{-1}\colon \varphi(D) \to D$이 연속이면 φ는 **고유좌표조각**이라고 한다.

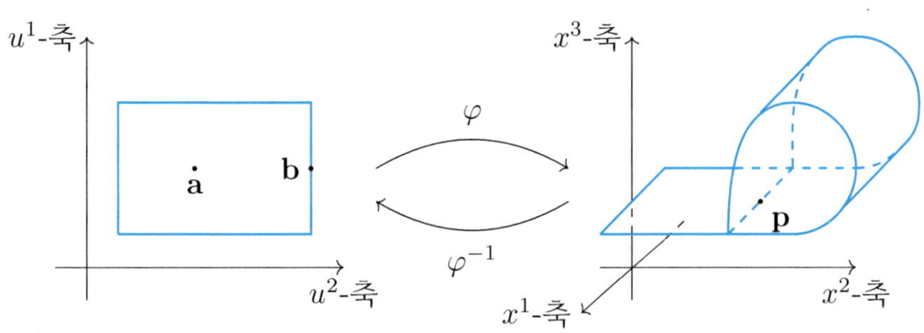

그림 3.6 고유좌표조각이 아닌 좌표조각

보기 3.3. 그림 3.6에 나타난 좌표조각 φ에서 $\varphi(\mathbf{a}) = \mathbf{p}$일 때, $\lim_{n\to\infty} \mathbf{a}_n = \mathbf{a}$이면 $\lim_{n\to\infty} \varphi(\mathbf{a}_n) = \mathbf{p}$이므로 φ는 점 $\mathbf{a}$에서 연속이다. 그렇지만, $\lim_{n\to\infty} \mathbf{p}_n = \mathbf{p} = \lim_{n\to\infty} \mathbf{q}_n$이지만 $\lim_{n\to\infty} \varphi^{-1}(\mathbf{p}_n) = \mathbf{a}$이고 $\lim_{n\to\infty} \varphi^{-1}(\mathbf{q}_n) = \mathbf{b}$인 $\varphi(D)$에 놓인 수열 $(\mathbf{p}_n)$과 $(\mathbf{q}_n)$이 존재하므로 φ^{-1}는 점 $\mathbf{p}$에서 연속이 아니다. 따라서, 좌표조각 φ는 고유좌표조각이 아니다.

예제 3.5. 단위원판 $D = \{(u^1, u^2) \in \mathbb{R}^2 : (u^1)^2 + (u^2)^2 < 1\}$에서 정의된 사상 $\varphi(u^1, u^2) = \left(u^1, u^2, \sqrt{1-(u^1)^2-(u^2)^2}\right)$는 고유좌표조각임을 보여라.

풀이. 사상 φ에 대하여,

$$\partial_1\varphi(u^1, u^2) = \left(1, 0, -\frac{u^1}{\sqrt{1-(u^1)^2-(u^2)^2}}\right)_{\varphi(u^1,u^2)},$$
$$\partial_2\varphi(u^1, u^2) = \left(0, 1, -\frac{u^2}{\sqrt{1-(u^1)^2-(u^2)^2}}\right)_{\varphi(u^1,u^2)}$$

이므로, φ는 미분가능하다. 또한 $\varphi(u^1, u^2) = \varphi(v^1, v^2)$이면

$$\left(u^1, u^2, \sqrt{1-(u^1)^2-(u^2)^2}\right) = \left(v^1, v^2, \sqrt{1-(v^1)^2-(v^2)^2}\right)$$

이므로 $(u^1, u^2) = (v^1, v^2)$이다. 즉, φ는 일대일이다. 모든 $(u^1, u^2) \in D$에 대하여

$$\begin{aligned}
&\partial_1\varphi(u^1, u^2) \times \partial_2\varphi(u^1, u^2)\\
&\quad = \det\begin{pmatrix} \partial_1 & \partial_2 & \partial_3 \\ 1 & 0 & \frac{-u^1}{\sqrt{1-(u^1)^2-(u^2)^2}} \\ 0 & 1 & \frac{-u^2}{\sqrt{1-(u^1)^2-(u^2)^2}} \end{pmatrix}\\
&\quad = \left(\frac{u^1}{\sqrt{1-(u^1)^2-(u^2)^2}}, \frac{u^2}{\sqrt{1-(u^1)^2-(u^2)^2}}, 1\right)_{\varphi(u^1,u^2)}\\
&\quad \neq \mathbf{0}_{\varphi(u^1,u^2)}
\end{aligned}$$

이므로, φ는 정칙이다. 사상 φ가 미분가능하고 일대일 정칙인 사상이므로 φ는 곡면의 좌표조각이다. 또한 역사상 $\varphi^{-1}(x^1, x^2, x^3) = (x^1, x^2)$는 연속이므로, φ는 고유좌표조각이다. □

점 $\mathbf{p} \in \mathbb{R}^3$와 양의 실수 r에 대하여, 집합

$$B(\mathbf{p}, r) = \{\mathbf{x} \in \mathbb{R}^3 : \|\mathbf{x} - \mathbf{p}\| < r\}$$

을 중심이 $\mathbf{p}$이고 반지름이 r인 **열린 공**이라고 한다. 앞에서 살펴본 좌표조각을 이용하여 곡면을 다음과 같이 정의한다.

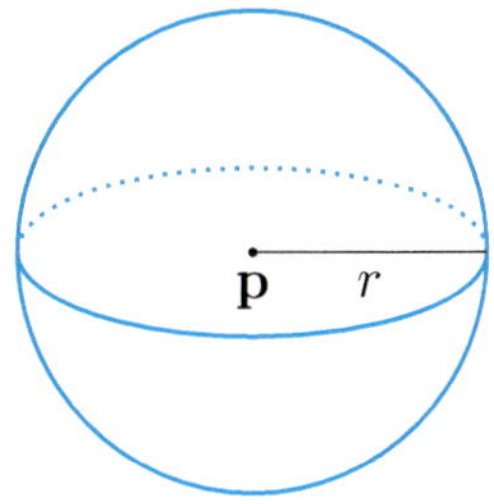

그림 3.7 반지름이 r인 열린 공

정의 3.6: 곡면

공간 $\mathbb{R}^3$의 부분집합 M에 대하여,

모든 점 $\mathbf{p} \in M$에 대하여,

$$\varphi(D) \subset M \quad \text{그리고} \quad \exists r > 0,\ B(\mathbf{p}; r) \cap M \subset \varphi(D)$$

인 고유좌표조각 $\varphi\colon D \to \mathbb{R}^3$가 존재한다

이면 M은 **곡면**이라고 한다.

곡선을 사상으로 정의하지만, 곡면은 공간 $\mathbb{R}^3$에 놓인 부분집합으로 정의한다. 물론 국소적으로 곡면은 좌표조각이란 사상으로 나타낸다.

정의 3.7: 곡면의 좌표근방계

곡면 M에 대한 고유좌표조각들의 모임 $\mathcal{A} = \{\varphi_\alpha\colon D_\alpha \to M \ :\ \alpha \in \Lambda\}$에 대하여,

$$\bigcup_{\alpha\in\Lambda} \varphi_\alpha(D_\alpha) = M$$

이면 $\mathcal{A}$는 M의 **좌표근방계**라고 한다.

예제 3.6. 공간 $\mathbb{R}^3$에 놓인 단위구면 $M = \{(x, y, z) \in \mathbb{R}^3 \ :\ x^2 + y^2 + z^2 = 1\}$이 곡면임을 보여라.

풀이. 곡면 M에 대하여,

$$\varphi_{+1}(u^1, u^2) = \left(\sqrt{1-(u^1)^2-(u^2)^2}, u^1, u^2\right),$$
$$\varphi_{-1}(u^1, u^2) = \left(-\sqrt{1-(u^1)^2-(u^2)^2}, u^1, u^2\right),$$
$$\varphi_{+2}(u^1, u^2) = \left(u^1, \sqrt{1-(u^1)^2-(u^2)^2}, u^2\right),$$
$$\varphi_{-2}(u^1, u^2) = \left(u^1, -\sqrt{1-(u^1)^2-(u^2)^2}, u^2\right),$$
$$\varphi_{+3}(u^1, u^2) = \left(u^1, u^2, \sqrt{1-(u^1)^2-(u^2)^2}\right),$$
$$\varphi_{-3}(u^1, u^2) = \left(u^1, u^2, -\sqrt{1-(u^1)^2-(u^2)^2}\right)$$

은 영역 $D = \{(u^1, u^2) \in \mathbb{R}^2 : (u^1)^2 + (u^2)^2 < 1\}$에서 정의되는 고유좌표조각이다. 점 $\mathbf{p} = (p^1, p^2, p^3) \in M$에 대하여, $p^1 > 0$이면 $B(\mathbf{p}; p^1) \cap M \subset \varphi_{+1}(D)$이고 $p^1 < 0$이면 $B(\mathbf{p}; -p^1) \cap M \subset \varphi_{-1}(D)$이다. $p^2 > 0$이면 $B(\mathbf{p}; p^2) \cap M \subset \varphi_{+2}(D)$이고 $p^2 < 0$이면 $B(\mathbf{p}; -p^2) \cap M \subset \varphi_{-2}(D)$이다. $p^3 > 0$이면 $B(\mathbf{p}; p^3) \cap M \subset \varphi_{+3}(D)$이고 $p^3 < 0$이면 $B(\mathbf{p}; -p^3) \cap M \subset \varphi_{-3}(D)$이다. 따라서, 단위구면 M은 곡면이다. □

공간 $\mathbb{R}^3$의 영역 U에 정의된 미분가능한 함수 $f: U \to \mathbb{R}$에 대하여, 벡터장

$$\nabla f = (\partial_1 f)\partial_1 + (\partial_2 f)\partial_2 + (\partial_3 f)\partial_3$$

을 f의 **기울기벡터장**이라고 한다. 공간에 놓인 부분집합이 곡면임을 보이는 것은 조금 복잡하다. 그런데, 함수의 기울기 벡터장을 이용하여 다음과 같이 쉽게 곡면임을 판별할 수 있는 방법이 있다.

정리 3.2: 함수의 기울기 벡터장을 이용한 곡면의 판정법

공간 $\mathbb{R}^3$의 영역 U에 정의된 미분가능한 함수 $f: U \to \mathbb{R}$에 대하여,

$$M = \{(x^1, x^2, x^3) \in U : f(x^1, x^2, x^3) = 0\}$$

에 놓인 임의의 점 $\mathbf{p} \in M$에서 $\nabla f(\mathbf{p}) \neq \mathbf{o}$이면 M은 곡면이다.

증명. 모든 점 $\mathbf{p} \in M$에서 $\nabla f(\mathbf{p}) \neq \mathbf{o}$라고 가정하자. 점 $\mathbf{p} \in M$를 고정하자. $\nabla f(\mathbf{p}) \neq \mathbf{o}$이므로, 필요하면 좌표축의 순서를 교환하여, $\partial_3 f(\mathbf{p}) \neq 0$이라고 가정할

수 있다. 사상 $F\colon U \to \mathbb{R}^3$를

$$F(x^1, x^2, x^3) = (x^1, x^2, f(x^1, x^2, x^3))$$

로 정의하자. $\mathbf{p}$에서의 F의 전미분 $DF|_{\mathbf{p}}$을 행렬로 나타내면

$$\begin{pmatrix} 1 & 0 & 0 \\ 0 & 1 & 0 \\ \partial_1 f(\mathbf{p}) & \partial_2 f(\mathbf{p}) & \partial_3 f(\mathbf{p}) \end{pmatrix}$$

이므로

$$\det(DF|_{\mathbf{p}}) = \partial_3 f(\mathbf{p}) \neq 0$$

이다. 역사상정리에 따라서, 사상 $F\colon V \to W$가 일대일대응이고 역사상 $F^{-1}\colon W \to V$이 미분가능한 점 $\mathbf{p}$를 포함하는 열린 집합 V와 점 $F(\mathbf{p})$를 포함하는 열린 집합 W가 존재한다. 역사상 F^{-1}에 대하여,

$$F^{-1}(u^1, u^2, t) = (u^1, u^2, g(u^1, u^2, t))$$

인 함수 $g\colon W \to \mathbb{R}$이 존재한다.

$$F(M \cap V) = W \cap \{(u^1, u^2, t) \in \mathbb{R}^3 \ : \ t = 0\}$$

이므로, W의 u^1u^2-평면으로의 사영을 D로 놓으면

$$\varphi(u^1, u^2) = (u^1, u^2, g(u^1, u^2, 0))$$

로 정의되는 사상 $\varphi\colon D \to \mathbb{R}^3$은 점 $\mathbf{p}$ 근방에서 좌표조각이다. 따라서, M은 곡면이다. □

예제 3.7. 단위구면 $M = \{(x^1, x^2, x^3) \in \mathbb{R}^3 \ : \ (x^1)^2 + (x^2)^2 + (x^3)^2 - 1 = 0\}$이 곡면임을 보여라.

풀이. 함수 f를 $f(x^1, x^2, x^3) = (x^1)^2 + (x^2)^2 + (x^3)^2 - 1$로 놓자. 그러면, f의 기울기벡터장은

$$\nabla f(x^1, x^2, x^3) = 2x^1\partial_1 + 2x^2\partial_2 + 2x^3\partial_3$$

이고, 모든 점 $\mathbf{p} = (p^1, p^2, p^3) \in M$에서 $\|\mathbf{p}\| = 1$이므로 $\nabla f(\mathbf{p}) = 2p^1\partial_1 + 2p^2\partial_2 + 2p^3\partial_3 \neq \mathbf{0}_{\mathbf{p}}$이다. 정리 3.2에 따라서, M은 곡면이다. □

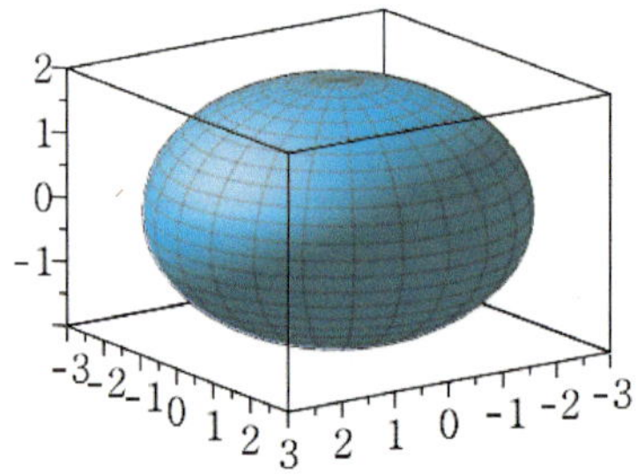

그림 3.8 타원면

예제 3.8. 그림 3.8에 나타난, 양의 상수 a, b, c에 대한 타원면

$$M = \left\{(x^1, x^2, x^3) \in \mathbb{R}^3 \;:\; \frac{(x^1)^2}{a^2} + \frac{(x^2)^2}{b^2} + \frac{(x^3)^2}{c^2} = 1\right\}$$

이 곡면임을 보여라.

풀이. 함수 f를

$$\frac{(x^1)^2}{a^2} + \frac{(x^2)^2}{b^2} + \frac{(x^3)^2}{c^2} - 1$$

로 놓자. 그러면, f의 기울기벡터장은

$$\nabla f(x^1, x^2, x^3) = \frac{2x^1}{a^2}\partial_1 + \frac{2x^2}{b^2}\partial_2 + \frac{2x^3}{c^2}\partial_3$$

이므로, 모든 점 $\mathbf{p} = (p^1, p^2, p^3) \in M$에서 $(p^1)^2/a^2 + (p^2)^2/b^2 + (p^3)^2/c^2 = 1$이므로 $\nabla f(\mathbf{p}) \neq \mathbf{0}_\mathbf{p}$이다. 정리 3.2에 따라서, M은 곡면이다. □

예제 3.9. 그림 3.9에 나타난, 원기둥면 $M = \{(x, y, z) \in \mathbb{R}^3 \;:\; x^2 + y^2 = 1\}$이 곡면임을 보여라.

풀이. 함수 f를 $f(x^1, x^2, x^3) = (x^1)^2 + (x^2)^2 - 1$로 놓자. 그러면, f의 기울기벡터장은

$$\nabla f(x^1, x^2, x^3) = 2x^1\partial_1 + 2x^2\partial_2 + 0\partial_3$$

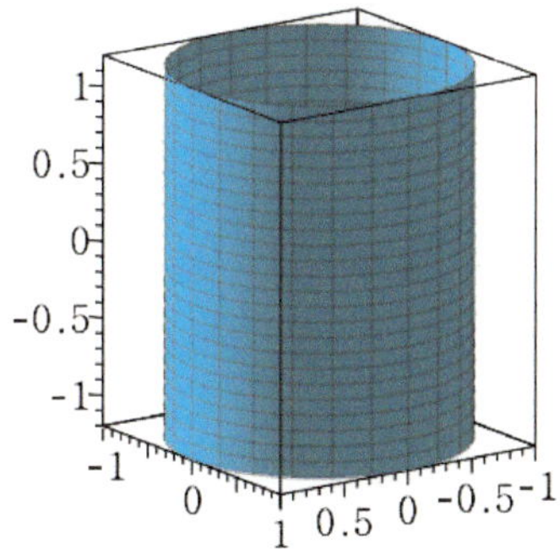

그림 3.9 원기둥면

이고, 모든 점 $\mathbf{p} = (p^1, p^2, p^3) \in M$에서 $(p^1)^2 + (p^2)^2 = 1$이므로 $\nabla f(\mathbf{p}) \neq \mathbf{0}_\mathbf{p}$이다. 정리 3.2에 따라서 M은 곡면이다. □

3.1.5 곡면에 대한 함수와 사상

곡면에 정의된 함수는 곡면의 좌표계를 이용하여 나타낼 수 있다.

곡면 M에 정의된 함수 $f\colon M \to \mathbb{R}$와 좌표조각 $\varphi\colon D \to M$에 대하여, $f \circ \varphi$는 f의 **좌표표현**이라고 한다.

정의 3.8: 곡면에 정의된 함수의 미분가능성

곡면 M에 정의된 함수 $f : M \to \mathbb{R}$와 점 $\mathbf{p} \in M$에 대하여, $\mathbf{p} \in \varphi(D)$인 모든 좌표조각 $\varphi : D \to M$에 대하여 $f \circ \varphi$이 $\varphi^{-1}(\mathbf{p})$에서 미분가능하면 f는 $\mathbf{p}$에서 **미분가능하다**고 한다.

정의 3.9: 사상의 미분가능성

사상 $F : \Omega(\subset \mathbb{R}^n) \to M$에 대하여, 임의의 좌표조각 φ에 대하여 $\varphi^{-1} \circ F : F^{-1}(\varphi(D)) \to D$이 미분가능하면 F는 **미분가능하다**고 한다.

위의 정의에서는, 사상 F의 미분가능성을 판별하기 위하여 모든 좌표조각 φ에 대하여 $\varphi^{-1} \circ F$의 미분가능성을 알아야 한다. 그러나 임의의 좌표조각 $\varphi_1\colon D \to M$과 $\varphi_2\colon D_2 \to M$에 대하여 $\varphi_2^{-1} \circ \varphi_1$는 좌표변환이므로, $\mathbf{p} \in \Omega$에서 F의 미분가능성을

판별하기 위해서는 $F(\mathbf{p}) \in \varphi(D)$인 좌표조각 $\varphi\colon D \to M$에 대하여 $\mathbf{p}$에서 $\varphi^{-1} \circ F$의 미분가능성만 판별하면 된다. 앞서 정의된 함수 $f\colon M \to \mathbb{R}$도 마찬가지이다.

정의 3.10: 미분가능한 사상

곡면 M에서 곡면 N으로 사상 $F\colon M \to N$와 점 $\mathbf{p} \in M$에 대하여, $\mathbf{p} \in \varphi(D)$와 $F(\mathbf{p}) \in \psi(U)$이고 $\psi^{-1} \circ F \circ \varphi$이 미분가능한 좌표조각 $\varphi\colon D \to M$과 $\psi\colon U \to N$이 존재하면 F는 $\mathbf{p}$에서 **미분가능하다**고 한다. 곡면 M의 모든 점에서 F가 미분가능하면 F는 **미분가능하다**고 한다.

사상 $F\colon M \to N$가 미분가능하면, 곡면 M과 N 각각의 임의의 좌표조각 φ와 ψ에 대하여 $\psi^{-1} \circ F \circ \varphi$는 미분가능하다.

보기 3.4. 곡면 M은 $\{(x^1, x^2, x^3) \in \mathbb{R}^3 \,|\, (x^1)^2 + (x^2)^2 + (x^3)^2 = 1, (x^1, x^2) \neq (0,0)\}$이고, 곡면 C는 x^1x^2-평면에 놓인 중심이 원점이고 반지름의 길이가 1인 단위원 위에 세워진 원기둥면이다. 각 점 $\mathbf{p} \in M$에서 점 $\mathbf{p}$를 지나는 x^3-축의 수선이 곡면 C와 만나는 두 점 중에서 $\mathbf{p}$에 가까운 점을 $F(\mathbf{p})$로 놓자. 사상 $F\colon M \to N$에 대하여, 점 $\mathbf{p} \in M$ 근방에서 곡면 M의 좌표조각

$$\varphi(u^1, u^2) = (\cos u^2 \cos u^1, \cos u^2 \sin u^1, \sin u^2)$$

와 점 $F(\mathbf{p}) \in C$ 근방에서 곡면 C의 좌표조각 $\psi(u^1, u^2) = (\cos u^1, \sin u^1, u^2)$에 대하여,

$$(\psi^{-1} \circ F \circ \varphi)(u^1, u^2) = (u^1, \sin u^2)$$

이므로 F는 미분가능한 사상이다.

연습문제 3.1

1. 사상 $\varphi(u^1, u^2) = (3 - u^1 + 2u^2, 2 + u^1 - 2u^2, 1 + 2u^1 - u^2)$에 대하여 $\partial_1\varphi$와 $\partial_2\varphi$를 구하라.

2. 사상 $\varphi(u^1, u^2) = (u^1, u^2, (u^1)^2 + (u^2)^2)$이 좌표조각임을 보여라.

3. 사상 $\varphi(u^1, u^2) = (u^1 + u^2, u^1 - u^2, (u^1)^2 + (u^2)^2)$이 좌표조각임을 보여라.

4. 사상 $\varphi\colon D \to \mathbb{R}^3$와 점 $\mathbf{a} \in D \subset \mathbb{R}^2$에 대하여,

$$\partial_1\varphi(\mathbf{a}) \times \partial_2\varphi(\mathbf{a}) \neq \mathbf{0}_{\varphi(\mathbf{a})}$$

은 전미분 $D\varphi_{\mathbf{a}}\colon \mathbb{E}^2 \to \mathbb{E}^3$이 일대일이기 위한 필요충분조건임을 보여라.

5. 영역 $D = \{(u^1, u^2) \in \mathbb{R}^2 : (u^1)^2 + (u^2)^2 < 1\}$에 정의된 단위구면의 위반구면인 $\varphi(u^1, u^2) = (u^1, u^2, \sqrt{1 - (u^1)^2 - (u^2)^2})$에 대하여, $(a^1, a^2) \in D$일 때 점 $\varphi(a^1, a^2)$를 지나는 u^1-곡선과 u^2-곡선을 구하라.

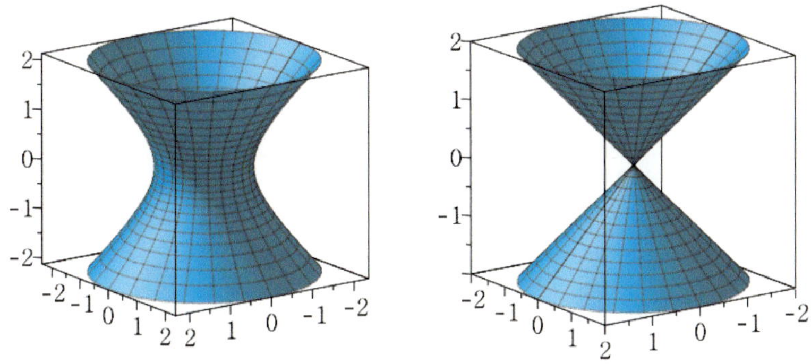

그림 3.10 일엽쌍곡면과 원뿔면

6. 그림 3.10에 나타난 일엽쌍곡면

$$M = \{(x^1, x^2, x^3) \in \mathbb{R}^3 : (x^1)^2 + (x^2)^2 - (x^3)^2 = 1\}$$

이 곡면임을 보여라.

7. 그림 3.10에 나타난 원뿔면

$$M = \{(x^1, x^2, x^3) \in \mathbb{R}^3 : (x^1)^2 + (x^2)^2 - (x^3)^2 = 0\}$$

이 곡면이 아님을 보여라.

8. 원기둥면 $M = \{(x^1, x^2, x^3) \in \mathbb{R}^3 : (x^1)^2 + (x^2)^2 = 1, 0 < x^3 < 1\}$의 좌표근방계를 구하라.

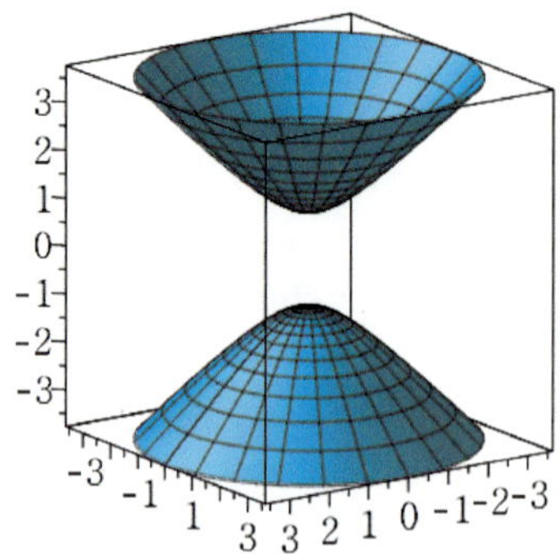

그림 3.11 이엽쌍곡면

9. 그림 3.11에 나타난 이엽쌍곡면

$$M = \{(x^1, x^2, x^3) \in \mathbb{R}^3 : (x^1)^2 + (x^2)^2 - (x^3)^2 = -1\}$$

의 좌표조각을 구하라.

3.2 곡면의 접벡터와 벡터장

이 절에서는 곡면의 접벡터와 벡터장에 대하여 알아본다.

3.2.1 곡면의 접벡터

곡면의 접벡터를 정의하기 위하여, 곡면에 놓인 곡선을 살펴보자. 곡면에 놓인 곡선을 곡면의 좌표조각을 이용하여 다음과 같이 나타낼 수 있다.

정리 3.3: 곡면에 놓인 곡선의 좌표표현

곡면 M의 좌표조각 $\varphi\colon D \to M$와 곡선 $\gamma\colon I \to M$에 대하여, $\gamma(I) \subset \varphi(D)$이면

$$\text{모든 } t \in I\text{에서} \quad \gamma(t) = \varphi(\eta(t))$$

인 미분가능한 사상 $\eta\colon I \to D$가 유일하게 존재한다.

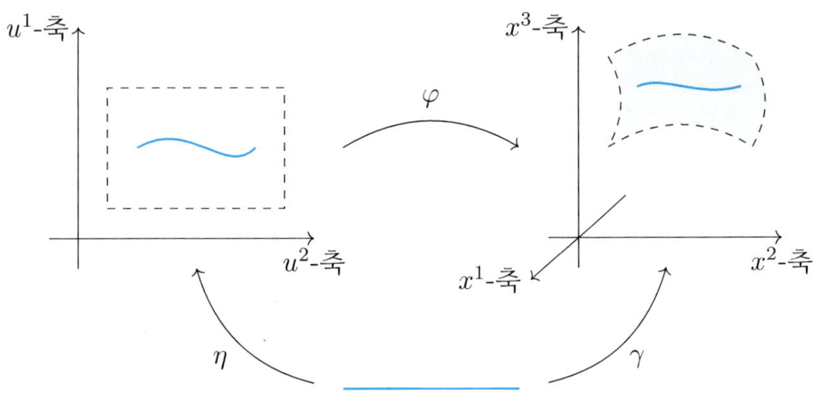

그림 3.12 곡면에 놓인 곡선의 좌표표현

증명. 곡선의 정의에 따라서, $\varphi^{-1} \circ \gamma : I \to D$는 미분가능하다. $\eta = \varphi^{-1} \circ \gamma$로 놓으면

$$\gamma = \varphi \circ \varphi^{-1} \circ \gamma = \varphi \circ \eta$$

이다.

이제 이런 곡선 η가 유일함을 보이자. 사상 $\overline{\eta}\colon I \to D$에 대하여, $\gamma = \varphi \circ \overline{\eta}$이면

$$\eta = \varphi^{-1} \circ \gamma = \varphi^{-1} \circ \varphi \circ \overline{\eta} = \overline{\eta}^1$$

이다. □

> **보기 3.5.** 단위구면 M의 좌표조각 $\varphi(u^1,u^2) = (\cos u^2 \cos u^1, \cos u^2 \sin u^1, \sin u^2)$에 대하여, $\eta(t) = (2t, t)$이고 $\gamma(t) = \varphi(\eta(t))$이면
>
> $$\gamma(t) = (\cos t \cos 2t, \cos t \sin 2t, \sin t)$$
>
> 이다.

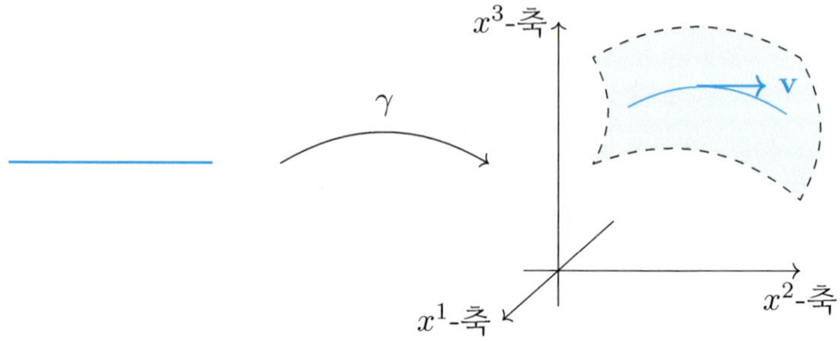

그림 3.13 곡면에 놓인 접벡터

점 $\mathbf{p} \in \mathbb{R}^3$에 놓인 접벡터 $\mathbf{v_p} \in T_\mathbf{p}\mathbb{R}^3$가 특별히 곡면 M에 접함을 나타내기 위하여, 그림 3.13에서와 같이, 곡면에 놓인 곡선을 다음과 같이 이용한다.

정의 3.11: 곡면의 접벡터

곡면 M의 좌표조각 $\varphi_\mathbf{p}: D \to M$와 접벡터 $\mathbf{v} \in T_{\varphi(\mathbf{a})}\mathbb{R}^3$에 대하여,

$$\gamma(0) = \mathbf{p}, \quad \gamma'(0) = \mathbf{v_p}$$

인 미분가능한 곡선 $\gamma : (-\epsilon, \epsilon) \to \varphi(D)$가 존재하면 $\mathbf{v_p}$는 곡면 M에 **접한다**고 한다.

$u^1 = a^1$에서 u^1-곡선 $\alpha(t) = \varphi(t, a^2)$의 속도벡터 $\dot\alpha(a^1) = \partial_1\varphi(a^1, a^2)$는 $\mathbf{p} = \varphi(a^1, a^2)$에서 곡면 M에 접한다. 또한 $u^2 = a^2$에서 u^2-곡선 $\beta(t) = \varphi(a^1, t)$의 속도벡터 $\dot\beta(a^2) = \partial_2\varphi(a^1, a^2)$는 $\mathbf{p} = \varphi(a^1, a^2)$에서 곡면 M에 접한다.

정의 3.12: 곡면의 접평면과 접다발

곡면 M에 대하여, 점 $\mathbf{p} \in M$에서 M에 접하는 모든 접벡터의 집합을 $\mathbf{p}$에서 M의 **접평면**이라고 하고 $T_{\mathbf{p}}M$으로 나타낸다. 집합

$$\bigcup_{\mathbf{p}\in M} T_{\mathbf{p}}M$$

을 M의 **접다발**이라고 하고 TM으로 나타낸다.

접평면 $T_{\mathbf{p}}M$은 3차원 벡터공간인 접공간 $T_{\mathbf{p}}\mathbb{R}^3$의 2차원 부분공간이다. 곡면 M의 좌표조각 φ에 대하여, 점 $\mathbf{p} = \varphi(\mathbf{a})$에서 접벡터의 모임 $(\partial_1\varphi, \partial_2\varphi)$는 접평면 $T_{\mathbf{p}}M$의 기저이므로 다음을 알 수 있다.

정리 3.4: 접벡터가 곡면에 접하기 위한 필요충분조건

곡면 M의 좌표조각 $\varphi\colon D \to \mathbb{R}^3$와 $\mathbf{a} = (a^1, a^2) \in D$와 접벡터 $\mathbf{v}_{\varphi(\mathbf{a})} \in T_{\varphi(\mathbf{a})}\mathbb{R}^3$에 대하여, $\mathbf{v}_{\varphi(\mathbf{a})}$가 $\partial_1\varphi(\mathbf{a})$와 $\partial_2\varphi(\mathbf{a})$의 일차결합임은 접벡터 $\mathbf{v}_{\varphi(\mathbf{a})}$가 곡면 M에 접하기 위한 필요충분조건이다.

증명. 접벡터 $\mathbf{v}_{\varphi(\mathbf{a})}$가 곡면 M에 접한다고 가정하자. 그러면

$$\gamma(0) = \varphi(\mathbf{a}) \quad \text{그리고} \quad \gamma'(0) = \mathbf{v}_{\varphi(\mathbf{a})}$$

인 $\varphi(D)$에 놓인 곡선 γ가 존재한다. 이때 $\gamma = \varphi \circ \eta$인 곡선 $\eta = (\eta^1, \eta^2)\colon I \to D$가 존재한다. 연쇄법칙에 따라서

$$\dot\gamma(t) = \dot\eta^1(t)\partial_1\varphi(\eta^1(t), \eta^2(t)) + \dot\eta^2(t)\partial_2\varphi(x(t), y(t)),$$
$$(\eta^1(0), \eta^2(0)) = (a^1, a^2)$$

이므로 $\mathbf{v}_{\varphi(\mathbf{a})} = \dot\gamma(0) = \dot\eta^1(0)\partial_1\varphi(\mathbf{a}) + \dot\eta^2(0)\partial_2\varphi(\mathbf{a})$이다.

역으로 $\mathbb{R}^3$의 접벡터 $\mathbf{v}_{\varphi(\mathbf{a})}$에 대하여,

$$\mathbf{v}_{\varphi(\mathbf{a})} = v^1\partial_1\varphi(\mathbf{a}) + v^2\partial_2\varphi(\mathbf{a})$$

인 실수 v^1, v^2가 존재한다고 가정하자. 그러면, 곡선 $\gamma(t) = \varphi(a^1 + tv^1, a^2 + tv^2)$에 대하여

$$\gamma(0) = \varphi(\mathbf{a}) = \mathbf{p}, \qquad \dot\gamma(0) = v^1\partial_1\varphi(\mathbf{a}) + v^2\partial_2\varphi(\mathbf{a}) = \mathbf{v}_{\varphi(\mathbf{a})}$$

이므로, $\mathbf{v}_{\varphi(\mathbf{a})}$는 곡면 M에 접한다. □

점 $\mathbf{p} \in \mathbb{R}^3$에 놓인 접벡터 $\mathbf{v_p} \in T_\mathbf{p}\mathbb{R}^3$가 점 $\mathbf{p}$ 근방에 정의된 함수 f에 대한 미분작용소임을 알고 있다. 만약 접벡터 $\mathbf{v_p}$가 곡면의 접벡터이면 다음의 곡면에 놓인 곡선을 이용하여 접벡터 $\mathbf{v_p}$에 대한 f의 방향도함수 $D_{\mathbf{v_p}}f$를 계산할 수 있다.

정리 3.5: 곡면 접벡터에 대한 함수의 방향도함수

곡면 M에 정의된 미분가능한 함수 f와 접벡터 $\mathbf{v_p} \in T_\mathbf{p}M$에 대하여, 곡선 $\gamma: I \to M$에 대하여 $\gamma(0) = \mathbf{p}$와 $\gamma'(0) = \mathbf{v_p}$ 이면

$$D_{\mathbf{v_p}}f = \frac{d(f \circ \gamma)}{dt}(0)$$

이다.

증명. 접벡터 $\mathbf{v_p} = D\varphi(v^i\partial_i) \in T_\mathbf{p}M$와 곡선 $\gamma(t) = \varphi(\eta^1(t), \eta^2(t))$에 대하여, $D_{\mathbf{v_p}}f = D_{v^i\partial_i}(f \circ \varphi)$이므로 $\gamma(0) = \mathbf{p}$이고 $\dot\gamma(0) = \mathbf{v_p}$이면 함수 $f: M \to \mathbb{R}$에 대하여

$$\begin{aligned} D_{\mathbf{v_p}}f &= v^i\partial_i(f \circ \varphi)(\eta(0)) = v^i(\partial_i\varphi^j(\eta(0)))\partial_j f(\gamma(0)) \\ &= (\partial_j f(\gamma(0)))(\partial_i\varphi^j(\eta(0)))\dot\eta^i(0) = \frac{d(f \circ \varphi \circ \eta)}{dt}(0) \\ &= \frac{d(f \circ \gamma)}{dt}(0) \end{aligned}$$

이다. □

3.2.2 곡면의 벡터장

곡면의 각 점에 그 점을 작용점으로 하는 접벡터를 대응하는 사상을 다음과 같이 정의한다.

정의 3.13: 곡면의 벡터장

곡면 M에 대한 사상 $X: M \to T\mathbb{R}^3$에 대하여,

$$\text{모든 점 } \mathbf{p} \in M\text{에서 } X(\mathbf{p}) \in T_\mathbf{p}\mathbb{R}^3$$

이면 X는 곡면 M의 **벡터장**이라고 한다.

곡면 M에 정의된 벡터장 중에서 가장 먼저

$$\partial_1(\mathbf{p}) = \partial_{1\mathbf{p}} = (1,0,0)_{\mathbf{p}},$$
$$\partial_2(\mathbf{p}) = \partial_{2\mathbf{p}} = (0,1,0)_{\mathbf{p}},$$
$$\partial_3(\mathbf{p}) = \partial_{3\mathbf{p}} = (0,0,1)_{\mathbf{p}}$$

로 정의되는 좌표벡터장 $\partial_1, \partial_2, \partial_3$를 생각할 수 있다. 각 점 $\mathbf{p} \in \mathbb{R}^3$에서 $(\partial_{1\mathbf{p}}, \partial_{2\mathbf{p}}, \partial_{3\mathbf{p}})$는 접공간 $T\mathbb{R}^3$의 기저이다. 따라서, 벡터장 X에 대하여,

$$X = X^i \partial_i$$

인 함수 $X^i \colon M \to \mathbb{R}$ $(1 \le i \le 3)$가 존재한다.

곡면 M의 접벡터장 중에서 곡면과 관련된 다음의 벡터장을 정의하자.

정의 3.14: 곡면의 접벡터장과 법선벡터장

벡터장 $X \colon M \to T\mathbb{R}^3$에 대하여, 모든 점 $\mathbf{p} \in M$에서 $X(\mathbf{p}) \in T_{\mathbf{p}}M$이면 X는 M의 **접벡터장**이라 하고, 모든 점 $\mathbf{p} \in M$에서 $X(\mathbf{p})$가 접평면 $T_{\mathbf{p}}M$에 수직이면 X는 M의 **법선벡터장**이라고 한다.

곡면 M의 좌표조각 $\varphi = (\varphi^1, \varphi^2, \varphi^3) \colon D \to M$에 대하여,

$$\partial_1\varphi = (\partial_1\varphi^j)\partial_j, \quad \text{그리고} \quad \partial_2\varphi = (\partial_2\varphi^j)\partial_j$$

는 곡면 M의 대표적인 접벡터장이다. 곡면 M에 놓인 점 $\mathbf{p}$에서 $(\partial_1\varphi(\mathbf{p}), \partial_2\varphi(\mathbf{p}))$는 접평면 $T_{\mathbf{p}}M$의 기저이므로, M의 접벡터장 X에 대하여,

$$X = X^i \partial_i \varphi$$

인 함수 $X^1 \colon M \to \mathbb{R}$와 $X^2 \colon M \to \mathbb{R}$가 존재한다.

예제 3.10. 미분가능한 함수 $f \colon \mathbb{R}^3 \to \mathbb{R}$에 대하여 $M = \{(x^1, x^2, x^3) \in \mathbb{R}^3 : f(x^1, x^2, x^3) = 0\}$ 이 곡면일 때, 곡면 M에서 ∇f는 M의 법선벡터장임을 보여라.

풀이. 임의의 점 $\mathbf{p} \in M$와 접벡터 $\mathbf{v}_{\mathbf{p}} \in T_{\mathbf{p}}M$에 대하여

$$\gamma(0) = \mathbf{p}, \quad \dot\gamma(0) = \mathbf{v}_{\mathbf{p}}$$

인 곡선 $\gamma(t) = (x^1(t), x^2(t), x^3(t)) : I \to M$이 존재한다. 그러면 임의의 $t \in I$에서 $f(\gamma(t)) = 0$이므로, 연쇄법칙에 따라서

$$\partial_i f(\gamma(t)) \cdot \dot{x}^i(t) = 0$$

이므로

$$0 = \partial_i f(\gamma(0)) \cdot \dot{x}^i(0) = (\nabla f)(\mathbf{p}) \cdot \mathbf{v_p}$$

이다. 따라서, ∇f는 M의 법선벡터장이다. □

곡면의 좌표조각에 대하여, 국소적으로 곡면의 방향을 고정하는 다음의 법선벡터장을 정의하자.

정의 3.15: 곡면의 단위법선벡터장

곡면 M의 좌표조각 $\varphi\colon D \to \mathbb{R}^3$에 대하여,

$$\mathbf{n} = \frac{\partial_1 \varphi \times \partial_2 \varphi}{\|\partial_1 \varphi \times \partial_2 \varphi\|}$$

로 정의하는 벡터장 $\mathbf{n}\colon \varphi(D) \to T\mathbb{R}^3$을 좌표조각 φ에 대한 단순곡면 $\varphi(D)$의 **단위법선벡터장**이라고 한다.

작용점 $\mathbf{p} \in \varphi(D)$에서 좌표조각 φ에 대한 단순곡면 $\varphi(D)$의 단위법선벡터장의 크기는 1이다. 이때 단위법선벡터장을 좌표조각 φ에 대한 단순곡면 $\varphi(D)$의 방향으로 이해할 수 있다.

정의 3.16: 방향을 줄 수 있는 곡면

곡면 M에 대하여,

$$\text{임의의 } i, j \in \Lambda\text{에 대하여 } \det J_{\varphi_j^{-1} \circ \varphi_i} > 0$$

인 좌표근방계 $\mathcal{A} = \{\varphi_i\colon D_i \to M \ : \ i \in \Lambda\}$가 존재하면 M은 **방향을 줄 수 있는 곡면**이라고 한다.

방향을 줄 수 있는 곡면 M에 대하여, 곡면 전체에 단위법선벡터장을 정의할 수 있다.

3.2.3 사상의 미분

유클리드 공간에서 접벡터와 전미분을 다시 한 번 살펴보자. 유클리드 공간 $\mathbb{R}^n$에 놓인 영역 D에서 접벡터 $\mathbf{v_p} = (v^1, v^2, \ldots, v^n)_\mathbf{p} \in T_\mathbf{p}D$는 점 $\mathbf{p} \in D$ 근방에 정의된 함수에 대한 미분작용소이다. 다시 말하면, 점 $\mathbf{p}$ 근방에 정의된 함수 f에 대하여, 접벡터 $\mathbf{v_p}$에 대한 f의 방향도함수는

$$D_{\mathbf{v_p}}(f) = v^i \partial_i f(\mathbf{p})$$

이다. 따라서 접벡터 $\mathbf{v_p}$를 $v^i \partial_{i\mathbf{p}}$ 또는 간단히 $v^i \partial_i$로 나타낸다.

사상 $F = (f^1, f^2, \ldots, f^m)\colon D \to \mathbb{R}^m$에 대하여, 점 $\mathbf{p}$에서 F의 전미분은

$$DF|_\mathbf{p}(v^i \partial_i) = v^i\, \partial_i f^j(\mathbf{p}) \partial_j$$

로 정의되는 사상 $DF|_\mathbf{p}\colon T_\mathbf{p}D \to T_{F(\mathbf{p})}\mathbb{R}^m$이다.

유클리드 공간에서의 사상의 전미분을 일반화하여, 곡면 사이의 사상의 전미분을 다음과 같이 정의하다.

정의 3.17: 곡면 사이의 사상의 미분

미분가능한 사상 $F\colon M \to N$에 대하여, 접벡터 $\mathbf{v_p} \in T_\mathbf{p}M$에 대한

$$\alpha(0) = \mathbf{p}, \qquad \alpha'(0) = \mathbf{v_p}$$

인 곡선 $\alpha\colon (-\epsilon, \epsilon) \to M$에 대하여

$$DF(\mathbf{v_p}) = (F \circ \alpha)'(0)$$

로 정의되는 사상 $DF\colon TM \to TN$을 F의 **미분**이라고 한다.

사상 $F\colon M \to N$와 이것의 미분 $DF\colon TM \to TN$의 관계는 아래의 도표로 나타낼 수 있다.

$$\begin{array}{ccc} TM & \xrightarrow{DF} & TN \\ \downarrow{\scriptstyle\pi} & & \downarrow{\scriptstyle\pi} \\ M & \xrightarrow{F} & N \end{array} \qquad\qquad \begin{array}{ccc} T_\mathbf{p}M & \xrightarrow{DF|_\mathbf{p}} & T_{F(\mathbf{p})}N \\ \downarrow{\scriptstyle\pi} & & \downarrow{\scriptstyle\pi} \\ \mathbf{p} & \xrightarrow{F} & F(\mathbf{p}) \end{array}$$

그림 3.14에서와 같이, 점 $\mathbf{p}$ 근방에서의 좌표조각 $\varphi\colon D_\varphi \to M$와 점 $F(\mathbf{p})$ 근방에서의 좌표조각 $\psi\colon D_\psi \to N$에 대하여, 점 $\mathbf{p}$ 근방에서 사상 F를 국소적 좌표로 나타

내면

$$G = \psi^{-1} \circ F \circ \varphi$$

이다. 이때 $G = (g^1, g^2)$이면, 미분 $DF|_{\mathbf{p}}$의 국소적 표현은

$$DG|_{\varphi^{-1}(\mathbf{p})}\left(v^i \partial_i\right) = v^i \partial_i g^j \left(\varphi^{-1}(\mathbf{p})\right) \partial_j$$

이다.

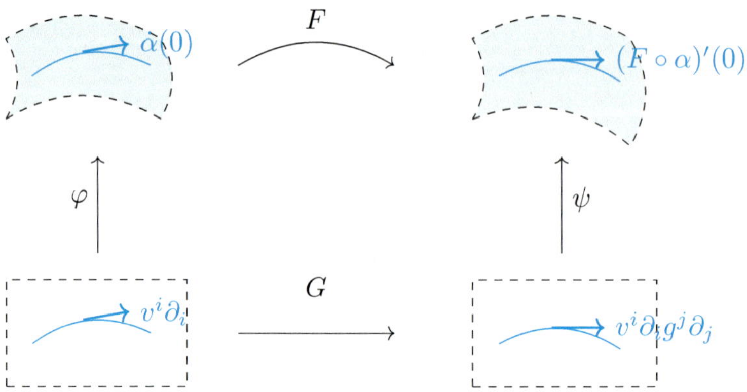

그림 3.14 곡면 사이의 사상의 미분

정리 3.6: 미분가능한 사상의 합성사상의 미분

곡면 M, N, L에 대한 사상 $F\colon M \to N$과 $G\colon N \to L$에 대하여, F와 G가 미분가능하면 합성사상 $H = G \circ F$도 미분가능하고

$$D(G \circ F) = DG \circ DF$$

이다.

정의 3.18: 미분동형사상

곡면 M과 N에 대한 사상 $F\colon M \to N$에 대하여, F가 일대일대응이고 F와 F^{-1}이 미분가능하면 F는 **미분동형사상**이라고 한다.

곡면 M과 N 사이의 사상 $F\colon M \to N$가 미분동형사상이고 $X\colon M \to TM$이 벡터장이면, 사상 $DF \circ X \circ F^{-1}\colon N \to TN$에 대하여

$$\begin{array}{ccc} TM & \xrightarrow{DF} & TN \\ {\scriptstyle X}\uparrow & {\scriptstyle DF\circ X\circ F^{-1}} & \uparrow \\ M & \xleftarrow[F^{-1}]{} & N \end{array}$$

그리고

$$\pi_N((DF \circ X \circ F^{-1})(\mathbf{q})) = \mathbf{q}$$

이므로 $DF \circ X \circ F^{-1}$은 N에 정의된 벡터장이다.

정의 3.19: 미분동형사상에 대한 벡터장의 밂

곡면 M과 N 사이의 미분동형사상 $F\colon M \to N$와 벡터장 $X\colon M \to TM$에 대하여, 벡터장 $DF \circ X \circ F^{-1}\colon N \to TN$을 F에 대한 X의 **밂**이라고 하고 F_*X로 나타낸다.

따라서, 벡터장 $X\colon M \to TM$와 미분동형사상 $F\colon M \to N$에 대하여

$$\begin{array}{ccc} TM & \xrightarrow{DF} & TN \\ {\scriptstyle X}\uparrow & & \uparrow{\scriptstyle F_*X} \\ M & \xleftarrow[F^{-1}]{} & N \end{array}$$

이다.

연습문제 3.2

1. 미분가능한 함수 $f\colon D \to \mathbb{R}$에 대한 몽주 조각 $\varphi(u^1, u^2) = (u^1, u^2, f(u^1, u^2))$에 대하여, 방정식

$$x^3 = f({u_0}^1, {u_0}^2) + \partial_1 f({u_0}^1, {u_0}^2)(x^1 - {u_0}^1) + \partial_2 f({u_0}^1, {u_0}^2)(x^2 - {u_0}^2)$$

가 점 $\mathbf{p} = ({u_0}^1, {u_0}^2, f({u_0}^1, {u_0}^2))$에서 주어진 몽주 조각의 접평면의 방정식임을 보여라.

2. 곡면 M과 평면 P에 대하여, $M \cap P = \{\mathbf{p}\}$이면 점 $\mathbf{p}$에서 M의 접평면은 P임을 보여라.

3. 다음 좌표조각에 대한 단위법선벡터장을 구하라.

(가) $\varphi(u^1, u^2) = (\cos u^1 \cos u^2,\ \cos u^1 \sin u^2,\ \sin u^1)$,

(나) $\varphi(u^1, u^2) = (u^2 \cos u^1,\ u^2 \sin u^1,\ u^2)$.

4. 방정식

$$(x^1)^2 + (x^2)^2 + (x^3)^2 = x^1,$$
$$(x^1)^2 + (x^2)^2 + (x^3)^2 = x^2,$$
$$(x^1)^2 + (x^2)^2 + (x^3)^2 = x^3$$

로 나타나는 세 곡면은 만나는 점에서 직교함을 보여라.

5. 사상 $L(u^1, u^2) = (1 + 2u^1 - u^2,\ 4 + 3u^1 + 4u^2,\ -1 + -3u^2)$에 대하여, 점 $\mathbf{p} = (p^1, p^2)$에서의 L의 전미분 $L_{\mathbf{p}}\colon T_{\mathbf{p}}\mathbb{R}^2 \to T_{L(\mathbf{p})}\mathbb{R}^3$를 구하라.

6. 곡면 M에 정의된 미분가능한 함수 $f\colon M \to \mathbb{R}$에 대하여, 모든 점 $\mathbf{p} \in M$에서 $Df_{\mathbf{p}} = \mathbf{0}$이면 f는 상수함수임을 보여라.

3.3 곡면의 제1 기본형식

3.3.1 접벡터 표준내적의 국소적 좌표표현

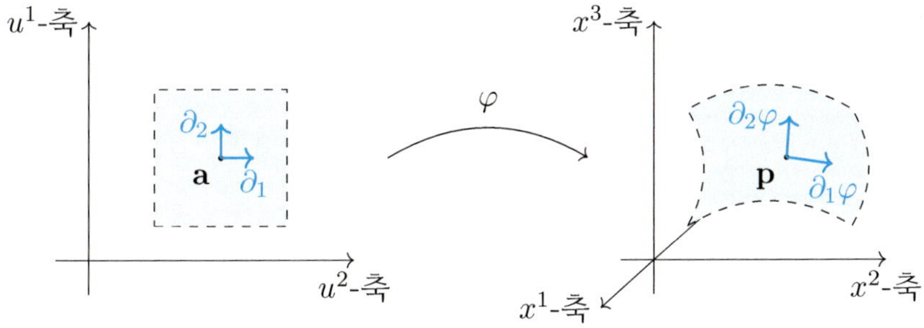

그림 3.15 좌표조각과 접벡터

곡면 M의 점 $\mathbf{p}$ 근방에서 좌표조각 $\varphi\colon D \to M$와 접벡터 $\mathbf{v_p}, \mathbf{w_p} \in T_\mathbf{p}M$에 대하여, $\mathbf{p} = \varphi(\mathbf{a})$일 때 접벡터의 순서쌍 $(\partial_1\varphi(\mathbf{a}), \partial_2\varphi(\mathbf{a}))$이 접평면 $T_\mathbf{p}M$의 기저이므로

$$\mathbf{v_p} = v^i\partial_i\varphi(\mathbf{a}), \qquad \mathbf{w_p} = w^i\partial_i\varphi(\mathbf{a})$$

인 실수 v^1, v^2, w^1, w^2가 유일하게 존재한다. $1 \le i, j \le 2$일 때

$$g_{ij}(\mathbf{a}) = \partial_i\varphi(\mathbf{a}) \cdot \partial_j\varphi(\mathbf{a})$$

로 놓으면 접벡터 $\mathbf{v_p}$와 $\mathbf{w_p}$의 표준내적은

$$\begin{aligned}\mathbf{v_p} \cdot \mathbf{w_p} &= v^1 g_{11}(\mathbf{a}) w^1 + v^1 g_{12}(\mathbf{a}) w^2 + v^2 g_{21}(\mathbf{a}) w^1 + v^2 g_{22}(\mathbf{a}) w^2 \\ &= v^i g_{ij}(\mathbf{a}) w^j\end{aligned}$$

이다.

접벡터 $\mathbf{v_p}$에 대하여,

$$\mathbf{v_p} = v^i\partial_i\varphi(\mathbf{a}) = v^i\partial_i\varphi^j(\mathbf{a})\partial_j(\mathbf{p}) = D\varphi|_\mathbf{a}\left(v^i\partial_i(\mathbf{a})\right)$$

이므로, $\mathbf{v_a} = v^i\partial_i(\mathbf{a}) \in T_\mathbf{a}D$로 놓으면 $\mathbf{v_p} = D\varphi|_\mathbf{a}(\mathbf{v_a})$이다. 접벡터

$$\mathbf{v_p} = D\varphi|_\mathbf{a}\left(v^i\partial_i(\mathbf{a})\right), \qquad \mathbf{w_p} = D\varphi|_\mathbf{a}\left(w^i\partial_i(\mathbf{a})\right)$$

에 대하여,

$$\mathbf{v_p} \cdot \mathbf{w_p} = v^i g_{ij}(\mathbf{a}) w^j = g_{ij}(\mathbf{a}) \partial^i(\mathbf{a}) \otimes \partial^j(\mathbf{a}) \left(v^k \partial_k(\mathbf{a}) \otimes w^\ell \partial_\ell(\mathbf{a})\right)$$

이므로

$$I_\varphi(\mathbf{a}) = g_{ij}(\mathbf{a}) \partial^i(\mathbf{a}) \otimes \partial^j(\mathbf{a})$$

로 정의되는 $I_\varphi(\mathbf{a})$가 국소좌표 (u^1, u^2)에 대한 점 $\mathbf{a}$에서 접평면 $T_\mathbf{a}D$의 내적이다. 이 내적을 $\langle \cdot, \cdot \rangle_{\varphi,\mathbf{a}}$로 나타내면

$$\begin{aligned}
\partial_1\varphi(\mathbf{a}) \cdot \partial_1\varphi(\mathbf{a}) &= g_{11}(\mathbf{a}) = \langle \partial_1(\mathbf{a}), \partial_1(\mathbf{a}) \rangle_{\varphi,\mathbf{a}}, \\
\partial_1\varphi(\mathbf{a}) \cdot \partial_2\varphi(\mathbf{a}) &= g_{12}(\mathbf{a}) = \langle \partial_1(\mathbf{a}), \partial_2(\mathbf{a}) \rangle_{\varphi,\mathbf{a}}, \\
\partial_2\varphi(\mathbf{a}) \cdot \partial_1\varphi(\mathbf{a}) &= g_{21}(\mathbf{a}) = \langle \partial_2(\mathbf{a}), \partial_1(\mathbf{a}) \rangle_{\varphi,\mathbf{a}}, \\
\partial_2\varphi(\mathbf{a}) \cdot \partial_2\varphi(\mathbf{a}) &= g_{22}(\mathbf{a}) = \langle \partial_2(\mathbf{a}), \partial_2(\mathbf{a}) \rangle_{\varphi,\mathbf{a}}
\end{aligned}$$

이다. 여기서 점 $\mathbf{a}$를 영역 D의 다른 점 $\mathbf{b}$로 변경하면 $g_{ij}(\mathbf{a})$가 $g_{ij}(\mathbf{b})$로 변경되므로, g_{ij}는 영역 D에

$$g_{ij} = \partial_i\varphi \cdot \partial_j\varphi$$

로 정의된 함수이다. 이때 좌표조각 φ에 대한 제1 기본형식은

$$I_\varphi = g_{ij} \partial^i \otimes \partial^j$$

와 같이 D에 정의된 텐서벡터장이다.

3.3.2 곡면의 제1 기본형식

곡면 M의 좌표조각 $\varphi_\alpha \colon D_\alpha \to M$와 좌표조각 $\varphi_\beta \colon D_\beta \to M$에 대한 텐서 벡터장

$$I_\alpha = (g_\alpha)_{ij} {\partial_\alpha}^i \otimes {\partial_\alpha}^j, \qquad I_\beta = (g_\beta)_{ij} {\partial_\beta}^i \otimes {\partial_\beta}^j$$

사이의 관계를 살펴보자. 사상

$$\varphi_{\beta\alpha} = \varphi_\beta^{-1} \circ \varphi_\alpha \colon {\varphi_\alpha}^{-1}(\varphi_\alpha(D_\alpha) \cap \varphi_\beta(D_\beta)) \to {\varphi_\beta}^{-1}(\varphi_\alpha(D_\alpha) \cap \varphi_\beta(D_\beta))$$

는 미분가능하고 $\varphi_\alpha = \varphi_\beta \circ \varphi_{\beta\alpha}$이므로 연쇄법칙에 따라서

$$\begin{aligned}(g_\alpha)_{ij} &= \partial_i\varphi_\alpha \cdot \partial_j\varphi_\alpha \\ &= (\partial_i{\varphi_{\beta\alpha}}^\mu(\partial_\mu\varphi_\beta \circ \varphi_{\beta\alpha})) \cdot (\partial_j{\varphi_{\beta\alpha}}^\nu(\partial_\nu\varphi_\beta \circ \varphi_{\beta\alpha})) \\ &= \partial_i{\varphi_{\beta\alpha}}^\mu\left((g_\beta)_{\mu\nu} \circ \varphi_{\beta\alpha}\right)\partial_j{\varphi_{\beta\alpha}}^\nu,\end{aligned}$$

즉

$$(g_\alpha)_{ij} = \partial_i{\varphi_{\beta\alpha}}^\mu\left((g_\beta)_{\mu\nu} \circ \varphi_{\beta\alpha}\right)\partial_j{\varphi_{\beta\alpha}}^\nu$$

이다.

곡면 M의 접벡터장 $X\colon M \to TM$에 대하여, 좌표조각 $\varphi_\alpha\colon D_\alpha \to M$와 좌표조각 $\varphi_\beta\colon D_\beta \to M$에 대한 벡터장의 표현은 각각

$$X_\alpha = {X_\alpha}^i\partial_i, \qquad X_\beta = {X_\beta}^i\partial_i$$

이다. 이때 사상 $\varphi_{\alpha\beta}\colon D_\beta \to D_\alpha$가 미분동형사상이 되도록 정의역 D_α와 D_β를 적당히 줄이자. 그러면,

$$\begin{array}{ccc} TD_\beta & \xrightarrow{D\varphi_{\alpha\beta}} & TD_\alpha \\ {\scriptstyle X_\beta}\uparrow & & {\scriptstyle X_\alpha}\uparrow \\ D_\beta & \xrightarrow{\varphi_{\alpha\beta}} & D_\alpha \end{array}$$

그리고

$$X_\alpha = (\varphi_{\alpha\beta})_* X_\beta = D\varphi_{\alpha\beta} \circ X_\beta \circ \varphi_{\beta\alpha}$$

이므로,

$$\begin{aligned}{X_\alpha}^i\partial_i &= D\varphi_{\alpha\beta}\left(({X_\beta}^\mu \circ \varphi_{\beta\alpha})(\partial_\mu \circ \varphi_{\beta\alpha})\right) \\ &= ({X_\beta}^\mu \circ \varphi_{\beta\alpha})(\partial_\mu{\varphi_{\alpha\beta}}^i \circ \varphi_{\beta\alpha})\partial_i,\end{aligned}$$

즉

$${X_\alpha}^i = ({X_\beta}^\mu \circ \varphi_{\beta\alpha})(\partial_\mu{\varphi_{\alpha\beta}}^i \circ \varphi_{\beta\alpha}) \qquad (i = 1, 2)$$

이다.

곡면 M의 접벡터장 $X\colon M \to TM$와 $Y\colon M \to TM$에 대하여,

$$\begin{aligned} I_\beta(X_\beta, Y_\beta) &= (g_\beta)_{\mu\nu} {X_\beta}^\mu {Y_\beta}^\nu \\ &= \partial_\mu {\varphi_{\alpha\beta}}^i ((g_\alpha)_{ij} \circ \varphi_{\alpha\beta}) \partial_\nu {\varphi_{\alpha\beta}}^j \\ &\qquad \cdot ({X_\alpha}^k \circ \varphi_{\alpha\beta})(\partial_k {\varphi_{\beta\alpha}}^\mu \circ \varphi_{\alpha\beta}) \cdot ({Y_\alpha}^\ell \circ \varphi_{\alpha\beta})(\partial_\ell {\varphi_{\beta\alpha}}^\nu \circ \varphi_{\alpha\beta}) \\ &= ((g_\alpha)_{ij} \circ \varphi_{\alpha\beta})({X_\alpha}^i \circ \varphi_{\alpha\beta})({Y_\alpha}^j \circ \varphi_{\alpha\beta}) \\ &= I_\alpha(X_\alpha, Y_\alpha) \circ \varphi_{\alpha\beta}, \end{aligned}$$

즉

$$I_\beta(X_\beta, Y_\beta) = I_\alpha(X_\alpha, Y_\alpha) \circ \varphi_{\alpha\beta}$$

이다. 따라서, 다음의 벡터장을 정의한다.

정의 3.20: 곡면의 제1 기본형식

곡면 M에 대하여, 좌표조각 $\varphi\colon D \to M$에서

$$I_\varphi = (g_\varphi)_{ij} \partial^i \otimes \partial^j, \qquad (g_\varphi)_{ij}(\mathbf{a}) = \partial_i \varphi(\varphi(\mathbf{a})) \cdot \partial_j \varphi(\varphi(\mathbf{a}))$$

인 텐서벡터장 $I\colon M \to T^*M \otimes T^*M$를 곡면 M의 **제1 기본형식**이라고 한다.

곡면 M의 제1 기본형식 $I\colon M \to T^*M \otimes T^*M$에 대하여

$$\pi \circ I = \mathrm{id}$$

이다. 접벡터 $\mathbf{v_p}, \mathbf{w_p} \in T_\mathbf{p}M$에 대하여

$$I(\mathbf{p})(\mathbf{v_p} \otimes \mathbf{w_p}) = \mathbf{v_p} \cdot \mathbf{w_p}$$

이다. 다시 말하면 $I(\mathbf{p})$는 접평면 $T_\mathbf{p}M$의 표준내적을 나타낸다.

예제 3.11. 평면 M의 좌표조각

$$\varphi(u^1, u^2) = (1, -1, 0) + u^1(1, 1, 0) + u^2(0, 1, 2) = (1 + u^1, -1 + u^1 + u^2, 2u^2)$$

에 대한 곡면 M의 제1 기본형식을 구하라.

풀이. 좌표조각 φ에 대한 편도함수는 각각

$$\partial_1\varphi(u^1,u^2) = (1,1,0)\,, \qquad \partial_2\varphi(u^1,u^2) = (0,1,2)$$

이므로,

$$\begin{aligned} g_{11} &= \partial_1\varphi\cdot\partial_1\varphi = 1^2+1^2+0 = 2,\\ g_{12} &= \partial_1\varphi\cdot\partial_2\varphi = 1\cdot 0+1\cdot 1+0\cdot 2 = 1,\\ g_{21} &= \partial_2\varphi\cdot\partial_1\varphi = 0\cdot 1+1\cdot 1+2\cdot 0 = 1,\\ g_{22} &= \partial_2\varphi\cdot\partial_2\varphi = 0\cdot 0+1\cdot 1+2\cdot 2 = 5, \end{aligned}$$

즉

$$I_\varphi(u^1,u^2) = 2\partial_1\otimes\partial_1 + \partial_1\otimes\partial_2 + \partial_2\otimes\partial_1 + 5\partial_2\otimes\partial_2$$

이다. □

예제 3.12. 단위구면 $S = \{(x^1,x^2,x^3)\in\mathbb{R}^3 \colon (x^1)^2+(x^2)^2+(x^3)^2 = 1\}$의 좌표조각 $\varphi(u^1,u^2) = (u^1,u^2,\sqrt{1-(u^1)^2-(u^2)^2})$에 대한 단위구면 S의 제1 기본형식을 구하라.

풀이. 좌표조각 φ에 대한 일계편미분벡터장이

$$\begin{aligned} \partial_1\varphi(u^1,u^2) &= \left(1,0,\frac{-u^1}{\sqrt{1-(u^1)^2-(u^2)^2}}\right),\\ \partial_2\varphi(u^1,u^2) &= \left(0,1,\frac{-u^2}{\sqrt{1-(u^1)^2-(u^2)^2}}\right) \end{aligned}$$

이므로,

$$\begin{aligned} g_{11}(u^1,u^2) &= (\partial_1\varphi\cdot\partial_1\varphi)(u^1,u^2) = 1+\frac{(u^1)^2}{1-(u^1)^2-(u^2)^2} = \frac{1-(u^2)^2}{1-(u^1)^2-(u^2)^2},\\ g_{12}(u^1,u^2) &= (\partial_1\varphi\cdot\partial_2\varphi)(u^1,u^2) = \frac{u^1u^2}{1-(u^1)^2-(u^2)^2} = g_{21}(u^1,u^2),\\ g_{22}(u^1,u^2) &= (\partial_2\varphi\cdot\partial_2\varphi)(u^1,u^2) = 1+\frac{(u^2)^2}{1-(u^1)^2-(u^2)^2} = \frac{1-(u^1)^2}{1-(u^1)^2-(u^2)^2}, \end{aligned}$$

일 때 $I_\varphi = g_{ij}\partial^i\otimes\partial^j$이다. □

3.3.3 제1 기본형식의 응용

곡면 M에 놓인 곡선분 $\gamma\colon [a,b] \to M$의 길이는

$$\int_a^b \|\dot{\gamma}(t)\| \, dt$$

이다. 곡선분의 길이를 국소적인 좌표를 이용하여 구하는 방법을 찾아보자.

정리 3.7: 좌표조각을 이용한 곡선분의 길이 구하기

곡면 M에 놓인 곡선분 $\gamma\colon [a,b] \to M$에 대하여, $\gamma([a,b]) \in \varphi(D)$인 좌표조각 $\varphi\colon D \to M$이 존재하면 $\gamma(t) = \varphi \circ \eta$인 곡선분 $\eta = (\eta^1, \eta^2)\colon [a,b] \to D$에 대하여

$$\int_a^b \|\dot{\gamma}(t)\| \, dt = \int_a^b \sqrt{g_{ij}(\eta(t))\dot{\eta}^i(t)\dot{\eta}^j(t)} \, dt$$

이다.

증명. $\gamma([a,b]) \in \varphi(D)$이면 $\gamma(t) = \varphi \circ \eta$인 곡선 $\eta = (\eta^1, \eta^2)\colon [a,b] \to D$가 존재하므로

$$\begin{aligned} \|\dot{\gamma}(t)\| &= \sqrt{\dot{\gamma}(t) \cdot \dot{\gamma}(t)} \\ &= \sqrt{(\dot{\eta}^i(t)\partial_i\varphi(\eta(t))) \cdot (\dot{\eta}^j(t)\partial_j\varphi(\eta(t)))} \\ &= \sqrt{g_{ij}(\eta(t))\dot{\eta}^i(t)\dot{\eta}^j(t)} \end{aligned}$$

이다. 따라서,

$$\int_a^b \|\dot{\gamma}(t)\| \, dt = \int_a^b \sqrt{g_{ij}(\eta(t))\dot{\eta}^i(t)\dot{\eta}^j(t)} \, dt$$

이다. □

예제 3.13. 원기둥면

$$M = \{(x^1, x^2, x^3) \in \mathbb{R}^3 : (x^1)^2 + (x^2)^2 = 1, \ -1 < x^3 < 3\pi\}$$

의 좌표조각 $\varphi(u^1, u^2) = (\cos u^1, \sin u^1, u^2)$ $(0 < u^1 < 2\pi, \ 0 < u^2 < 2\pi)$에 대하여, 제1 기본형식을 이용하여 곡선 $\gamma(t) = (\cos t, \sin t, t)$ $(0 \le t \le 2\pi)$의 길이를 구하라.

풀이. 좌표조각 φ에 대하여

$$\partial_1\varphi(u^1,u^2)=(-\sin u^1,\cos u^1,0),\quad \partial_2\varphi(u^1,u^2)=(0,0,1)$$

이므로

$$g_{11}(u^1,u^2)=1,\quad g_{12}(u^1,u^2)=0,\quad g_{22}(u^1,u^2)=1$$

이다. 또한 $\eta(t)=(t,t)$일 때 $\gamma(t)=(\varphi\circ\eta)(t)$이므로

$$\|\dot\gamma(t)\|=\sqrt{1\cdot\dot\eta^1(t)\dot\eta^1(t)+1\cdot\dot\eta^2(t)\dot\eta^2(t)}=\sqrt{1^2+1^2}=\sqrt{2}$$

이다. 따라서, 구하는 곡선의 길이는

$$\int_0^{2\pi}\sqrt{2}\,dt=\sqrt{2}\cdot 2\pi$$

이다. □

곡면의 넓이를 곡면의 제1 기본형식을 이용하여 구하는 방법을 찾아보자. 먼저, 곡면의 제1 기본형식을 이용하여 국소적 넓이요소를 다음과 같이 구한다.

정리 3.8: 제1 기본형식을 이용하여 국소적 넓이요소 구하기

곡면 M에 대하여, 좌표조각 $\varphi\colon D\to M$에 대한 곡면 M의 제1 기본형식이 $I_\varphi=g_{ij}\partial^i\otimes\partial^j$이면

$$\det(g_{ij})=\|\partial_1\varphi\times\partial_2\varphi\|^2$$

이다.

증명. 접벡터 $\partial_1\varphi$과 $\partial_2\varphi$의 사잇각 크기를 θ로 놓으면

$$\|\partial_1\varphi\times\partial_2\varphi\|^2=\|\partial_1\varphi\|^2\,\|\partial_2\varphi\|^2\sin^2\theta=\|\partial_1\varphi\|^2\,\|\partial_2\varphi\|^2(1-\cos^2\theta)$$

이다. 그런데, $\partial_1\varphi\cdot\partial_2\varphi=\|\partial_1\varphi\|\|\partial_2\varphi\|\cos\theta$이므로

$$\begin{aligned}\|\partial_1\varphi\times\partial_2\varphi\|^2&=\|\partial_1\varphi\|^2\,\|\partial_2\varphi\|^2\left(1-\frac{(\partial_1\varphi\cdot\partial_2\varphi)^2}{\|\partial_1\varphi\|^2\,\|\partial_2\varphi\|^2}\right)\\&=\|\partial_1\varphi\|^2\,\|\partial_2\varphi\|^2-(\partial_1\varphi\cdot\partial_2\varphi)^2\\&=g_{11}g_{22}-g_{12}g_{21}=\det(g_{ij})\end{aligned}$$

이다. □

따라서 $\det(g_{ij}) > 0$이다.

곡면 M의 좌표조각 $\varphi\colon D \to M$에 대하여,

$$\iint_D \|\partial_1\varphi \times \partial_2\varphi\| \, dA$$

이 단순곡면 $\varphi(D)$의 넓이이므로 다음을 알 수 있다.

정리 3.9: 제1 기본형식을 이용한 곡면의 넓이 구하기

곡면 M의 좌표조각 $\varphi\colon D \to M$에 대하여,

$$\iint_D \sqrt{\det(g_{ij})} \, dA$$

은 단순곡면 $\varphi(D)$의 넓이이다.

예제 3.14. 반지름의 길이가 r인 구면 S의 넓이를 구하라.

풀이. 구면 S에 대하여, 영역

$$D = \{(u^1, u^2) \in \mathbb{R}^2 \,:\, -\pi < u^1 < \pi,\ -\pi/2 < u^2 < \pi/2\}$$

에 정의된 좌표조각 $\varphi(u^1, u^2) = (r\cos u^2 \cos u^1,\ r\cos u^2 \sin u^1,\ r\sin u^2)$를 이용하여 구면 S의 넓이를 구하자. $S - \varphi(D)$는 구면 S의 대원의 반이므로 $\varphi(D)$의 넓이는 구면 S의 넓이와 같다. 좌표조각 φ의 편속도는

$$\begin{aligned} \partial_1\varphi(u^1, u^2) &= r(-\cos u^2 \sin u^1,\ \cos u^2 \cos u^1,\ 0) \\ \partial_2\varphi(u^1, u^2) &= r(-\sin u^2 \cos u^1,\ -\sin u^2 \sin u^1,\ \cos u^2) \end{aligned}$$

이므로

$$\begin{aligned} g_{11}(u^1, u^2) &= r^2(\cos^2 u^2)(\sin^2 u^1 + \cos^2 u^1) = r^2 \cos^2 u^2, \\ g_{12}(u^1, u^2) &= r^2(\cos u^2 \sin u^2 \cos u^1 \sin u^1 - \cos u^2 \sin u^2 \cos u^1 \sin u^1) = 0, \\ g_{22}(u^1, u^2) &= r^2\{\sin u^2(\cos^2 u^1 + \sin^2 u^1) + \cos^2 u^2\} = r^2 \end{aligned}$$

이다. 따라서, $\det(g_{ij})(u^1, u^2) = r^4 \cos^2 u^2$이므로,

$$\iint_D \sqrt{\det(g_{ij})(u^1, u^2)}\, dA = r^2 \iint_D \cos u^2\, dA$$

이 구하는 구면의 넓이이다. 위의 이중적분을 푸비니의 정리에 따라서 반복적분으로 계산하면

$$\begin{aligned}\iint_D \sqrt{\det(g_{ij})(u^1, u^2)}\, dA &= r^2 \int_{-\pi}^{\pi} \left(\int_{-\pi/2}^{\pi/2} \cos u^2\, du^2 \right) du^1 \\ &= r^2 \int_{-\pi}^{\pi} \left[\sin u^2\right]_{-\pi/2}^{\pi/2} du^1 \\ &= r^2 \int_{-\pi}^{\pi} 2\, du^1 = 4\pi r^2\end{aligned}$$

이다. 그러므로 $4\pi r^2$이 반지름의 길이가 r인 구면 S의 넓이이다. □

연습문제 3.3

1. 다음의 좌표조각에 대한 제1 기본형식을 구하라.

 (가) $\varphi(u^1, u^2) = (\cos u^1,\ \sin u^1,\ u^2)$,

 (나) $\varphi(u^1, u^2) = (\cos u^2 \cos u^1,\ \cos u^2 \sin u^1,\ \sin u^2)$,

 (다) $\varphi(u^1, u^2) = (u^1 \cos u^2,\ u^1 \sin u^2,\ (u^1)^2)$,

 (라) $\varphi(u^1, u^2) = ((3+\cos u^1)\cos u^2,\ (3+\cos u^1)\sin u^2,\ \sin u^1)$.

2. 모든 s에서 $r(s) > 0$인 단위속력곡선 $\sigma(s) = (r(s), 0, z(s))$에 대하여, x^3-축을 중심으로 곡선 σ를 회전시켜서 만들어지는 회전면의 좌표조각

$$\varphi(s,\theta) = (r(s)\cos\theta,\ r(s)\sin\theta,\ z(s)), \quad (-\pi < \theta < \pi)$$

 에 대한 제1 기본형식을 구하라.

3. 영역 $D = \{(r,\theta) \in \mathbb{R}^2 : 0 < r,\ -\pi < \theta < \pi\}$에 대한 좌표조각 $\varphi(r,\theta) = (r\cos\theta, r\sin\theta, 0)$의 제1 기본형식을 구하라.

4. 좌표조각 $\varphi\colon D \to M$에 대한 제1 기본형식이 $g_\alpha = g_{ij}\partial^i \otimes \partial^j$일 때, $g_{11} = 1$은 u^1-곡선이 단위속력곡선이기 위한 필요충분조건임을 보여라.

5. 미분가능한 함수 $f\colon D \to \mathbb{R}$에 대한 몽주 조각 $\varphi(u^1, u^2) = (u^1, u^2, f(u^1, u^2))$에 대하여,

$$\iint_D \sqrt{1 + (\partial_1 f)^2 + (\partial_2 f)^2}\, dA$$

 이 곡면 $\varphi(D)$의 넓이임을 보여라.

3.4 곡면 좌표조각의 이계편미분벡터장

단위속력곡선 γ에 대하여, $\kappa = \|\ddot{\gamma}\|$와 같이 곡률이 곡선의 이계미분벡터장과 관련있음과 마찬가지로, 곡면의 곡률도 좌표조각의 이계편미분벡터장으로 표현된다. 이 절에서는 좌표조각에 대한 이계편미분벡터장을 살펴본다.

3.4.1 곡면 좌표조각의 이계편미분벡터장

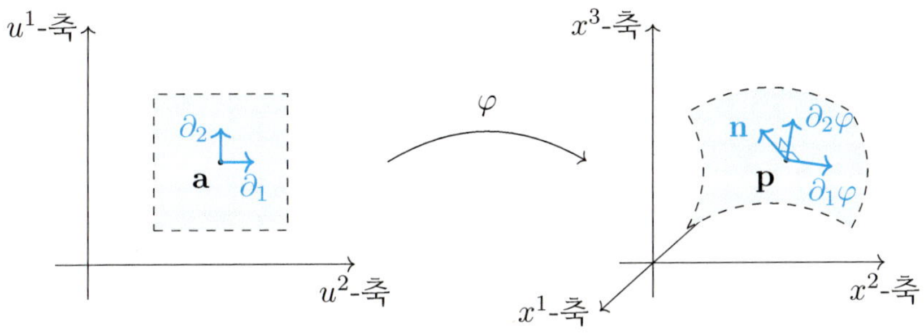

그림 3.16 곡면 좌표조각의 틀

단위속력곡선 γ를 분석하기 위하여 프레네 틀 (T, N, B)를 도입함과 같은 방법으로 곡면을 분석하자. 단위법선벡터장이 $\mathbf{n}$인 곡면 M에 대한 좌표조각 $\varphi\colon D \to M$에 대하여, 작용점 $\mathbf{p} \in M$에서 접벡터 순서쌍 $(\partial_1\varphi, \partial_2\varphi, \mathbf{n})$는 접공간 $T_\mathbf{p}\mathbb{R}^3$의 기저이고 $(\partial_1\varphi, \partial_2\varphi)$는 접평면 $T_\mathbf{p}M$의 기저이다. 여기서 곡면 M의 접벡터장 $\partial_1\varphi$과 $\partial_2\varphi$는 단위벡터장도 아니고 서로 직교하지도 않지만 좌표조각 φ을 이용하여 표현되는 장점이 있다. 단위법선벡터장 $\mathbf{n}$은 단위벡터장이고 또한 작용점에서 접평면에 수직이다.

좌표조각 φ를 $\varphi = (\varphi^1, \varphi^2, \varphi^3)$과 같이 성분으로 나타내면, $i = 1, 2$일 때 좌표조각 φ의 i성분에 대한 **일계편미분벡터장**은

$$\partial_i\varphi = \partial_i\varphi^k\partial_k$$

인 벡터장 $\partial_i\varphi\colon D \to TM$이고, $1 \le i, j \le 2$일 때 i와 j에 대한 **이계편미분벡터장**은

$$\partial_j\partial_i\varphi = \partial_j\partial_i\varphi^k\partial_k$$

로 정의되는 벡터장 $\partial_j\partial_i\varphi\colon D \to T\mathbb{R}^3$이다. 일반적으로 $\partial_i\varphi$의 사상값은 곡면 M의 접벡터이지만, $\partial_j\partial_i\varphi$의 사상값은 그렇지 않다.

예제 3.15. 몽주의 조각 $\varphi(u^1, u^2) = (u^1, u^2, (u^1)^2 + (u^2)^2)$에 대하여, $1 \le i, j \le 2$일 때 $\partial_j \partial_i \varphi$를 구하라.

풀이. 몽주의 조각 φ에 대하여,

$$\partial_1 \varphi(u^1, u^2) = (1, 0, 2u^1)_{\varphi(u^1,u^2)}, \qquad \partial_2 \varphi(u^1, u^2) = (0, 1, 2u^2)_{\varphi(u^1,u^2)}$$

이므로,

$$\begin{aligned} \partial_1 \partial_1 \varphi(u^1, u^2) &= (0, 0, 2)_{\varphi(u^1,u^2)}, \\ \partial_2 \partial_1 \varphi(u^1, u^2) &= (0, 0, 0)_{\varphi(u^1,u^2)} = \partial_1 \partial_2 \varphi(u^1, u^2), \\ \partial_2 \partial_2 \varphi(u^1, u^2) &= (0, 0, 2)_{\varphi(u^1,u^2)} \end{aligned}$$

이다. □

3.4.2 곡면 좌표조각의 크리스토펠 기호와 제2 기본형식의 계수

작용점에서 접벡터 $\partial_j \partial_i \varphi$를 기저 $(\partial_1 \varphi, \partial_2 \varphi, \mathbf{n})$의 일차결합으로 나타낼 때 다음의 계수를 정의한다.

정의 3.21: 곡면 좌표조각의 크리스토펠 기호와 제2 기본형식의 계수

단위법선벡터장이 $\mathbf{n}$인 곡면 M에 대한 좌표조각 $\varphi\colon D \to M$에 대하여, $1 \le i, j \le 2$일 때

$$\partial_j \partial_i \varphi = {\Gamma_{ij}}^k \partial_k \varphi + L_{ij} (\mathbf{n} \circ \varphi) \tag{3.1}$$

이면 함수 ${\Gamma_{ij}}^k\colon D \to \mathbb{R}$를 곡면 M에 대한 좌표조각 φ의 **크리스토펠 기호**라고 하고 함수 $L_{ij}\colon D \to \mathbb{R}$를 곡면 M에 대한 좌표조각 φ의 **제2 기본형식의 계수**라고 한다. 이때 식 (3.1)을 곡면 M의 좌표조각 φ에 대한 **가우스 공식**이라고 한다.

가우스 공식 $\partial_j \partial_i \varphi = {\Gamma_{ij}}^k \partial_k \varphi + L_{ij}(\mathbf{n} \circ \varphi)$로부터, $\partial_j \partial_i \varphi = \partial_i \partial_j \varphi$이므로

$${\Gamma_{ij}}^k \partial_k \varphi + L_{ij}(\mathbf{n} \circ \varphi) = {\Gamma_{ji}}^k \partial_k \varphi + L_{ji}(\mathbf{n} \circ \varphi)$$

이다. 즉,

$${\Gamma_{ij}}^k = {\Gamma_{ji}}^k \qquad \text{그리고} \qquad L_{ij} = L_{ji}$$

이다.

접벡터 $\partial_j\partial_i\varphi$를 $(\partial_1\varphi, \partial_2\varphi, (\mathbf{n}\circ\varphi))$의 일차결합으로 나타내는 가우스 공식에서 나타난 크리스토펠 기호 ${\Gamma_{ij}}^k$와 제2 기본형식의 계수 L_{ij}를 구하는 방법을 알아보자.

작용점 $\mathbf{p}$에서 접벡터 $\partial_j\partial_i\varphi$를 기저 $(\partial_1\varphi, \partial_2\varphi, \mathbf{n})$의 일차결합으로 나타낼 때, $\mathbf{n}$은 단위벡터이면서 $\partial_1\varphi$와 $\partial_2\varphi$와 직교하므로 접벡터 $\partial_j\partial_i\varphi$를 단위법선벡터 $\mathbf{n}$에 사영시킴으로써 L_{ij}를 쉽게 구할 수 있다. 그렇지만, 접벡터 $\partial_1\varphi$와 $\partial_2\varphi$는 단위벡터도 아니고 일반적으로 서로 직교하지도 않으므로 ${\Gamma_{ij}}^k$를 구하기가 단순하지 않다.

좌표조각 $\varphi\colon D \to M$에 대한 제1 기본형식이 $I_\varphi = g_{ij}\partial^i \otimes \partial^j$일 때

$$g^{ik}g_{kj} = \delta^i_j \qquad (1 \le i, j \le 2)$$

로 놓자. 즉, 행렬 $(g^{k\ell})$은 행렬 (g_{ij})의 역행렬, 다시 말하면

$$\begin{aligned} g^{11} &= \frac{g_{22}}{g_{11}g_{22} - g_{12}g_{21}}, \\ g^{12} &= \frac{-g_{12}}{g_{11}g_{22} - g_{12}g_{21}} = g^{21}, \\ g^{22} &= \frac{g_{11}}{g_{11}g_{22} - g_{12}g_{21}} \end{aligned}$$

이다.

곡면 좌표조각의 제2 기본형식의 계수와 크리스토펠 기호를 다음과 같이 구한다.

정리 3.10: 곡면 좌표조각의 제2 기본형식의 계수와 크리스토펠 기호

단위법선벡터장이 $\mathbf{n}$인 곡면 M의 좌표조각 $\varphi\colon D \to M$에 대하여, 곡면 M에 대한 좌표조각 φ의 제2 기본형식의 계수는

$$L_{ij} = \partial_j\partial_i\varphi \cdot (\mathbf{n}\circ\varphi) \quad (1 \le i, j \le 2)$$

이고 곡면 M에 대한 좌표조각 φ의 크리스토펠 기호는

$${\Gamma_{ij}}^k = (\partial_j\partial_i\varphi \cdot \partial_\ell\varphi)g^{\ell k} \quad (1 \le i, j, k \le 2)$$

이다.

증명. $1 \le i, j \le 2$일 때 $\partial_j\partial_i\varphi$를 기저 $(\partial_1\varphi, \partial_2\varphi, \mathbf{n})$에 대한 일차결합으로 나타내면

$$\partial_j\partial_i\varphi = \Gamma_{ij}{}^k\partial_k\varphi + L_{ij}(\mathbf{n}\circ\varphi)$$

이다. $1 \le i \le 2$일 때 $\partial_i\varphi \cdot (\mathbf{n}\circ\varphi) = 0$이고 $(\mathbf{n}\circ\varphi)\cdot(\mathbf{n}\circ\varphi) = 1$이므로

$$\begin{aligned}\partial_j\partial_i\varphi \cdot (\mathbf{n}\circ\varphi) &= \Big(\Gamma_{ij}{}^k\partial_k\varphi + L_{ij}(\mathbf{n}\circ\varphi)\Big)\cdot(\mathbf{n}\circ\varphi)\\ &= \Gamma_{ij}{}^k\partial_k\varphi\cdot(\mathbf{n}\circ\varphi) + L_{ij}(\mathbf{n}\circ\varphi)\cdot(\mathbf{n}\circ\varphi)\\ &= L_{ij}\end{aligned}$$

이다. 그리고, $\partial_j\partial_i\varphi \cdot \partial_\ell\varphi = (\Gamma_{ij}{}^m\partial_m\varphi + L_{ij}(\mathbf{n}\circ\varphi))\cdot\partial_\ell\varphi = \Gamma_{ij}{}^m g_{m\ell}$이므로

$$(\partial_j\partial_i\varphi\cdot\partial_\ell\varphi)g^{\ell k} = \Gamma_{ij}{}^m g_{m\ell}g^{\ell k} = \Gamma_{ij}{}^m\delta_m^k = \Gamma_{ij}{}^k$$

이다. □

예제 3.16. 영역 $D = \{(u^1, u^2) : -\pi < u^1 < \pi,\ 0 < u^2 < 3\}$에 정의된 좌표조각 $\varphi(u^1, u^2) = (\cos u^1, \sin u^1, u^2)$에 대하여, $1 \le i, j, k \le 2$일 때 좌표조각 φ의 제2 기본형식의 계수 L_{ij}와 크리스토펠 기호 $\Gamma_{ij}{}^k$를 구하라.

풀이. 좌표조각 φ에 대하여,

$$\begin{aligned}\partial_1\varphi(u^1, u^2) &= (-\sin u^1, \cos u^1, 0)_{\varphi(u^1,u^2)},\\ \partial_2\varphi(u^1, u^2) &= (0, 0, 1)_{\varphi(u^1,u^2)}\end{aligned}$$

이므로, 단위법선벡터장은

$$(\mathbf{n}\circ\varphi)(u^1, u^2) = \partial_1\varphi(u^1, u^2)\times\partial_2\varphi(u^1, u^2) = (\cos u^1, \sin u^1, 0)_{\varphi(u^1,u^2)}$$

이다. 그리고

$$\begin{aligned}g_{11}(u^1, u^2) &= \partial_1\varphi(u^1, u^2)\cdot\partial_1\varphi(u^1, u^2) = \sin^2 u^1 + \cos^2 u^1 = 1,\\ g_{12}(u^1, u^2) &= \partial_1\varphi(u^1, u^2)\cdot\partial_2\varphi(u^1, u^2) = 0,\\ g_{21}(u^1, u^2) &= \partial_2\varphi(u^1, u^2)\cdot\partial_1\varphi(u^1, u^2) = 0,\\ g_{22}(u^1, u^2) &= \partial_2\varphi(u^1, u^2)\cdot\partial_2\varphi(u^1, u^2) = 1\end{aligned}$$

이므로

$$g^{11} = 1,\quad g^{12} = 0 = g^{21},\quad g^{22} = 1$$

이다. 좌표조각 φ의 이계편미분벡터장이

$$\begin{aligned}
\partial_1\partial_1\varphi(u^1,u^2) &= (-\cos u^1, -\sin u^1, 0)_{\varphi(u^1,u^2)},\\
\partial_2\partial_1\varphi(u^1,u^2) &= (0,0,0)_{\varphi(u^1,u^2)} = \partial_1\partial_2\varphi(u^1,u^2),\\
\partial_2\partial_2\varphi(u^1,u^2) &= (0,0,0)_{\varphi(u^1,u^2)}
\end{aligned}$$

이므로

$$\begin{aligned}
L_{11}(u^1,u^2) &= \partial_1\partial_1\varphi(u^1,u^2)\cdot(\mathbf{n}\circ\varphi)(u^1,u^2) = -\cos^2 u^1 - \sin^2 u^1 = -1,\\
L_{12}(u^1,u^2) &= \partial_1\partial_2\varphi(u^1,u^2)\cdot(\mathbf{n}\circ\varphi)(u^1,u^2) = 0 = L_{21}(u^1,u^2),\\
L_{22}(u^1,u^2) &= \partial_2\partial_2\varphi(u^1,u^2)\cdot(\mathbf{n}\circ\varphi)(u^1,u^2) = 0,
\end{aligned}$$

그리고

$$\begin{aligned}
{\Gamma_{11}}^1(u^1,u^2) &= (\partial_1\partial_1\varphi\cdot\partial_1\varphi)\,g^{11} + (\partial_1\partial_1\varphi\cdot\partial_2\varphi)\,g^{21} = 0,\\
{\Gamma_{11}}^2(u^1,u^2) &= (\partial_1\partial_1\varphi\cdot\partial_1\varphi)\,g^{12} + (\partial_1\partial_1\varphi\cdot\partial_2\varphi)\,g^{22} = 0,\\
{\Gamma_{12}}^1(u^1,u^2) &= (\partial_2\partial_1\varphi\cdot\partial_1\varphi)\,g^{11} + (\partial_2\partial_1\varphi\cdot\partial_2\varphi)\,g^{21} = 0,\\
{\Gamma_{21}}^1(u^1,u^2) &= {\Gamma_{12}}^1(u^1,u^2) = 0,\\
{\Gamma_{12}}^2(u^1,u^2) &= (\partial_2\partial_1\varphi\cdot\partial_1\varphi)\,g^{12} + (\partial_2\partial_1\varphi\cdot\partial_2\varphi)\,g^{22} = 0,\\
{\Gamma_{21}}^2(u^1,u^2) &= {\Gamma_{12}}^2(u^1,u^2) = 0,\\
{\Gamma_{22}}^1(u^1,u^2) &= (\partial_2\partial_2\varphi\cdot\partial_1\varphi)\,g^{11} + (\partial_2\partial_2\varphi\cdot\partial_2\varphi)\,g^{21} = 0,\\
{\Gamma_{22}}^2(u^1,u^2) &= (\partial_2\partial_2\varphi\cdot\partial_1\varphi)\,g^{12} + (\partial_2\partial_2\varphi\cdot\partial_2\varphi)\,g^{22} = 0
\end{aligned}$$

이다. □

3.4.3 곡면 좌표조각 크리스토펠 기호의 내재성

곡면 좌표조각의 크리스토펠의 기호를 곡면의 제1 기본형식을 이용하여 다음과 같이 나타낼 수 있다.

정리 3.11: 곡면 좌표조각 크리스토펠 기호의 내재성

곡면 M에 대한 좌표조각 $\varphi\colon D\to M$에 대하여, $1\le i,j\le 2$일 때

$${\Gamma_{ij}}^k = \frac{1}{2}\left(\partial_i g_{j\ell} + \partial_j g_{\ell i} - \partial_\ell g_{ij}\right) g^{\ell k}$$

이다.

증명. $1 \le i,j \le 2$일 때,

$$\partial_i g_{j\ell} = \partial_i(\partial_j\varphi \cdot \partial_\ell\varphi) = \partial_i\partial_j\varphi \cdot \partial_\ell\varphi + \partial_j\varphi \cdot \partial_i\partial_\ell\varphi,$$
$$\partial_j g_{\ell i} = \partial_j(\partial_\ell\varphi \cdot \partial_i\varphi) = \partial_j\partial_\ell\varphi \cdot \partial_i\varphi + \partial_\ell\varphi \cdot \partial_j\partial_i\varphi,$$
$$\partial_\ell g_{ij} = \partial_\ell(\partial_i\varphi \cdot \partial_j\varphi) = \partial_\ell\partial_i\varphi \cdot \partial_j\varphi + \partial_i\varphi \cdot \partial_\ell\partial_j\varphi$$

이고 $\partial_j\partial_i\varphi = \partial_i\partial_j\varphi$이므로 $(\partial_i g_{j\ell} + \partial_j g_{\ell i} - \partial_\ell g_{ij}) = 2\partial_j\partial_i\varphi \cdot \partial_\ell\varphi$이다. 따라서

$$\frac{1}{2}\left(\partial_i g_{j\ell} + \partial_j g_{\ell i} - \partial_\ell g_{ij}\right) g^{\ell k} = (\partial_j\partial_i\varphi \cdot \partial_\ell\varphi) g^{\ell k} = \Gamma_{ij}{}^k$$

이다. □

위의 정리로부터 곡면 좌표조각의 크리스토펠 기호는 제1 기본형식의 계수에 종속됨을 알 수 있다. 다시 말하면, 곡면 좌표조각의 크리스토펠 기호는 곡면에 내재적이다.

위와 비교하면, 곡면의 제2 기본형식의 계수는 곡면에 내재적이지 않음을 다음의 예제에서 확인할 수 있다.

예제 3.17. 영역 $D = \{(u^1, u^2) : -\pi < u^1 < \pi, 0 < u^2 < 3\}$에 정의된 좌표조각 $\varphi(u^1, u^2) = (u^1, u^2, 0)$에 대하여, $1 \le i, j, k \le 2$일 때 좌표조각 φ의 제2 기본형식의 계수 L_{ij}와 크리스토펠 기호 $\Gamma_{ij}{}^k$를 구하라.

풀이. 좌표조각 φ에 대하여,

$$\partial_1\varphi(u^1, u^2) = (1, 0, 0)_{\varphi(u^1, u^2)},$$
$$\partial_2\varphi(u^1, u^2) = (0, 1, 0)_{\varphi(u^1, u^2)}$$

이므로, 단위법선벡터장은

$$(\mathbf{n} \circ \varphi)(u^1, u^2) = \partial_1\varphi(u^1, u^2) \times \partial_2\varphi(u^1, u^2) = (0, 0, 1)_{\varphi(u^1, u^2)}$$

이다. 그리고

$$g_{11}(u^1, u^2) = \partial_1\varphi(u^1, u^2) \cdot \partial_1\varphi(u^1, u^2) = 1,$$
$$g_{12}(u^1, u^2) = \partial_1\varphi(u^1, u^2) \cdot \partial_2\varphi(u^1, u^2) = 0,$$
$$g_{21}(u^1, u^2) = \partial_2\varphi(u^1, u^2) \cdot \partial_1\varphi(u^1, u^2) = 0,$$
$$g_{22}(u^1, u^2) = \partial_2\varphi(u^1, u^2) \cdot \partial_2\varphi(u^1, u^2) = 1$$

이므로

$$g^{11} = 1, \quad g^{12} = 0 = g^{21}, \quad g^{22} = 1$$

이다. 좌표조각 φ의 이계편미분벡터장이

$$\begin{aligned}
\partial_1\partial_1\varphi(u^1,u^2) &= (0,0,0)_{\varphi(u^1,u^2)}, \\
\partial_2\partial_1\varphi(u^1,u^2) &= (0,0,0)_{\varphi(u^1,u^2)} = \partial_1\partial_2\varphi(u^1,u^2), \\
\partial_2\partial_2\varphi(u^1,u^2) &= (0,0,0)_{\varphi(u^1,u^2)}
\end{aligned}$$

이므로

$$\begin{aligned}
L_{11}(u^1,u^2) &= \partial_1\partial_1\varphi(u^1,u^2)\cdot(\mathbf{n}\circ\varphi)(u^1,u^2) = 0, \\
L_{12}(u^1,u^2) &= \partial_1\partial_2\varphi(u^1,u^2)\cdot(\mathbf{n}\circ\varphi)(u^1,u^2) = 0 = L_{21}(u^1,u^2), \\
L_{22}(u^1,u^2) &= \partial_2\partial_2\varphi(u^1,u^2)\cdot(\mathbf{n}\circ\varphi)(u^1,u^2) = 0,
\end{aligned}$$

그리고

$$\begin{aligned}
{\Gamma_{11}}^1(u^1,u^2) &= (\partial_1\partial_1\varphi\cdot\partial_1\varphi)\,g^{11} + (\partial_1\partial_1\varphi\cdot\partial_2\varphi)\,g^{21} = 0, \\
{\Gamma_{11}}^2(u^1,u^2) &= (\partial_1\partial_1\varphi\cdot\partial_1\varphi)\,g^{12} + (\partial_1\partial_1\varphi\cdot\partial_2\varphi)\,g^{22} = 0, \\
{\Gamma_{12}}^1(u^1,u^2) &= (\partial_2\partial_1\varphi\cdot\partial_1\varphi)\,g^{11} + (\partial_2\partial_1\varphi\cdot\partial_2\varphi)\,g^{21} = 0, \\
{\Gamma_{21}}^1(u^1,u^2) &= {\Gamma_{12}}^1(u^1,u^2) = 0, \\
{\Gamma_{12}}^2(u^1,u^2) &= (\partial_2\partial_1\varphi\cdot\partial_1\varphi)\,g^{12} + (\partial_2\partial_1\varphi\cdot\partial_2\varphi)\,g^{22} = 0, \\
{\Gamma_{21}}^2(u^1,u^2) &= {\Gamma_{12}}^2(u^1,u^2) = 0, \\
{\Gamma_{22}}^1(u^1,u^2) &= (\partial_2\partial_2\varphi\cdot\partial_1\varphi)\,g^{11} + (\partial_2\partial_2\varphi\cdot\partial_2\varphi)\,g^{21} = 0, \\
{\Gamma_{22}}^2(u^1,u^2) &= (\partial_2\partial_2\varphi\cdot\partial_1\varphi)\,g^{12} + (\partial_2\partial_2\varphi\cdot\partial_2\varphi)\,g^{22} = 0
\end{aligned}$$

이다. □

예제 3.16에서의 원기둥면 좌표조각의 제1 기본형식과 예제 3.17에서의 평면 좌표조각의 제1 기본형식이 같음을 알 수 있다. 크리스토펠 기호는 곡면에 내재적이므로 두 예제에서 크리스토펠 기호가 같음을 확인할 수 있다. 그런데 평면 좌표조각의 제2 기본형식 계수는 모두 영함수이지만 원기둥 좌표조각의 제2 기본형식 계수는 그렇지 않다. 따라서 좌표조각의 제2 기본형식 계수는 곡면에 내재적이지 않음을 알 수 있다.

연습문제 3.4

1. 좌표조각 $\varphi(u^1, u^2) = (\cos u^1,\ \sin u^1,\ u^2)$에 대한 제2 기본형식의 계수 L_{ij}와 크리스토펠 기호 ${\Gamma_{ij}}^k$를 구하라.

2. 좌표조각 $\varphi(u^1, u^2) = (\cos u^2 \cos u^1,\ \cos u^2 \sin u^1,\ \sin u^2)$에 대한 제2 기본형식의 계수 L_{ij}와 크리스토펠 기호 ${\Gamma_{ij}}^k$를 구하라.

3. 좌표조각 $\varphi(u^1, u^2) = (u^1 \cos u^2,\ u^1 \sin u^2,\ (u^1)^2)$에 대한 제2 기본형식의 계수 L_{ij}와 크리스토펠 기호 ${\Gamma_{ij}}^k$를 구하라.

4. 좌표조각 $\varphi(u^1, u^2) = ((3+\cos u^1) \cos u^2,\ (3+\cos u^1) \sin u^2,\ \sin u^1)$에 대한 제2 기본형식의 계수 L_{ij}와 크리스토펠 기호 ${\Gamma_{ij}}^k$를 구하라.

5. 모든 s에서 $r(s) > 0$인 단위속력곡선 $\sigma(s) = (r(s), 0, z(s))$에 대하여, x^3-축을 중심으로 곡선 σ를 회전시켜서 만들어지는 회전면의 좌표조각

$$\varphi(s, \theta) = (r(s) \cos \theta,\ r(s) \sin \theta,\ z(s)), \quad (-\pi < \theta < \pi)$$

에 대한 제2 기본형식의 계수 L_{ij}와 크리스토펠 기호 ${\Gamma_{ij}}^k$를 구하라.

6. 영역 $D = \{(r, \theta) \in \mathbb{R}^2 : 0 < r,\ -\pi < \theta < \pi\}$에 정의된 좌표조각

$$\varphi(r, \theta) = (r \cos \theta, r \sin \theta, 0)$$

에 대한 제2 기본형식의 계수 L_{ij}와 크리스토펠 기호 ${\Gamma_{ij}}^k$를 구하라.

3.5 곡면의 제2 기본형식

이 절에서는 제2 기본형식의 계수로 정의되는 곡면의 제2 기본형식에 대하여 알아보고 이를 이용하여 곡면의 곡률을 알아본다.

3.5.1 곡면의 제2 기본형식

단위법선벡터장이 $\mathbf{n}$인 곡면 M의 좌표조각 $\varphi\colon D \to M$에 대하여, 계수가

$$L_{ij} = \partial_j\partial_i\varphi \cdot (\mathbf{n} \circ \varphi) \qquad (1 \le i, j \le 2)$$

로 정의되는 미분일형식의 텐서

$$\mathrm{II}_\varphi = L_{ij}\partial^i \otimes \partial^j$$

를 생각하자.

곡면 M의 좌표조각 $\varphi_\alpha\colon D_\alpha \to M$와 좌표조각 $\varphi_\beta\colon D_\beta \to M$에 대하여,

$$\partial_i\varphi_\alpha = \partial_i(\varphi_\beta \circ \varphi_{\beta\alpha}) = \partial_i{\varphi_{\beta\alpha}}^k\,(\partial_k\varphi_\beta \circ \varphi_{\beta\alpha})$$

이므로

$$\partial_j\partial_i\varphi_\alpha = \partial_i{\varphi_{\beta\alpha}}^k\partial_j{\varphi_{\beta\alpha}}^\ell\,(\partial_\ell\partial_k\varphi_\beta \circ \varphi_{\beta\alpha}) + \partial_j\partial_i{\varphi_{\beta\alpha}}^k\,(\partial_k\varphi_\beta \circ \varphi_{\beta\alpha})$$

이다. 한편, $\mathbf{n} \circ \varphi_\alpha = \mathbf{n} \circ \varphi_\beta \circ \varphi_{\beta\alpha}$이고

$$(L_\alpha)_{ij} = \partial_j\partial_i\varphi_\alpha \cdot (\mathbf{n} \circ \varphi_\alpha), \quad (L_\beta)_{ij} = \partial_j\partial_i\varphi_\beta \cdot (\mathbf{n} \circ \varphi_\beta)$$

이며 $k = 1, 2$일 때 $\partial_k\varphi_\beta \cdot (\mathbf{n} \circ \varphi_\beta) = 0$이므로

$$\begin{aligned}(L_\alpha)_{ij} &= \partial_j\partial_i\varphi_\alpha \cdot (\mathbf{n} \circ \varphi_\alpha)\\ &= \partial_i{\varphi_{\beta\alpha}}^k\partial_j{\varphi_{\beta\alpha}}^\ell\,(\partial_\ell\partial_k\varphi_\beta \circ \varphi_{\beta\alpha}) \cdot (\mathbf{n} \circ \varphi_\beta \circ \varphi_{\beta\alpha})\\ &= \partial_i{\varphi_{\beta\alpha}}^k\,((L_\beta)_{k\ell} \circ \varphi_{\beta\alpha})\,\partial_j{\varphi_{\beta\alpha}}^\ell,\end{aligned}$$

즉

$$\boxed{(L_\alpha)_{ij} = \partial_i{\varphi_{\beta\alpha}}^k\,((L_\beta)_{k\ell} \circ \varphi_{\beta\alpha})\,\partial_j{\varphi_{\beta\alpha}}^\ell}$$

이다.

곡면 M의 접벡터장 $X\colon M \to TM$에 대하여, 좌표조각 $\varphi_\alpha\colon D_\alpha \to M$와 좌표조각 $\varphi_\beta\colon D_\beta \to M$에 대한 벡터장의 표현은 각각

$$X_\alpha = {X_\alpha}^i \partial_i, \qquad X_\beta = {X_\beta}^i \partial_i$$

이고

$$X_\alpha = {\varphi_{\alpha\beta}}_*(X_\beta) = {\varphi_{\alpha\beta}}_*\left({X_\beta}^\mu \partial_\mu\right) = \left({X_\beta}^\mu \circ \varphi_{\beta\alpha}\right)\left(\partial_\mu {\varphi_{\alpha\beta}}^i \circ \varphi_{\beta\alpha}\right)\partial_i$$

이므로,

$$\boxed{{X_\alpha}^i = \left(\partial_\mu {\varphi_{\alpha\beta}}^i \circ \varphi_{\beta\alpha}\right)\left({X_\beta}^\mu \circ \varphi_{\beta\alpha}\right)}$$

이다. 따라서, 곡면 M의 접벡터장 $X\colon M \to TM$와 $Y\colon M \to TM$에 대하여,

$$\begin{aligned}
\mathrm{II}_\alpha(X_\alpha, Y_\alpha) &= (L_\alpha)_{ij} {X_\alpha}^i {Y_\alpha}^j \\
&= \partial_i {\varphi_{\beta\alpha}}^k \left((L_\beta)_{k\ell} \circ \varphi_{\beta\alpha}\right) \partial_j {\varphi_{\beta\alpha}}^\ell \\
&\qquad \left(\partial_\mu {\varphi_{\alpha\beta}}^i \circ \varphi_{\beta\alpha}\right)\left({X_\beta}^\mu \circ \varphi_{\beta\alpha}\right)\left(\partial_\nu {\varphi_{\alpha\beta}}^j \circ \varphi_{\beta\alpha}\right)\left({Y_\beta}^\nu \circ \varphi_{\beta\alpha}\right) \\
&= \left((L_\beta)_{k\ell} \circ \varphi_{\beta\alpha}\right)\left({X_\beta}^k \circ \varphi_{\beta\alpha}\right)\left({Y_\beta}^\ell \circ \varphi_{\beta\alpha}\right) \\
&= \mathrm{II}_\beta(X_\beta, Y_\beta) \circ \varphi_{\beta\alpha},
\end{aligned}$$

즉

$$\boxed{\mathrm{II}_\alpha(X_\alpha, Y_\alpha) = \mathrm{II}_\beta(X_\beta, Y_\beta) \circ \varphi_{\beta\alpha}}$$

이다.

정의 3.22: 곡면의 제2 기본형식

단위법선벡터장이 $\mathbf{n} = \partial_1\varphi \times \partial_2\varphi / \|\partial_1\varphi \times \partial_2\varphi\|$인 곡면 M에 대한 좌표조각 $\varphi\colon D \to M$에 대하여, $L_{ij} = \partial_j\partial_i\varphi \cdot (\mathbf{n} \circ \varphi)$로 놓을 때

$$\mathrm{II}_\varphi = L_{ij} \partial^i \otimes \partial^j$$

인 미분일형식의 텐서벡터장 $\mathrm{II}\colon M \to T^*M \otimes T^*M$를 곡면 M의 **제2 기본형식**이라고 한다.

예제 3.18. 공간에 놓인 점 $\mathbf{a}$와 영이 아닌 벡터 $\mathbf{p}$와 $\mathbf{q}$에 대하여, 좌표조각이

$$\varphi(u^1, u^2) = \mathbf{a} + u^1\mathbf{p} + u^2\mathbf{q}$$

인 평면 M의 제2 기본형식을 구하라.

풀이. 점 $\mathbf{a} = (a^1, a^2, a^3)$와 벡터 $\mathbf{p} = (p^1, p^2, p^3)$, $\mathbf{q} = (q^1, q^2, q^3)$에 대하여,

$$\varphi(u^1, u^2) = (a^1 + p^1u^1 + q^1u^2,\ a^2 + p^2u^1 + q^2u^2,\ a^3 + p^3u^1 + q^3u^2)$$

이므로 $i, j = 1, 2$일 때 $\partial_j\partial_i\varphi = \mathbf{0}$이다. 따라서, $\mathrm{II} = \mathbf{0}$이다. □

예제 3.19. 원기둥면 $M = \{(x^1, x^2, x^3) \in \mathbb{R}^3 : (x^1)^2 + (x^2)^2 = 1\}$의 좌표조각 $\varphi(u^1, u^2) = (\cos u^1, \sin u^1, u^2)$에 대한 제2 기본형식 II_φ를 구하라.

풀이. 좌표조각 φ에 대하여,

$$\begin{aligned}\partial_1\varphi(u^1, u^2) &= (-\sin u^1, \cos u^1, 0)_{\varphi(u^1,u^2)},\\ \partial_2\varphi(u^1, u^2) &= (0, 0, 1)_{\varphi(u^1,u^2)}\end{aligned}$$

이므로, 단위법선벡터장은

$$\begin{aligned}(\mathbf{n} \circ \varphi)(u^1, u^2) &= \partial_1\varphi(u^1, u^2) \times \partial_2\varphi(u^1, u^2)\\ &= \det\begin{pmatrix} \partial_1 & \partial_2 & \partial_3 \\ -\sin u^1 & \cos u^1 & 0 \\ 0 & 0 & 1 \end{pmatrix}\\ &= (\cos u^1, \sin u^1, 0)_{\varphi(u^1,u^2)}\end{aligned}$$

이다. 한편

$$\begin{aligned}\partial_1\partial_1\varphi(u^1, u^2) &= (-\cos u^1, -\sin u^1, 0)_{\varphi(u^1,u^2)},\\ \partial_2\partial_1\varphi(u^1, u^2) &= (0, 0, 0)_{\varphi(u^1,u^2)} = \partial_1\partial_2\varphi(u^1, u^2),\\ \partial_2\partial_2\varphi(u^1, u^2) &= (0, 0, 0)_{\varphi(u^1,u^2)}\end{aligned}$$

이므로

$$\begin{aligned}L_{11}(u^1, u^2) &= \partial_1\partial_1\varphi(u^1, u^2) \cdot (\mathbf{n} \circ \varphi)(u^1, u^2) = -1,\\ L_{12}(u^1, u^2) &= \partial_2\partial_1\varphi(u^1, u^2) \cdot (\mathbf{n} \circ \varphi)(u^1, u^2) = 0,\\ L_{22}(u^1, u^2) &= \partial_2\partial_2\varphi(u^1, u^2) \cdot (\mathbf{n} \circ \varphi)(u^1, u^2) = 0\end{aligned}$$

이다. 따라서,

$$\mathrm{II}_{\varphi}(u^1, u^2) = -\partial^1 \otimes \partial^1$$

이다. □

3.5.2 곡면의 제2 기본형식에 대한 기하적 의미

이 절에서는 곡면의 제2 기본형식에 대한 기하적인 의미를 살펴보자.

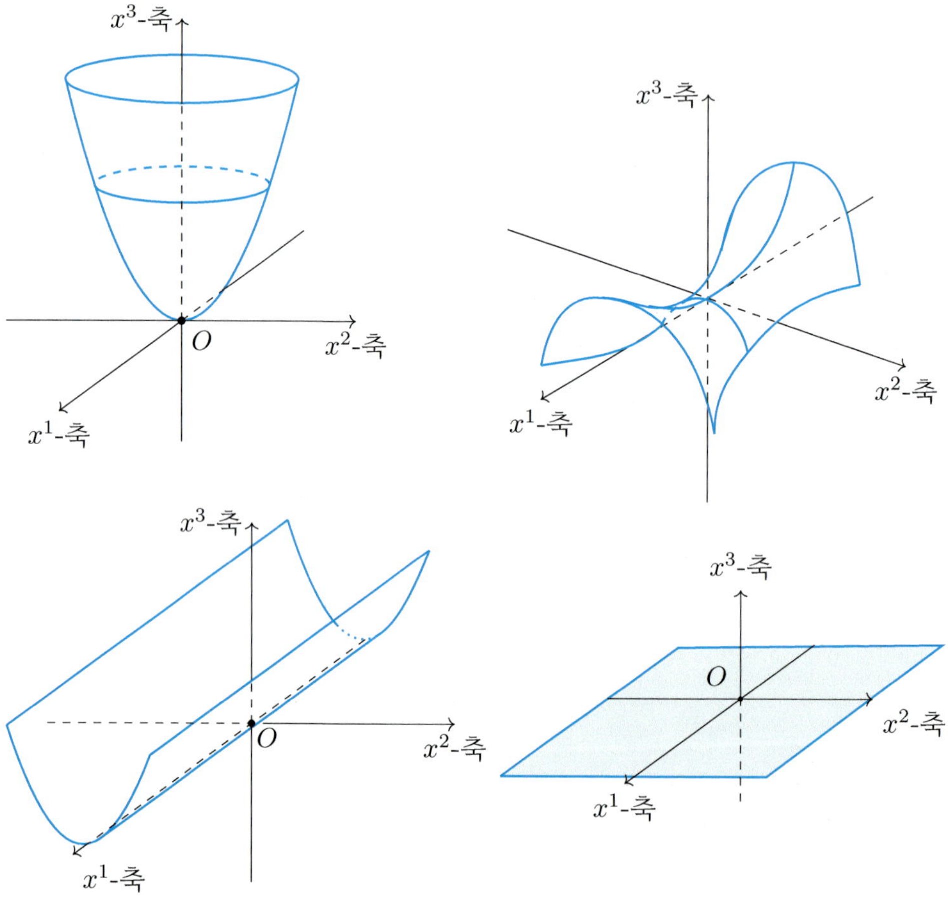

그림 3.17 이차곡면

먼저 양의 상수 a, b에 대하여, 그림 3.17에서 타원포물면의 방정식

$$\frac{(x^1)^2}{a^2} + \frac{(x^2)^2}{b^2} = x^3$$

과 쌍곡포물면의 방정식

$$\frac{(x^1)^2}{a^2} - \frac{(x^2)^2}{b^2} = x^3$$

포물기둥면의 방정식

$$\frac{(x^1)^2}{a^2} = x^3$$

그리고 평면의 방정식

$$x^3 = 0$$

이 나타내는 곡면을 볼 수 있다. 이 곡면은 모두 원점 $\mathbf{o} = (0,0,0)$을 포함하고 있으며 원점에서의 접평면은 x^1x^2-평면이다.

곡면 M에 놓인 점 $\mathbf{p}$에 대하여, 점 $\mathbf{p}$ 근방에서 곡면의 모양을 살펴보자. 좌표조각 $\varphi\colon D \to M$에 대하여, $\mathbf{p} = \varphi(\mathbf{a})$일 때, 점 $\mathbf{a} = (a^1, a^2) \in D$ 근방에서 좌표조각 φ의 테일러 전개는

$$\begin{aligned}\varphi(u^1, u^2) = \varphi(\mathbf{a}) &+ (u^i - a^i)\partial_i\varphi(\mathbf{a}) \\ &+ \frac{1}{2}(u^i - a^i)(u^j - a^j)\partial_i\partial_j\varphi(\mathbf{a}) + R(u^1 - a^1, u^2 - a^2)\end{aligned}$$

이고

$$\lim_{(u^1,u^2)\to(a^1,a^2)} \frac{R(u^1 - a^1, u^2 - a^2)}{(u^1 - a^1)^2 + (u^2 - a^2)^2} = (0,0,0)$$

인 사상 $R\colon D \to \mathbb{R}^3$이 존재한다. 따라서 점 $\mathbf{p} = \varphi(\mathbf{a})$ 근방에서 곡면 M의 이차 근사는

$$\Psi(u^1, u^2) = \varphi(\mathbf{a}) + (u^i - a^i)\partial_i\varphi(\mathbf{a}) + \frac{1}{2}(u^i - a^i)(u^j - a^j)\partial_i\partial_j\varphi(\mathbf{a})$$

이다.

그림 3.18에서와 같이, 점 $\mathbf{p} = \varphi(\mathbf{a})$ 근방에서 접평면 $T_{\mathbf{p}}M$부터 곡면 M의 이차 근사에 놓인 점 $\Psi(u^1, u^2)$까지의 단위법선벡터 $\mathbf{n}(\mathbf{p})$ 방향으로의 유향거리는

$$(\Psi(u^1, u^2) - \varphi(\mathbf{a})) \cdot \mathbf{n}(\varphi(\mathbf{a}))$$

로 나타낼 수 있다. 그런데,

$$\partial_i\varphi(\mathbf{a}) \cdot \mathbf{n}(\varphi(\mathbf{a})) = 0 \quad (i = 1, 2)$$

이고,

$$\frac{1}{2}(u^i - a^i)(u^j - a^j)\partial_i\partial_j\varphi(\mathbf{a}) \cdot (\mathbf{n} \circ \varphi)(\mathbf{a}) = \frac{1}{2}L_{ij}(\mathbf{a})(u^i - a^i)(u^j - a^j)$$

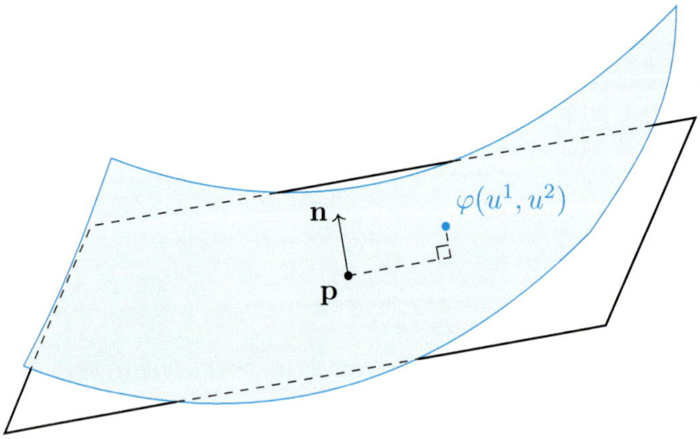

그림 3.18 곡면의 제2 기본형식의 기하적 의미

이므로, 점 $\mathbf{p} = \varphi(\mathbf{a})$ 근방에서 접평면 $T_{\mathbf{p}}M$부터 곡면 M의 이차 근사에 놓인 점 $\Psi(u^1, u^2)$까지의 단위법선벡터 $\mathbf{n}(\mathbf{p})$ 방향으로의 유향거리는

$$\frac{1}{2}L_{ij}(\mathbf{a})(u^i - a^i)(u^j - a^j)$$

이다.

3.5.3 곡면의 바인가르텐 사상

앞에서 곡면의 이차 근사에 놓인 점에서 접평면까지의 거리와 관련있는 제2 기본형식이라는 곡면의 곡률을 정의하였다. 이 절에서는 곡면의 단위법선벡터장의 변화율을 이용하여 곡면의 곡률을 정의한다.

먼저 접벡터에 대한 단위법선벡터장의 방향도벡터장을 정의하자.

정의 3.23: 곡면 접벡터에 대한 단위법선벡터장의 방향도벡터장

단위법선벡터장이 $\mathbf{n} = n^i \partial_i$인 곡면 M과 접벡터 $\mathbf{v_p} \in T_{\mathbf{p}}M$에 대하여, 접벡터 $\mathbf{v_p}$에 대한 단위법선벡터장 $\mathbf{n}$의 **방향도벡터장**을 각각의 성분의 방향도함수인

$$D_{\mathbf{v_p}}\mathbf{n} := \left(D_{\mathbf{v_p}}n^i\right)\partial_i$$

로 정의한다.

곡면 M의 좌표조각 $\varphi\colon D \to M$와 $\gamma(0) = \mathbf{p}$이고 $\dot\gamma(0) = \mathbf{v_p}$인 곡선 $\gamma\colon (-a, a) \to M$에 대하여, $\gamma((-a,a)) \subset \varphi(D)$이면 $\gamma = \varphi \circ \eta$인 곡선 $\eta = (\eta^1, \eta^2)\colon (-a,a) \to D$는 유일하게 존재한다. 이때 접벡터 $\mathbf{v_p}$에 대한 단위법선벡터장 $\mathbf{n}$의 방향도벡터장은

$$D_{\mathbf{v_p}}\mathbf{n} = \frac{d}{dt}(\mathbf{n} \circ \varphi \circ \eta)\bigg|_{t=0} = \dot\eta^i(0)\partial_i(n^j \circ \varphi)(\eta(0))\partial_{j_\mathbf{p}} = \dot\eta^i(0)\partial_i(\mathbf{n} \circ \varphi)_\mathbf{p}$$

이다. 따라서 $\mathbf{v_p} = v^i \partial_i \varphi_\mathbf{p}$이면

$$D_{\mathbf{v_p}}\mathbf{n} = v^i \partial_i (\mathbf{n} \circ \varphi)_\mathbf{p}$$

이다. 특히, $i = 1, 2$일 때 $\mathbf{v_p} = \partial_i \varphi_\mathbf{p}$이면 $D_{\mathbf{v_p}}\mathbf{n} = \partial_i(\mathbf{n} \circ \varphi)_\mathbf{p}$이다.

곡면의 접벡터에 대한 단위법선벡터장의 방향도벡터장이 곡면의 접벡터임을 다음과 같이 알 수 있다.

정리 3.12: 곡면 접벡터에 대한 단위법선벡터장 방향도벡터장의 곡면 접벡터성

곡면 M의 단위법선벡터장 $\mathbf{n}$과 접벡터 $\mathbf{v_p} \in T_\mathbf{p}M$에 대하여,

$$D_{\mathbf{v_p}}\mathbf{n} \in T_\mathbf{p}M$$

이다.

증명. $i = 1, 2$일 때, $(\mathbf{n} \circ \varphi) \cdot (\mathbf{n} \circ \varphi) = 1$이므로

$$\partial_i(\mathbf{n} \circ \varphi) \cdot (\mathbf{n} \circ \varphi) + (\mathbf{n} \circ \varphi) \cdot \partial_i(\mathbf{n} \circ \varphi) = 0,$$

즉 $\partial_i(\mathbf{n}\circ\varphi)\cdot(\mathbf{n}\circ\varphi) = 0$이다. 따라서, 접벡터 $\partial_i(\mathbf{n}\circ\varphi)_\mathbf{p} \in T\mathbb{R}^3$는 단위법선벡터 $(\mathbf{n}\circ\varphi)_\mathbf{p}$에 수직이므로 $\partial_i(\mathbf{n} \circ \varphi)_\mathbf{p} \in T_\mathbf{p}M$이다. 그러므로, 접벡터 $\mathbf{v_p} = v^i \partial_i \varphi_\mathbf{p} \in T_\mathbf{p}M$에 대하여,

$$D_{\mathbf{v_p}}\mathbf{n} = D_{v^i \partial_i \varphi_\mathbf{p}}\mathbf{n} = v^i D_{\partial_i \varphi}\mathbf{n} = v^i \partial_i(\mathbf{n} \circ \varphi)_\mathbf{p} \in T_\mathbf{p}M$$

이다. □

다음과 같이 곡면의 접벡터에 대한 단위법선벡터장의 방향도벡터장에 대한 사상을 정의한다.

정의 3.24: 곡면의 바인가르텐 사상

단위법선벡터장이 $\mathbf{n}$인 곡면 M에 대하여,

$$W(\mathbf{v_p}) := -D_{\mathbf{v_p}}\mathbf{n} = D_{\mathbf{v_p}}(-\mathbf{n})$$

로 정의되는 사상 $W: TM \to TM$를 M에 대한 **바인가르텐 사상**[a]이라고 한다.

[a]바인가르텐 사상을 **모양연산자**라고도 한다.

작용점 $\mathbf{p}$에서의 접벡터 $\mathbf{v_p}, \mathbf{w_p} \in T_{\mathbf{p}}M$와 실수 $a, b \in \mathbb{R}$에 대하여,

$$D_{a\mathbf{v_p}+b\mathbf{w_p}}\mathbf{n} = aD_{\mathbf{v_p}}\mathbf{n} + bD_{\mathbf{w_p}}\mathbf{n}$$

이므로

$$W(a\mathbf{v_p} + b\mathbf{w_p}) = aW(\mathbf{v_p}) + bW(\mathbf{w_p})$$

이다.

정의 3.25: 좌표조각에 대한 바인가르텐 사상의 계수

곡면 M의 좌표조각 φ에 대하여, 좌표조각 φ에 대한 바인가르텐 사상이 W_φ이면

$$W_\varphi = L^i_j \partial_i \otimes \partial^j$$

인 함수 $L^i_j: D \to \mathbb{R}$를 좌표조각 φ에 대한 **바인가르텐 사상의 계수**라고 한다.

좌표조각 φ에 대한 바인가르텐 사상 W_φ에 대하여

$$W_\varphi(v^i\partial_i) = v^i W_\varphi(\partial_i) = v^i L^j_i \partial_j$$

이다.

예제 3.20. 중심이 원점 $O = (0, 0, 0)$이고 반지름의 길이가 r인 구면 M에 대하여, 구면 M에 놓인 점에서 바깥쪽으로 향하는 벡터를 단위접벡터장 $\mathbf{n}$으로 놓을 때 구면 M의 바인가르텐 사상을 구하라.

풀이. 구면 M에 놓인 점 $\mathbf{x} = (x^1, x^2, x^3)$에서 $\mathbf{n}(\mathbf{x}) = (x^i/r)\partial_i$이다. 구면 M에 놓인 접벡터 $\mathbf{v_x} = v^i \partial_{i\mathbf{x}}$에 대하여

$$W(\mathbf{v_x}) = -D_{\mathbf{v_x}}\mathbf{n} = -v^j \partial_j \left(\frac{x^i}{r}\right)\partial_i = -\frac{v^i}{r}\partial_i = -\frac{1}{r}\mathbf{v_x}$$

이다. □

바인가르텐 사상은 접벡터에 대한 단위법선벡터장의 방향도벡터장으로 정의되므로, 바인가르텐 사상으로부터 곡면의 굽은 정도를 알 수 있다. 특히 바인가르텐 사상이 영사상임은 곡면이 평면의 일부이기 위한 필요충분조건임을 알 수 있다.

정리 3.13: 곡면이 평면이기 위한 필요충분조건

단순곡면 M에 대하여, 바인가르텐 사상이 영사상임은 곡면 M이 평면에 놓여 있기 위한 필요충분조건이다.

증명. 곡면 M이 평면에 놓여 있다고 가정하자. 그러면 단위법선벡터장 $\mathbf{n}$이 상수벡터장이므로 바인가르텐 사상은 영사상이다.

역으로 바인가르텐 사상 W가 영사상이라고 가정하자. 그러면 단위법선벡터장 $\mathbf{n}$은 상수벡터장이다. 곡면에 놓인 점 $\mathbf{p}$를 고정하자. 곡면에 놓인 임의의 점을 $\mathbf{q}$로 놓으면 M은 연결되므로 점 $\mathbf{p} = \gamma(a)$에서 점 $\mathbf{q} = \gamma(b)$까지 연결하는 곡선 $\gamma\colon [a, b] \to M$가 존재한다. 이제 함수 $h(t) = (\gamma(t) - \mathbf{p})\cdot\mathbf{n}$에 대하여, $\dot{h}(t) = \dot{\gamma}(t)\cdot\mathbf{n} = 0$이므로 도함수 $\dot{h}$는 영함수이고 h는 상수함수이다. $h(a) = 0$이므로 h는 영함수이고 $0 = h(b) = (\mathbf{q} - \mathbf{p})\cdot\mathbf{n}$이다. 따라서, M은 점 $\mathbf{p}$를 지나고 벡터 $\mathbf{n}$에 수직인 평면에 놓여 있다. □

좌표조각 φ에 대한 곡면 M의 바인가르텐 사상의 계수 L_i^j에 대하여,

$$\partial_i(\mathbf{n}\circ\varphi) = -L_i^j \partial_j \varphi \quad (i = 1, 2)$$

를 **바인가르텐의 공식**이라고 한다. 접평면 $T_\mathbf{p}M$의 기저 $(\partial_1\varphi, \partial_2\varphi, \mathbf{n}\circ\varphi)$에 대하여,

$$\partial_j\partial_i\varphi = \Gamma_{ij}{}^k \partial_k\varphi + L_{ij}(\mathbf{n}\circ\varphi) \qquad (1 \le i, j \le 2), \qquad \text{(가우스)}$$

$$\partial_i(\mathbf{n}\circ\varphi) = -L_i^k \partial_k\varphi \qquad (1 \le i \le 2) \qquad \text{(바인가르텐)}$$

이다.

곡면의 제1 기본형식을 이용하면, 곡면의 제2 기본형식으로부터 바인가르텐 사상을 구할 수 있으며 역으로 곡면의 바인가르텐 사상으로부터 제2 기본형식을 구할 수 있다.

정리 3.14: 제2 기본형식의 계수와 바인가르텐 사상의 계수

곡면 M의 좌표조각 $\varphi\colon D \to M$에 대하여,

$$L_{ij} = g_{ik}L^k_j, \qquad L^i_j = g^{ik}L_{kj} \qquad (1 \le i, j \le 2)$$

이다.

증명. $i = 1, 2$일 때, $\partial_i\varphi \cdot (\mathbf{n} \circ \varphi) = 0$이므로

$$\begin{aligned} 0 &= \partial_j\partial_i\varphi \cdot (\mathbf{n} \circ \varphi) + \partial_i\varphi \cdot \partial_j(\mathbf{n} \circ \varphi) = L_{ij} - \partial_i\varphi \cdot W(\partial_j\varphi) \\ &= L_{ij} - \partial_i\varphi \cdot \left(L^k_j\partial_k\varphi\right) = L_{ij} - g_{ik}L^k_j, \end{aligned}$$

즉 $L_{ij} = g_{ik}L^k_j$이다. 따라서,

$$g^{ik}L_{kj} = g^{ik}g_{k\ell}L^\ell_j = \delta^i_\ell L^\ell_j = L^i_j$$

이다. □

예제 3.21. 좌표조각 $\varphi(u^1, u^2) = (\cos u^1, \sin u^1, u^2)$에 대하여, 좌표조각 φ에 대한 바인가르텐 사상 W_α를 구하라.

풀이. 예제 3.16으로부터 $g^{11} = 1$, $g^{12} = 0 = g^{21}$, $g^{22} = 1$와 예제 3.19로부터 $L_{11} = -1$, $L_{12} = 0 = L_{21}$, $L_{22} = 0$이므로

$$\begin{aligned} L^1_1 &= g^{11}L_{11} + g^{12}L_{21} = -1, \\ L^1_2 &= g^{11}L_{12} + g^{12}L_{22} = 0, \\ L^2_1 &= g^{21}L_{11} + g^{22}L_{21} = 0, \\ L^2_2 &= g^{21}L_{12} + g^{22}L_{22} = 0 \end{aligned}$$

이다. 따라서

$$W_\varphi = -\partial_1 \otimes \partial^1$$

이다. □

정리 3.14에 따라서, 곡면의 제2 기본형식과 제1 기본형식과 바인가르텐 사상에는 다음의 관계가 존재한다.

정리 3.15: 곡면의 제2 기본형식과 제1 기본형식과 바인가르텐 사상 사이의 관계

곡면 M에 정의된 벡터장 X와 Y에 대하여,

$$\mathrm{II}(X, Y) = \mathrm{I}(W(X), Y)$$

이다.

증명. 좌표조각 $\varphi\colon D \to M$에 대하여, $1 \le i \le 2$일 때 접벡터 $\partial_i\varphi$는 단위법선벡터 $\mathbf{n}$과 수직이므로 $\partial_i\varphi \cdot (\mathbf{n}\circ\varphi) = 0$이다. 따라서, 양변을 u^j 방향으로 편미분하면

$$\partial_j\partial_i\varphi \cdot (\mathbf{n}\circ\varphi) + \partial_i\varphi \cdot \partial_j(\mathbf{n}\circ\varphi) = 0$$

이므로,

$$\partial_i\varphi \cdot \partial_j(\mathbf{n}\circ\varphi) = -\partial_j\partial_i\varphi \cdot (\mathbf{n}\circ\varphi) = -L_{ij}$$

이다. $W(\partial_1\varphi) = -\partial_1(\mathbf{n}\circ\varphi)$, $W(\partial_2\varphi) = -\partial_2(\mathbf{n}\circ\varphi)$이므로, 벡터장 $X = X^i\partial_i\varphi$와 $Y = Y^i\partial_i\varphi$에 대하여

$$\begin{aligned}
\mathrm{I}(W(X), Y) &= \mathrm{I}\left(-X^i\partial_i(\mathbf{n}\circ\varphi), Y^j\partial_j\varphi\right) \\
&= -X^iY^j\,\mathrm{I}\left(\partial_i(\mathbf{n}\circ\varphi), \partial_j\varphi\right) = X^iY^j\,\mathrm{I}\left(L_i^k\partial_k\varphi, \partial_j\varphi\right) \\
&= X^iY^jg_{kj}L_i^k = X^iY^jL_{ji} = X^iY^jL_{ij} = \mathrm{II}(X, Y)
\end{aligned}$$

이다. □

곡면 M의 제1 기본형식과 제2 기본형식의 대칭성에 따라서

$$\mathrm{I}(W(X), Y) = \mathrm{II}(X, Y) = \mathrm{II}(Y, X) = \mathrm{I}(W(Y), X) = \mathrm{I}(X, W(Y)),$$

즉

$$\boxed{\mathrm{I}(W(X), Y) = \mathrm{I}(X, W(Y))}$$

이다.

3.5.4 곡면의 기본정리

곡면 M의 좌표조각 $\varphi\colon D \to M$에 대하여, 작용점 $\mathbf{p} \in \varphi(D)$에서 $(\partial_1\varphi, \partial_2\varphi)$는 접평면 $T_\mathbf{p}M$의 기저이다. 이때 연립방정식

$$\partial_k\partial_j\partial_i\varphi = \partial_j\partial_k\partial_i\varphi \qquad (1 \le i, j, k \le 2)$$

를 다음의 정리로 나타낼 수 있다.

정리 3.16: 곡면에 대한 가우스의 방정식과 코다치-마이나르디의 방정식

곡면 M의 좌표조각 $\varphi\colon D \to M$에 대하여, $1 \le i, j, k, \ell \le 2$일 때

$$L_{ik}L_j^\ell - L_{ij}L_k^\ell = \partial_j\Gamma_{ik}{}^\ell - \partial_k\Gamma_{ij}{}^\ell + \Gamma_{ik}{}^m\Gamma_{mj}{}^\ell - \Gamma_{ij}{}^m\Gamma_{mk}{}^\ell \qquad \text{(가우스)}$$

그리고

$$\partial_k L_{ij} - \partial_j L_{ik} = \Gamma_{ik}{}^m L_{mj} - \Gamma_{ij}{}^m L_{mk} \qquad \text{(코다치-마이나르디)}$$

이다.

증명. 단위법선벡터장이 $\mathbf{n}$인 좌표조각 φ에 대한 틀장 $(\partial_1\varphi, \partial_2\varphi, (\mathbf{n}\circ\varphi))$에 대하여,

$$\partial_j\partial_i\varphi = \Gamma_{ij}{}^\ell\partial_\ell\varphi + L_{ij}(\mathbf{n}\circ\varphi), \qquad \partial_k(\mathbf{n}\circ\varphi) = -L_k^\ell\partial_\ell\varphi$$

이므로,

$$\begin{aligned}
\partial_k\partial_j\partial_i\varphi &= \left(\partial_k\Gamma_{ij}{}^\ell\right)\partial_\ell\varphi + \Gamma_{ij}{}^\ell\partial_k\partial_\ell\varphi + (\partial_k L_{ij})\,(\mathbf{n}\circ\varphi) + L_{ij}\partial_k(\mathbf{n}\circ\varphi) \\
&= \left(\partial_k\Gamma_{ij}{}^\ell\right)\partial_\ell\varphi + \Gamma_{ij}{}^\ell\Gamma_{\ell k}{}^m\partial_m\varphi + \Gamma_{ij}{}^\ell L_{\ell k}(\mathbf{n}\circ\varphi) \\
&\qquad + \partial_k L_{ij}(\mathbf{n}\circ\varphi) - L_{ij}L_k^\ell\partial_\ell\varphi \\
&= \left(\partial_k\Gamma_{ij}{}^\ell + \Gamma_{ij}{}^m\Gamma_{mk}{}^\ell - L_{ij}L_k^\ell\right)\partial_\ell\varphi + \left(\Gamma_{ij}{}^m L_{mk} + \partial_k L_{ij}\right)(\mathbf{n}\circ\varphi)
\end{aligned}$$

이고

$$\partial_j\partial_k\partial_i\varphi = \left(\partial_j\Gamma_{ik}{}^\ell + \Gamma_{ik}{}^m\Gamma_{mj}{}^\ell - L_{ik}L_j^\ell\right)\partial_\ell\varphi + \left(\Gamma_{ik}{}^m L_{mj} + \partial_j L_{ik}\right)(\mathbf{n}\circ\varphi)$$

이다. 여기서 $\partial_k\partial_j\partial_i\varphi = \partial_j\partial_k\partial_i\varphi$이고 $(\partial_1\varphi, \partial_2\varphi, (\mathbf{n}\circ\varphi))$은 접벡터공간 $T_\mathbf{p}\mathbb{R}^3$의 기저

이므로,

$$\partial_k \Gamma_{ij}{}^{\ell} + \Gamma_{ij}{}^{m} \Gamma_{mk}{}^{\ell} - L_{ij} L_k^{\ell} = \partial_j \Gamma_{ik}{}^{\ell} + \Gamma_{ik}{}^{m} \Gamma_{mj}{}^{\ell} - L_{ik} L_j^{\ell},$$

즉

$$L_{ik} L_j^{\ell} - L_{ij} L_k^{\ell} = \partial_j \Gamma_{ik}{}^{\ell} - \partial_k \Gamma_{ij}{}^{\ell} + \Gamma_{ik}{}^{m} \Gamma_{mj}{}^{\ell} - \Gamma_{ij}{}^{m} \Gamma_{mk}{}^{\ell}$$

이고,

$$\Gamma_{ij}{}^{m} L_{mk} + \partial_k L_{ij} = \Gamma_{ik}{}^{m} L_{mj} + \partial_j L_{ik},$$

즉

$$\partial_k L_{ij} - \partial_j L_{ik} = \Gamma_{ik}{}^{m} L_{mj} - \Gamma_{ij}{}^{m} L_{mk}$$

이다. □

제1장에서 정의한 회전변환과 적절한 강체변환의 정의를 다시 한 번 살펴보자. 선형사상 $R\colon \mathbb{R}^3 \to \mathbb{R}^3$에 대하여, $(R(\mathbf{e}_1), R(\mathbf{e}_2), R(\mathbf{e}_3))$이 정규직교틀이고

$$R(\mathbf{e}_3) = R(\mathbf{e}_1) \times R(\mathbf{e}_2)$$

이면 R을 회전변환이라고 한다. 사상 $F\colon \mathbb{R}^3 \to \mathbb{R}^3$에 대하여 F가 회전변환이거나 평행이동이거나 또는 유한개의 회전변환이나 평행이동의 합성이면 F는 적절한 강체변환이라고 한다.

정의 3.26: 곡면에 대한 강체동형

곡면 M_1과 M_2에 대하여, $\Phi(M_1) = M_2$인 적절한 강체변환 $\Phi\colon \mathbb{R}^3 \to \mathbb{R}^3$이 존재하면 곡면 M_1과 M_2는 **강체동형**이라고 한다.

곡면 M_1과 M_2가 강체동형이면 모양의 변화없이 M_1을 회전변환이나 평행이동 또는 이 둘의 합성을 적용하여 M_2로 변환시킬 수 있음을 의미한다.

곡선의 기본정리에 따르면 곡률함수와 비틀림함수가 곡선의 모양을 완전히 결정한다. 곡면의 경우에는 곡면의 제1 기본형식과 제2 기본형식이 곡면의 모양을 완전히 결정함을 다음에서 알 수 있다.

정리 3.17: (보네) 곡면의 기본정리

평면 $\mathbb{R}^2$에 놓인 호로 연결된 열린 집합 U에 정의된 미분가능한 함수 $g_{ij}: U \to \mathbb{R}$와 $L_{ij}: U \to \mathbb{R}$ $(i, j = 1, 2)$에 대하여,

(가) $g_{12} = g_{21}$, $g_{11} > 0$, $g_{22} > 0$, $g_{11}g_{22} - g_{12}g_{21} > 0$, $L_{12} = L_{21}$,

(나) $i, j, \ell = 1, 2$일 때

$$(g^{ij}) = (g_{ij})^{-1}, \quad L_j^i = g^{ik} L_{kj}, \quad \Gamma_{ij}{}^{\ell} = \frac{1}{2}(\partial_i g_{jk} + \partial_j g_{ki} - \partial_k g_{ij})\, g^{k\ell}$$

에 대하여, 가우스의 방정식

$$L_{ik}L_j^{\ell} - L_{ij}L_k^{\ell} = \partial_j \Gamma_{ik}{}^{\ell} - \partial_k \Gamma_{ij}{}^{\ell} + \Gamma_{ik}{}^{m}\Gamma_{mj}{}^{\ell} - \Gamma_{ij}{}^{m}\Gamma_{mk}{}^{\ell} \ (1 \le i, \ell, j, k \le 2)$$

와 코다치-마이나르디의 방정식

$$\partial_k L_{ij} - \partial_j L_{ik} = \Gamma_{ik}{}^{m} L_{mj} - \Gamma_{ij}{}^{m} L_{mk} \qquad (1 \le i, j, k \le 2)$$

이 성립한다

이면, 임의의 점 $\mathbf{a} \in U$에 대하여, $\mathbf{a} \in V$인 열린 집합 $V \subset U$와 g_{ij}와 L_{ij}가 제1 기본형식과 제2 기본형식의 계수인 좌표조각 $\varphi: V \to \mathbb{R}^3$가 존재한다. 또한 $\varphi_\beta: V \to \mathbb{R}^3$가 위의 조건이 성립하는 좌표조각이면 $\varphi_\beta(V)$는 $\varphi(V)$와 강체동형이다.

이 정리의 증명은 생략한다.

연습문제 3.5

1. 단위구면 $M = S^2$의 좌표조각

$$\varphi(u^1, u^2) = (\cos u^1 \cos u^2, \cos u^1 \sin u^2, \sin u^1)$$

에 대한 제2 기본형식 $L_\varphi = L_{ij}\partial^i \otimes \partial^j$와 바인가르텐 사상 $W_\varphi = L^i_j \partial_i \otimes \partial^j$를 구하라.

2. 원환면 M의 좌표조각

$$\varphi(u^1, u^2) = \big((3 + \cos u^1)\cos u^2,\ (3 + \cos u^1)\sin u^2, \sin u^1\big)$$

에 대한 제2 기본형식 $L_\varphi = L_{ij}\partial^i \otimes \partial^j$와 바인가르텐 사상 $W_\varphi = L^i_j \partial_i \otimes \partial^j$를 구하라.

3. 모든 s에서 $r(s) > 0$인 단위속력곡선 $\sigma(s) = (r(s), 0, z(s))$에 대하여, x^3-축을 중심으로 곡선 σ를 회전시켜서 만들어지는 회전면의 좌표조각

$$\varphi(s, \theta) = (r(s)\cos\theta,\ r(s)\sin\theta,\ z(s)), \quad (-\pi < \theta < \pi)$$

에 대한 제2 기본형식 $L_\varphi = L_{ij}\partial^i \otimes \partial^j$와 바인가르텐 사상 $W_\varphi = L^i_j \partial_i \otimes \partial^j$를 구하라.

4. 다음 곡면의 좌표조각에 대한 바인가르텐 사상 W_φ를 구하라.

(가) 타원포물면 $\varphi(u^1, u^2) = (u^1, u^2, (u^1)^2 + (u^2)^2)$,

(나) 쌍곡포물면 $\varphi(u^1, u^2) = (u^1, u^2, (u^1)^2 - (u^2)^2)$,

(다) 포물기둥면 $\varphi(u^1, u^2) = (u^1, u^2, (u^1)^2)$,

(라) 평면 $\varphi(u^1, u^2) = (u^1, u^2, 0)$.

3.6 곡면의 점에서 주곡률과 주방향

3.6.1 곡면에 놓인 곡선의 법곡률과 측지적 곡률

공간 $\mathbb{R}^3$에 놓인 곡선 $\gamma\colon [a,b] \to \mathbb{R}^3$에 대하여, 제2장에서 프레네 틀 (T, N, B)를 사용하여 곡선을 분석할 수 있었다. 이 절에서는 방향을 줄 수 있는 곡면 M에 놓인 곡선 $\gamma\colon [a,b] \to M$를 분석한다. 이때 곡면 M의 방향인 단위법선벡터장을 반영하는 새로운 정규직교틀을 이용하여 곡선 γ를 분석한다.

단위법선벡터장이 $\mathbf{n} = \partial_1\varphi\times\partial_2\varphi/\|\partial_1\varphi\times\partial_2\varphi\|$인 곡면 M에 대한 좌표조각 $\varphi\colon D \to M$와 단순곡면 $\varphi(D)$에 놓인 단위속력곡선 $\gamma\colon [a,b] \to \varphi(D)$에 대하여, $\gamma(s) = \varphi(\eta(s))$일 때

$$T(s) = \dot\gamma(s) = \dot\eta^i(s)\,\partial_i\varphi(\eta(s))$$

인 벡터장 $T\colon [a,b] \to TM$는 γ의 단위속력벡터장이다. 여기서 $\eta = (\eta^1, \eta^2)$이다.

곡선 γ를 분석하기 위하여 다음의 정규직교틀 $(T, S, \overline{N})$를 정의한다.

정의 3.27: 곡면에 놓인 곡선의 단위법선벡터장과 내재적 법선벡터장

단위법선벡터장이 $\mathbf{n}$인 곡면 M에 놓인 단위속력곡선 $\gamma\colon [a,b] \to M$에 대하여,

$$\overline{N}(s) = \mathbf{n}(\gamma(s))$$

인 벡터장 $\overline{N}\colon [a,b] \to T\mathbb{R}^3$를 γ의 **단위법선벡터장**이라고 하고

$$S(s) = \overline{N}(s) \times T(s)$$

인 벡터장 $S\colon [a,b] \to TM$를 γ의 **내재적 법선벡터장**이라고 한다.

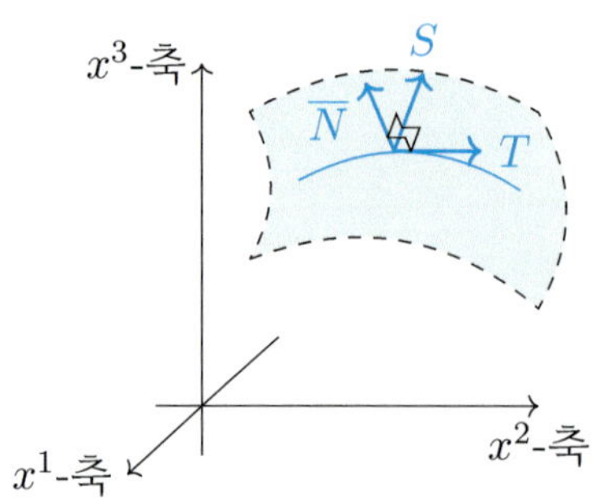

그림 3.19 곡면에 놓인 곡선에 대한 정규직교틀 $(T, S, \overline{N})$

작용점 $\gamma(s)$에서 단위법선벡터 $\overline{N}(s)$는 접평면 $T_{\gamma(s)}M$과 직교하고 $S(s) = \overline{N}(s) \times T(s)$이므로 내재적 법선벡터 $S(s)$는 접평면 $T_{\gamma(s)}M$에 놓인다.

단위속력곡선 γ에 대하여, 속도벡터장이 $\dot{\gamma}(s) = \dot{\eta}^i(s)\partial_i\varphi(\eta(s))$이므로 가속도벡터장은

$$\ddot{\gamma}(s) = \ddot{\eta}^i(s)\,\partial_i\varphi(\eta(s)) + \dot{\eta}^i(s)\,\dot{\eta}^j(s)\,\partial_j\partial_i\varphi(\eta(s))$$

이다. 곡선 γ의 프레네-세레의 장치가 (T, N, B, κ, τ)일 때

$$\kappa(s)N(s) = \dot{T}(s) = \ddot{\gamma}(s)$$

이므로

$$\boxed{\kappa(s) = \|\ddot{\gamma}(s)\|}$$

이다. 다시 말하면, 단위속력곡선 γ의 곡률 κ는 가속도벡터 $\ddot{\gamma}$의 크기이다.

이제 곡면 M에 놓인 단위속력곡선 γ의 곡률을 곡면 M에 대하여 분석하기 위하여 정규직교틀 $(T, S, \overline{N})$를 도입하자. $\ddot{\gamma} \cdot T = 0$이므로, 정규직교틀 $(T, S, \overline{N})$에 대한 가속도벡터 $\ddot{\gamma}(s)$의 분해는

$$\ddot{\gamma}(s) = (\ddot{\gamma}(s) \cdot S(s))\,S(s) + (\ddot{\gamma}(s) \cdot \overline{N}(s))\,\overline{N}(s)$$

이다. 가속도벡터 $\ddot{\gamma}(s)$의 $S(s)$와 $\overline{N}(s)$에 대한 성분으로서 곡률을 다음과 같이 정의한다.

정의 3.28: 곡면에 놓인 단위속력곡선의 측지적 곡률과 법곡률

곡면 M에 놓인 단위속력곡선 $\gamma\colon [a,b] \to M$와 정규직교틀 $(T, S, \overline{N})$에 대하여,

$$\kappa_g(s) = \ddot{\gamma}(s) \cdot S(s)$$

로 정의되는 함수 $\kappa_g\colon (a,b) \to \mathbb{R}$를 γ의 **측지적 곡률**이라고 하고

$$\kappa_n(s) = \ddot{\gamma}(s) \cdot \overline{N}(s)$$

로 정의되는 함수 $\kappa_n\colon (a,b) \to \mathbb{R}$을 γ의 **법곡률**이라고 한다.

단위속력곡선 γ의 가속도벡터장 $\ddot{\gamma}$을 정규직교틀 $(T, S, \overline{N})$을 이용하여 나타내면, $\ddot{\gamma}(s) \cdot T(s) = 0$이므로

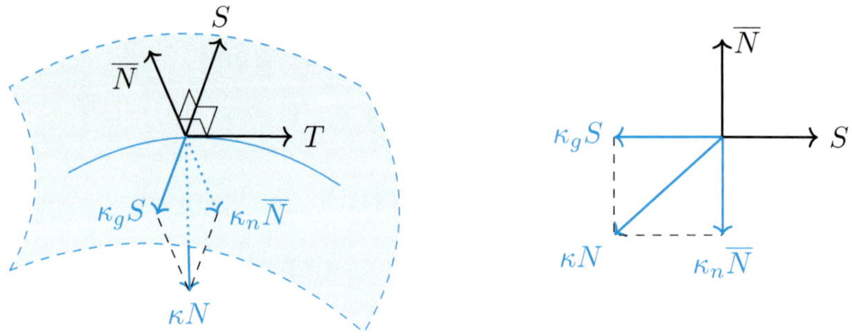

그림 3.20 곡면에 놓인 곡선의 측지적 곡률 κ_g과 법곡률 κ_n

$$\kappa(s)N(s) = \ddot{\gamma}(s) = \kappa_g(s)S(s) + \kappa_n(s)\overline{N}(s)$$

이다. 곡선의 곡률에 대해서는 항상 $0 \le \kappa$이지만, 법곡률과 측지적 곡률은 음수일 수도 있다. 또한 피타고라스의 정리에 따라서

$$\kappa^2 = {\kappa_n}^2 + {\kappa_g}^2$$

이다.

예제 3.22. 단위구면 $M = \{(x^1, x^2, x^3) \in \mathbb{R}^3 : (x^1)^2 + (x^2)^2 + (x^3)^2 = 1\}$에 놓인 곡선 $\gamma(s) = \Big((\sqrt{2}/2)\cos(\sqrt{2}s), (\sqrt{2}/2)\sin(\sqrt{2}s), \sqrt{2}/2\Big)$가 단위속력임을 보이고, γ에 대한 정규직교틀장 $(T, S, \overline{N})$을 구하고 곡률 $\kappa, \kappa_g, \kappa_n$을 계산하라.

풀이. 곡선 γ에 대하여, $\dot{\gamma}(s) = (-\sin(\sqrt{2}s), \cos(\sqrt{2}s), 0)_{\gamma(s)}$이므로, γ는 단위속력 곡선이다. 따라서, γ의 단위속력벡터장은

$$T(s) = \dot{\gamma}(s) = \Big(-\sin(\sqrt{2}s), \cos(\sqrt{2}s), 0\Big)_{\gamma(s)}$$

이다. 한편, 곡면이 중심이 원점이고 반지름이 1인 구면이므로, 단위법선벡터장은

$$\overline{N}(s) = \left(\frac{\sqrt{2}}{2}\cos(\sqrt{2}s), \frac{\sqrt{2}}{2}\sin(\sqrt{2}s), \frac{\sqrt{2}}{2}\right)_{\gamma(s)}$$

이고 내재적 법선벡터장은

$$S(s) = \overline{N}(s) \times T(s) = \det\begin{pmatrix} \partial_1 & \partial_2 & \partial_3 \\ \frac{\sqrt{2}}{2}\cos(\sqrt{2}s) & \frac{\sqrt{2}}{2}\sin(\sqrt{2}s) & \frac{\sqrt{2}}{2} \\ -\sin(\sqrt{2}s) & \cos(\sqrt{2}s) & 0 \end{pmatrix}$$
$$= \left(-\frac{\sqrt{2}}{2}\cos(\sqrt{2}s), -\frac{\sqrt{2}}{2}\sin(\sqrt{2}s), \frac{\sqrt{2}}{2}\right)_{\gamma(s)}$$

이다. 곡선의 가속도벡터장이

$$\dot{T}(s) = \ddot{\gamma}(t) = \left(-\sqrt{2}\cos(\sqrt{2}s), -\sqrt{2}\sin(\sqrt{2}s), 0\right)_{\gamma(s)}$$

이므로 $\kappa(s) = \|\dot{T}(s)\| = \sqrt{2}$이다. 또한, $\dot{T}(s) = \kappa_g(s)S(s) + \kappa_n(s)\overline{N}(s)$로부터

$$\kappa_g(s) + \kappa_n(s) = 0, \qquad \kappa_g(s) - \kappa_n(s) = 2$$

이므로, $\kappa_g = 1$이고 $\kappa_n = -1$이다. □

곡면에 대한 크리스토펠 기호와 제2 기본형식의 계수를 이용하여 단위속력곡선의 법곡률과 측지적 곡률을 다음과 같이 나타낼 수 있다.

정리 3.18: 곡면에 놓인 곡선의 법곡률과 측지적 곡률

단위법선벡터장이 $\mathbf{n}$인 곡면 M에 대한 좌표조각 $\varphi: D \to M$과 단위속력곡선 $\gamma(s) = \varphi(\eta(s)) = \varphi(\eta^1(s), \eta^2(s))$에 대하여,

$$\begin{aligned} \kappa_g S &= \left(\ddot{\eta}^k + \left(\Gamma_{ij}{}^k \circ \eta\right)\dot{\eta}^i\dot{\eta}^j\right)(\partial_k\varphi \circ \eta), \\ \kappa_n &= (L_{ij} \circ \eta)\,\dot{\eta}^i\dot{\eta}^j \end{aligned}$$

이다.

증명. 곡면 M의 좌표조각 φ에 대한 가우스 공식 $\partial_j\partial_i\varphi = \Gamma_{ij}{}^k\partial_k\varphi + L_{ij}(\mathbf{n} \circ \varphi)$을

$$\ddot{\gamma} = \ddot{\eta}^i(\partial_i\varphi \circ \eta) + \dot{\eta}^i\dot{\eta}^j(\partial_j\partial_i\varphi \circ \eta)$$

에 대입하면

$$\begin{aligned}\ddot{\gamma} &= \ddot{\eta}^i(\partial_i\varphi\circ\eta)+\dot{\eta}^i\dot{\eta}^j\left(\left({\Gamma_{ij}}^k\circ\eta\right)(\partial_k\varphi\circ\eta)+(L_{ij}\circ\eta)(\mathbf{n}\circ\varphi\circ\eta)\right)\\ &= \left(\ddot{\eta}^k+\left({\Gamma_{ij}}^k\circ\eta\right)\dot{\eta}^i\dot{\eta}^j\right)(\partial_k\varphi\circ\eta)+(L_{ij}\circ\eta)\,\dot{\eta}^i\dot{\eta}^j(\mathbf{n}\circ\varphi\circ\eta)\end{aligned}$$

이다. □

곡면 M에 대한 좌표조각 $\varphi\colon D\to M$과 단위속력곡선 $\gamma\colon[a,b]\to\varphi(D)$에 대하여, 정리 3.18에 따라서

$$\kappa_n(s)=\mathrm{II}(\dot{\gamma}(s),\dot{\gamma}(s))$$

이다.

정리 3.19: 곡면에 놓인 곡선의 법곡률

곡면 M에 놓인 단위속력곡선 $\gamma_1\colon[a,b]\to M$과 $\gamma_2\colon[a,b]\to M$에 대하여,

$$\gamma_1(c)=\gamma_2(c)$$

그리고

$$\dot{\gamma}_1(c)=\dot{\gamma}_2(c)\quad \text{또는}\quad \dot{\gamma}_1(c)=-\dot{\gamma}_2(c)$$

이면 c에서 두 곡선의 법곡률은 서로 같다.

증명. 점 c에서 $\gamma_1(c)=\gamma_2(c)$ 그리고 $\dot{\gamma}_1(c)=\pm\dot{\gamma}_2(c)$라고 가정하자. 그러면,

$$\mathrm{II}(\dot{\gamma}_1(c),\dot{\gamma}_1(c))=\mathrm{II}(\pm\dot{\gamma}_2(c),\pm\dot{\gamma}_2(c))=\mathrm{II}(\dot{\gamma}_2(c),\dot{\gamma}_2(c))$$

이므로, c에서 두 곡선의 법곡률은 서로 같다. □

위의 정리로부터 작용점에서 곡면에 놓인 곡선의 법곡률은 곡선에 종속적이지 않음을 알 수 있다.

곡면 M에 대한 좌표조각 $\varphi\colon D\to M$에 대하여, $1\le i,j\le 2$일 때 $A_{ij}=\mathbf{n}\cdot(\partial_i\varphi\times\partial_j\varphi)$는 벡터 $\partial_i\varphi$, $\partial_j\varphi$, $\mathbf{n}$이 생성하는 평행육면체의 부피이다. 이때

$$A_{11}=A_{22}=0,\quad A_{12}=-A_{21}=\sqrt{g_{11}g_{22}-{g_{12}}^2}$$

이므로 A_{ij}는 곡면 M에 내재적이다. 정리 3.11에 따라서, $1 \le i, j \le 2$일 때

$$\Gamma_{ij}{}^{k} = \frac{1}{2}\left(\partial_i g_{j\ell} + \partial_j g_{\ell i} - \partial_\ell g_{ij}\right) g^{\ell k}$$

이므로, $\Gamma_{ij}{}^{k}$는 곡면에 내재적이다. 곡면에 놓인 곡선의 측지적 곡률도 곡면에 내재적임을 다음에서 알 수 있다.

정리 3.20: 곡면에 놓인 곡선 측지적 곡률의 내재성

곡면 M의 좌표조각 $\varphi\colon D \to M$와 단위법선벡터장 $\mathbf{n}$과 단위속력곡선 $\gamma(s) = \varphi(\eta^1(s), \eta^2(s))$에 대하여,

$$\kappa_g = \left(\ddot{\eta}^k + \left(\Gamma_{ij}{}^{k} \circ \eta\right) \dot{\eta}^i \dot{\eta}^j\right) \dot{\eta}^\ell \left[(\mathbf{n} \circ \gamma) \cdot \{(\partial_\ell \varphi \circ \eta) \times (\partial_k \varphi \circ \eta)\}\right]$$

이다.

증명. 단위속력곡선 γ에 대한 정규직교기저 $(T, S, \overline{N})$에 대하여,

$$\begin{aligned}
\kappa_g &= \kappa_g S \cdot S = \kappa_g S \cdot \left(\overline{N} \times T\right) \\
&= \left(\ddot{\eta}^k + \left(\Gamma_{ij}{}^{k} \circ \eta\right) \dot{\eta}^i \dot{\eta}^j\right) (\partial_k \varphi \circ \eta) \cdot \left\{\overline{N} \times \left(\dot{\eta}^\ell (\partial_\ell \varphi \circ \eta)\right)\right\} \\
&= \left(\ddot{\eta}^k + \left(\Gamma_{ij}{}^{k} \circ \eta\right) \dot{\eta}^i \dot{\eta}^j\right) \dot{\eta}^\ell \left\{(\partial_k \varphi \circ \eta) \cdot \left(\overline{N} \times (\partial_\ell \varphi \circ \eta)\right)\right\} \\
&= \left(\ddot{\eta}^k + \left(\Gamma_{ij}{}^{k} \circ \eta\right) \dot{\eta}^i \dot{\eta}^j\right) \dot{\eta}^\ell \left\{\overline{N} \cdot \left((\partial_\ell \varphi \circ \eta) \times (\partial_k \varphi \circ \eta)\right)\right\}
\end{aligned}$$

이다. □

3.6.2 평면에서 라그랑주의 곱셈자방법

평면에 놓인 영역 D에 정의된 미분가능한 함수 f에 대하여, 점 $\mathbf{a}$가 f의 극점이면

$$\partial_1 f(\mathbf{a}) = 0 = \partial_2 f(\mathbf{a})$$

이다.

영역 D에 정의된 미분가능한 함수 ϕ에 대한 집합

$$Z = \{(u^1, u^2) \in D : \phi(u^1, u^2) = 0\}$$

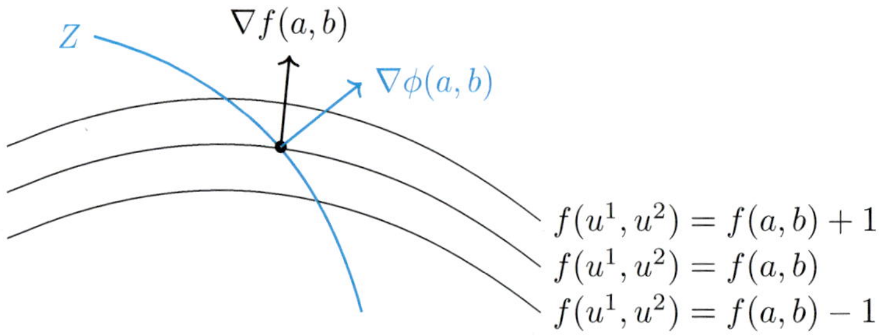

그림 3.21 라그랑주의 곱셈자방법

로 함수 f를 제한할 때는 점 $\mathbf{a}\in Z$가 f의 극점이지만 $\partial_1 f(\mathbf{a})=0=\partial_2 f(\mathbf{a})$이 아닐 수도 있다. 만약 $\nabla\phi(\mathbf{a})\neq(0,0)_{\phi(\mathbf{a})}$이면 $\nabla\phi(\mathbf{a})$는 작용점이 $\mathbf{a}$인 접벡터로서 Z의 접선에 직교한다.

집합 Z에서 함수 f의 극점에 대하여 다음을 알 수 있다.

정리 3.21: 평면에서 라그랑주의 곱셈자방법

영역 $D\subset\mathbb{R}^2$에 정의된 미분가능한 함수 f와 ϕ에 대하여

$$Z=\{(u^1,u^2)\in D\,:\,\phi(u^1,u^2)=0\}$$

일 때, 점 $(a,b)\in Z$에서 기울기벡터 $\nabla\phi(a,b)$가 영벡터가 아니고 Z에서 점 (a,b)가 f의 극점이면

$$\nabla f(a,b)=\lambda\nabla\phi(a,b)$$

인 실수 λ가 존재한다.

증명. 만약에 기울기벡터 $\nabla\phi(a,b)$가 영벡터가 아니고 그림 3.21에서와 같이

$$\nabla f(a,b)=\lambda\,\nabla\phi(a,b)$$

인 실수 λ가 존재하지 않는다고 가정하자. 그러면 벡터 $\nabla f(a,b)$는 벡터 $\nabla\phi(a,b)$와 평행하지 않다. 이때 점 (a,b)에서 함수 f의 등위곡선

$$\{(u^1,u^2)\in D\,:\,f(u^1,u^2)=f(a,b)\}$$

의 접선은 벡터 $\nabla\phi(a,b)$와 직교하지 않으므로, (a,b)에서 기울기벡터 $\nabla f(a,b)$의 Z의 접선 방향으로의 사영벡터는 영벡터가 아니다. 이 사영벡터 방향으로 Z에서 f의 값이

증가한다. 따라서 Z에서 점 (a,b)가 f의 극점일 수 없다. □

함수 f와 ϕ에 대하여,

$$\Psi(u^1,u^2,\lambda) = f(u^1,u^2) - \lambda\phi(u^1,u^2)$$

를 제약조건이 $\phi=0$인 f의 **라그랑주 함수**라고 한다.[1] 여기서 λ를 **라그랑주 곱셈자**라고 한다.[2] 라그랑주 함수 Ψ의 편도함수가

$$\begin{aligned}
\partial_1\Psi(u^1,u^2,\lambda) &= \partial_1 f(u^1,u^2) - \lambda\partial_1\phi(u^1,u^2),\\
\partial_2\Psi(u^1,u^2,\lambda) &= \partial_2 f(u^1,u^2) - \lambda\partial_2\phi(u^1,u^2),\\
\partial_3\Psi(u^1,u^2,\lambda) &= -\phi(u^1,u^2)
\end{aligned}$$

이므로,

$$\nabla\Psi(a,b,\lambda_0) = (0,0,0)$$

은

$$\nabla f(a,b) = \lambda_0\nabla\phi(a,b) \quad \text{그리고} \quad \phi(a,b)=0$$

이기 위한 필요충분조건이다.

따라서, $Z = \{(u^1,u^2)\in D : \phi(u^1,u^2)=0\}$에서 점 $(a,b)\in Z$이 f의 극점이고 $\nabla f(a,b) = \lambda_0\nabla\phi(a,b)$이면 $\nabla\Psi(a,b,\lambda_0) = (0,0,0)$이다.

3.6.3 곡면의 점에서 주곡률과 주방향

단위법선벡터장이 $\mathbf{n}$인 곡면 M에 놓인 점 $\mathbf{p}$에서의 단위접벡터 $\mathbf{t}\in T_{\mathbf{p}}M$에 대하여, 그림 3.22에서와 같이 점 $\mathbf{p}$를 지나고 방향이 $\mathbf{n}(\mathbf{p})\times\mathbf{t}$인 평면을 $P_{\mathbf{t}}$로 놓자.

점 $\mathbf{p}$ 근방에서, 곡면 M과 평면 $P_{\mathbf{t}}$가 만나는 집합이 곡선의 상인 단위속력곡선 $\gamma_{\mathbf{t}}$에 대하여, 점 $\mathbf{p}=\gamma_{\mathbf{t}}(0)$에서의 $\gamma_{\mathbf{t}}$의 법곡률은

$$\kappa_n(\mathbf{t}) = \mathrm{II}(\mathbf{t},\mathbf{t})$$

이다. 모든 방향 $\mathbf{t}$에 대한 법곡률 $\kappa_n(\mathbf{t}) = \mathrm{II}(\mathbf{t},\mathbf{t})$를 구하면, 점 $\mathbf{p}$에서 곡면 M의 굽은 정도를 알 수 있다.

[1]라그랑주 함수를 **라그랑주안**이라고도 한다.
[2]라그랑주 곱셈자를 **라그랑주 승수**라고도 한다.

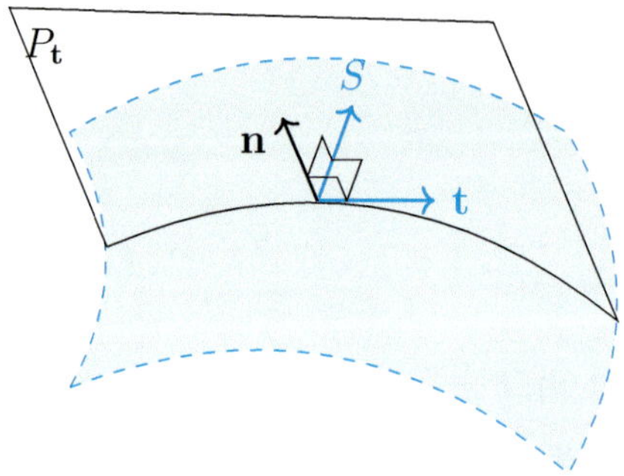

그림 3.22 곡면에 놓인 점에서 단위법선벡터와 단위접벡터가 생성하는 평면

곡면의 굽은 정도를 측정하기 위하여, 다음의 곡률을 정의하자.

정의 3.29: 곡면의 점에서 주곡률과 주방향

곡면 M에 놓인 점 $\mathbf{p}$에서의 단위접벡터 $\mathbf{t} \in T_{\mathbf{p}}M$에 대하여, 만약 모든 방향 중에서 $\kappa_n(\mathbf{t}) = \mathrm{II}(\mathbf{t}, \mathbf{t})$가 최댓값이거나 최솟값이면 $\kappa_n(\mathbf{t})$는 점 $\mathbf{p}$에서 M의 **주곡률**이라고 하고 단위접벡터 $\mathbf{t}$는 점 $\mathbf{p}$에서 M의 **주방향**이라고 한다.

최댓값 $\kappa_n(\mathbf{t})$를 κ_1로 최솟값 $\kappa_n(\mathbf{t})$를 κ_2로 나타내자. 접평면 $T_{\mathbf{p}}M$에 놓인 모든 단위접벡터의 집합 S는 옹골찬 집합이고 함수 $\kappa_n : S \to \mathbb{R}$는 연속이므로, κ_1과 κ_2는 항상 존재한다.

만약 $\kappa_1 = \kappa_2$이면 모든 방향으로의 법곡률은 같다. 이때 점 $\mathbf{p}$는 **배꼽점**이라고 한다. 배꼽점 $\mathbf{p}$ 근방에서 법곡률의 기하적 의미가 접평면에서 곡면의 이차 근사까지의 단위법선벡터 방향으로의 거리의 두 배이므로, 배꼽점 근방에서 곡면의 모양은 그림 3.23과 같다.

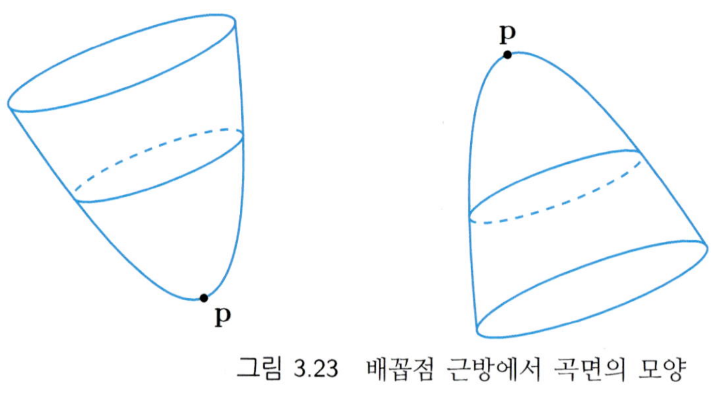

그림 3.23 배꼽점 근방에서 곡면의 모양

바인가르텐 사상 W는 자기수반, 즉 $\mathrm{I}(W(X), Y) = \mathrm{I}(X, W(Y))$이므로 작용점에서 바인가르텐 사상의 고윳값은 항상 실수이다. 이때의 고윳값이 곡면의 점에서 주곡

률임을 다음과 같이 알 수 있다.

정리 3.22: 주곡률과 바인가르텐 사상의 고윳값

곡면 M에 놓인 점 $\mathbf{p}$에서의 단위접벡터 $\mathbf{t} \in T_{\mathbf{p}}M$와 실수 κ에 대하여, $\mathbf{t}$가 주방향이고 κ가 주방향 $\mathbf{t}$에 대한 주곡률이면

$$W(\mathbf{t}) = \kappa \mathbf{t}$$

이다.

증명. 단위접벡터 $\mathbf{t}_0 = ({t_0}^1, {t_0}^2)$가 주방향이고 κ가 주방향 $\mathbf{t}_0$에 대한 주곡률이라고 가정하자. 라그랑주의 곱셈자방법을 이용하여 제약조건이 $\mathbf{t} \cdot \mathbf{t} - 1 = 0$인 $\mathbf{t}$ 방향으로 법곡률 $\mathrm{II}(\mathbf{t}, \mathbf{t})$의 최대점과 최소점을 찾기 위하여, 라그랑주 함수를

$$\Psi(\mathbf{t}, \lambda) = \mathrm{II}(\mathbf{t}, \mathbf{t}) - \lambda(\mathbf{t} \cdot \mathbf{t} - 1)$$

로 놓으면

$$\Psi(\mathbf{t}, \lambda) = W(\mathbf{t}) \cdot \mathbf{t} - \lambda \mathbf{t} \cdot \mathbf{t} + \lambda = (W(\mathbf{t}) - \lambda \mathbf{t}) \cdot \mathbf{t} + \lambda$$

이다. 작용점 $\mathbf{p}$ 근방에서의 좌표조각 $\varphi \colon D \to M$에 대하여, $\mathbf{t} = t^i \partial_i \varphi_{\mathbf{p}}$일 때 라그랑주 함수를 국소좌표로 나타내면

$$\begin{aligned}
\Psi_\varphi(t^1, t^2, \lambda) &= \langle W_\varphi(\mathbf{t}_\varphi), \mathbf{t}_\varphi \rangle - \lambda \langle \mathbf{t}_\varphi, \mathbf{t}_\varphi \rangle + \lambda \\
&= \langle W_\varphi(t^i \partial_i), t^j \partial_j \rangle - \lambda \langle t^i \partial_i, t^j \partial_j \rangle + \lambda \\
&= \langle t^i L_i^k \partial_k, t^j \partial_j \rangle - \lambda t^i t^j g_{ij} + \lambda \\
&= t^i L_i^k t^j g_{kj} - \lambda t^i t^j g_{ij} + \lambda \\
&= \left(L_i^k - \lambda \delta_i^k \right) g_{kj} t^i t^j + \lambda
\end{aligned}$$

이다. 라그랑주 곱셈자방법에 따라서, 법곡률 $\mathrm{II}(\mathbf{t}, \mathbf{t})$에 대한 극점 $\mathbf{p} \in M$에서 연립편미분방정식

$$\partial_1 \Psi = 0, \qquad \partial_2 \Psi = 0, \qquad \partial_3 \Psi = 0$$

을 풀어야 한다. 여기서, $\partial_3 \Psi = -\mathbf{t} \cdot \mathbf{t} + 1$이므로, $\partial_3 \Psi = 0$은 제약조건 $\mathbf{t} \cdot \mathbf{t} = 1$이다. 따라서, $\partial_3 \Psi_\varphi({t_0}^1, {t_0}^2, \kappa) = 0$은 접벡터 $\mathbf{t}_0$이 단위접벡터임을 나타낸다.

또한 $i = 1, 2$일 때

$$\partial_i \Psi_\varphi(t^1, t^2, \lambda) = \left(L_i^k - \lambda \delta_i^k \right) g_{kj} t^j + \left(L_j^k - \lambda \delta_j^k \right) g_{ki} t^j$$

인데,

$$L_i^k g_{kj} = g_{jk}L_i^k = L_{ji} = L_{ij} = g_{ik}L_j^k = L_j^k g_{ki}, \quad \delta_i^k g_{kj} = g_{ij} = g_{ji} = \delta_j^k g_{ki}$$

이므로

$$\partial_i \Psi_\varphi(t^1, t^2, \lambda) = 2\left(L_j^k - \lambda\delta_j^k\right) g_{ki} t^j$$

이다. 모든 $i = 1, 2$에서 $\partial_i \Psi_\varphi({t_0}^1, {t_0}^2, \kappa) = 0$이므로, 임의의 접벡터 $\mathbf{s} = s^i \partial_i \varphi_{\mathbf{p}}$에 대하여

$$\begin{aligned} 0 &= \left(L_j^k - \kappa\delta_j^k\right) g_{ki} {t_0}^j s^i \\ &= g_{ki}L_j^k {t_0}^j s^i - \kappa g_{ji} {t_0}^j s^i \\ &= \langle W_\varphi(\mathbf{t}_{0\varphi}), \mathbf{s}_\varphi\rangle - \kappa\langle \mathbf{t}_{0\varphi}, \mathbf{s}_\varphi\rangle \\ &= \langle W_\varphi(\mathbf{t}_{0\varphi}) - \kappa\mathbf{t}_{0\varphi}, \mathbf{s}_\varphi\rangle \end{aligned}$$

이다. 다시 말하며, 임의의 접벡터 $\mathbf{s} \in T_\mathbf{p}M$에 대하여 $(W(\mathbf{t}_0) - \kappa\mathbf{t}_0) \cdot \mathbf{s} = 0$, 즉 $W(\mathbf{t}_0) = \kappa\mathbf{t}_0$이다. □

만약 점 $\mathbf{p}$가 곡면 M의 배꼽점이면 $\kappa_1 = \kappa_2$이므로 정리 3.22에 따라서 점 $\mathbf{p}$에서 κ_1이 바인가르텐 사상의 유일한 고윳값이고 이때 모든 단위접벡터가 이 고윳값에 대한 고유벡터이다. 만약 $\kappa_1 \neq \kappa_2$이면 κ_1과 κ_2가 모두 점 $\mathbf{p}$에서 바인가르텐 사상의 고윳값이다. 선형사상에 대한 고윳값의 이론에 따라서, 고윳값 κ_1에 대한 고유벡터는 고윳값 κ_2에 대한 고유벡터와 직교한다. 위의 내용을 정리하면, 점 $\mathbf{p}$에서 단위접벡터 $\mathbf{t}$가 주방향이고 κ가 주방향 $\mathbf{t}$에 대한 주곡률임은 $W(\mathbf{t}) = \kappa\mathbf{t}$이기 위한 필요충분조건이다.

점 $\mathbf{p}$에서 곡면 M의 주곡률인 바인가르텐 사상의 고윳값을 다음과 같이 구한다.

정리 3.23: 점에서 곡면의 주곡률과 주방향 구하기

곡면 M의 좌표조각 $\varphi\colon D \to M$와 점 $\mathbf{a} \in D$에 대하여, λ에 대한 이차방정식 $\det((L_{ij}(\mathbf{a})) - \lambda(g_{ij}(\mathbf{a}))) = 0$의 근 κ는 점 $\mathbf{p} = \varphi(\mathbf{a})$에서 곡면 M의 주곡률이다. 이때 영벡터가 아닌 단위접벡터 $\mathbf{t} = t^i \partial_i \varphi_\mathbf{p}$에 대하여,

$$((L_{ij}(\mathbf{a})) - \kappa(g_{ij}(\mathbf{a}))) \begin{pmatrix} t^1 \\ t^2 \end{pmatrix} = \begin{pmatrix} 0 \\ 0 \end{pmatrix}$$

은 접벡터 $\mathbf{t}$가 주방향이기 위한 필요충분조건이다.

증명. λ에 대한 이차방정식 $\det((L_j^i(\mathbf{a})) - \lambda I) = 0$의 근 κ가 작용점 $\mathbf{p}$에서 바인가르

텐 사상 W의 고윳값이고, 영벡터가 아닌 단위접벡터 $\mathbf{t} = t^i \partial_i \varphi_{\mathbf{p}}$에 대하여,

$$((L^i_j(\mathbf{a})) - \kappa I)\begin{pmatrix} t^1 \\ t^2 \end{pmatrix} = \begin{pmatrix} 0 \\ 0 \end{pmatrix}$$

은 접벡터 $\mathbf{t}$가 주방향이기 위한 필요충분조건이다. 그런데,

$$(L^i_j) = (g^{ik})(L_{kj}) = (g_{ik})^{-1}(L_{kj})$$

이므로 방정식 $\det((L_{ij}(\mathbf{a})) - \lambda(g_{ij}(\mathbf{a}))) = 0$의 근 κ가 작용점 $\mathbf{p}$에서 바인가르텐 사상 W의 고윳값이고

$$((L_{ij}(\mathbf{a})) - \kappa(g_{ij}(\mathbf{a})))\begin{pmatrix} t^1 \\ t^2 \end{pmatrix} = \begin{pmatrix} 0 \\ 0 \end{pmatrix}$$

은 접벡터 $\mathbf{t}$가 주방향이기 위한 필요충분조건이다. □

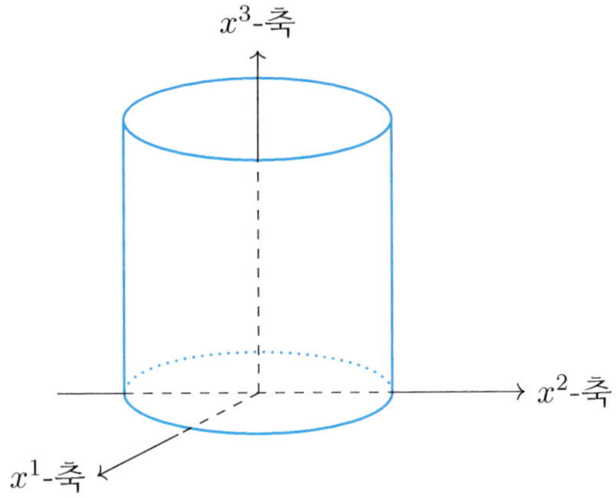

그림 3.24 원기둥면에서의 주곡률과 주방향

예제 3.23. 그림 3.24에서와 같이 영역

$$D = \{(u^1, u^2) \in \mathbb{R}^2 \; : \; -\pi < u^1 < \pi, \, 0 < u^2 < 2\}$$

에 정의된 좌표조각 $\varphi(u^1, u^2) = (\cos u^1, \sin u^1, u^2)$에 대하여, 점 $\mathbf{a} \in D$에 대한 점 $\mathbf{p} = \varphi(\mathbf{a})$에서의 주곡률과 주방향을 구하라.

풀이. 예제 3.16으로부터

$$g_{11} = 1, \quad g_{12} = 0 = g_{21}, \quad g_{22} = 1$$

와 예제 3.19로부터

$$L_{11} = -1, \quad L_{12} = 0 = L_{21}, \quad L_{22} = 0$$

이다. 점 $\mathbf{a} \in D$에서

$$\det\left(\begin{pmatrix} -1 & 0 \\ 0 & 0 \end{pmatrix} - \lambda\begin{pmatrix} 1 & 0 \\ 0 & 1 \end{pmatrix}\right) = \det\begin{pmatrix} -1-\lambda & 0 \\ 0 & -\lambda \end{pmatrix} = \lambda(1+\lambda)$$

이므로 $\kappa_1 = 0$이고 $\kappa_2 = -1$이다.

최대주곡률 $\kappa_1 = 0$에 대하여,

$$\begin{pmatrix} -1 & 0 \\ 0 & 0 \end{pmatrix}\begin{pmatrix} t^1 \\ t^2 \end{pmatrix} = (0,0)$$

의 해에 대하여 $t^1 = 0$이므로 $\partial_2\varphi(\mathbf{a})$는 주곡률 0에 대한 주방향이다.

최소주곡률 $\kappa_2 = -1$에 대하여,

$$\begin{pmatrix} 0 & 0 \\ 0 & 1 \end{pmatrix}\begin{pmatrix} t^1 \\ t^2 \end{pmatrix} = (0,0)$$

의 해에 대하여 $t^2 = 0$이므로 $\partial_1\varphi(\mathbf{a})$는 주곡률 -1에 대한 주방향이다. □

> **예제 3.24.** 그림 3.25에서와 같이 영역 $D = \mathbb{R}^2$에 정의된 좌표조각 $\varphi(u^1, u^2) = (u^1, u^2, (u^1)^2 - (u^2)^2)$에 대하여, 원점 $\mathbf{o} = \varphi(0,0)$에서의 주곡률과 주방향을 구하라.

풀이. 좌표조각 φ에 대하여,

$$\partial_1\varphi(u^1,u^2) = (1,0,2u^1)_{\varphi(u^1,u^2)}, \qquad \partial_2\varphi(u^1,u^2) = (0,1,-2u^2)_{\varphi(u^1,u^2)}$$

이므로 $\partial_1\varphi(0,0) = (1,0,0)_{\varphi(0,0)}$이고 $\partial_2\varphi(0,0) = (0,1,0)_{\varphi(0,0)}$이다. 따라서,

$$g_{11}(0,0) = 1, \quad g_{12}(0,0) = 0 = g_{21}(0,0), \quad g_{22}(0,0) = 1$$

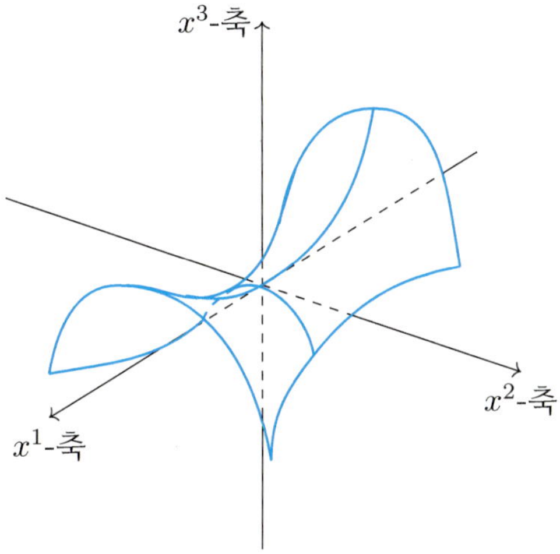

그림 3.25 안장면에서의 주곡률과 주방향

이다. 또한

$$\begin{aligned}\partial_1\partial_1\varphi(u^1,u^2) &= (0,0,2)_{\varphi(u^1,u^2)},\\ \partial_2\partial_1\varphi(u^1,u^2) &= (0,0,0)_{\varphi(u^1,u^2)} = \partial_1\partial_2\varphi(u^1,u^2),\\ \partial_2\partial_2\varphi(u^2,u^2) &= (0,0,-2)_{\varphi(u^1,u^2)}\end{aligned}$$

이고 $(\mathbf{n}\circ\varphi)(0,0) = (0,0,1)_{\varphi(u^1,u^2)}$이므로

$$L_{11}(0,0)=2, \quad L_{12}(0,0)=0=L_{21}(0,0), \quad L_{22}(0,0)=-2$$

이다. 점 $(0,0)\in D$에서

$$\det\left(\begin{pmatrix}2 & 0\\ 0 & -2\end{pmatrix} - \lambda\begin{pmatrix}1 & 0\\ 0 & 1\end{pmatrix}\right) = \det\begin{pmatrix}2-\lambda & 0\\ 0 & -2-\lambda\end{pmatrix} = (\lambda-2)(\lambda+2)$$

이므로 $\kappa_1 = 2$이고 $\kappa_2 = -2$이다.

최대주곡률 $\kappa_1 = 2$에 대하여,

$$\begin{pmatrix}0 & 0\\ 0 & -4\end{pmatrix}\begin{pmatrix}t^1\\ t^2\end{pmatrix} = (0,0)$$

의 해에 대하여 $t^2 = 0$이므로 $\partial_1\varphi(0,0) = (1,0,0)_{\varphi(0,0)}$는 주곡률 2에 대한 주방향이다.

최소주곡률 $\kappa_2 = -2$에 대하여,

$$\begin{pmatrix} 4 & 0 \\ 0 & 0 \end{pmatrix} \begin{pmatrix} t^1 \\ t^2 \end{pmatrix} = (0,0)$$

의 해에 대하여 $t^1 = 0$이므로 $\partial_2\varphi(0,0) = (0,1,0)_{\varphi(0,0)}$는 주곡률 -2에 대한 주방향이다. □

곡면의 점에서 주방향이 바인가르텐 사상의 고유벡터이므로, 주방향과 수직인 방향도 주방향임을 알 수 있다.

정리 3.24: 곡면의 점에서 주방향의 성질

곡면 M에 놓인 점 $\mathbf{p}$에서의 단위접벡터 $\mathbf{t}, \mathbf{s} \in T_\mathbf{p}M$에 대하여, $\mathbf{t}$가 주방향이고 $\mathbf{t} \cdot \mathbf{s} = 0$이면 $\mathbf{s}$도 주방향이다.

증명. 단위접벡터 $\mathbf{t}$가 주방향이고 $\mathbf{t} \cdot \mathbf{s} = 0$라고 가정하자. 그러면, $(\mathbf{t}, \mathbf{s})$는 접평면 $T_\mathbf{p}M$의 기저이므로, κ가 고유벡터 $\mathbf{t}$에 대한 W의 고윳값일 때

$$0 = (\kappa\mathbf{t}) \cdot \mathbf{s} = W(\mathbf{t}) \cdot \mathbf{s} = \mathbf{t} \cdot W(\mathbf{s})$$

이다. 따라서, $W(\mathbf{s})$는 $\mathbf{t}$에 수직이므로 $W(\mathbf{s}) = \mu\mathbf{s}$인 실수 μ가 존재한다. □

주방향에 대한 주곡률로부터, 임의의 방향에 대한 법곡률을 다음과 같이 구한다.

정리 3.25: (오일러) 곡면에 대한 주곡률과 법곡률 사이의 관계

곡면 M에 놓인 점 $\mathbf{p}$에서의 단위접벡터 $\mathbf{t} \in T_\mathbf{p}M$에 대하여,

$$\kappa_n(\mathbf{t}) = \kappa_1 \cos^2\theta + \kappa_2 \sin^2\theta$$

이다. 여기서 θ는 주곡률 κ_1에 대한 주방향 $\mathbf{t}_1$에서 $\mathbf{t}$까지의 각의 크기이다.

증명. 단위접벡터 $\mathbf{t} \in T_\mathbf{p}M$에 대하여, $\mathbf{t} = \cos\theta\,\mathbf{t}_1 + \sin\theta\,\mathbf{t}_2$인 주방향 $\mathbf{t}_1$과 $\mathbf{t}_2$가 존재한다. 그러면

$$\begin{aligned} \kappa_n(\mathbf{t}) &= \mathrm{II}(\mathbf{t}, \mathbf{t}) = W(\mathbf{t}) \cdot \mathbf{t} \\ &= (\kappa_1 \cos\theta\,\mathbf{t}_1 + \kappa_2 \sin\theta\,\mathbf{t}_2) \cdot (\cos\theta\,\mathbf{t}_1 + \sin\theta\,\mathbf{t}_2) \\ &= \kappa_1 \cos^2\theta + \kappa_2 \sin^2\theta \end{aligned}$$

이다. □

위의 정리에서 $\sin^2\theta = 1 - \cos^2\theta$이므로, 작용점 $\mathbf{p}$에서 단위접벡터 $\mathbf{t} \in T_{\mathbf{p}}M$에 대한 법곡률은

$$\kappa_n(\mathbf{t}) = \kappa_2 + (\kappa_1 - \kappa_2)\cos^2\theta$$

이다.

연습문제 3.6

1. 곡면 M에 놓인 단위속력곡선 γ에 대하여,

$$\kappa^2 = {\kappa_n}^2 + {\kappa_g}^2$$

임을 보여라.

2. 좌표조각이 $\varphi(u^1, u^2) = (u^1, u^2, 0)$인 평면에 놓인 곡선 γ에 대하여, 곡선 γ의 측지적 곡률 κ_g는 평면곡률 k와 같음을 보여라.

3. 구면에 놓인 곡선 γ에 대하여, 다음 물음에 답하라.

(가) 곡선 γ의 법곡률은 상수임을 보여라.

(나) 곡선 γ의 측지적 곡률이 상수이면 곡선 γ의 상은 원의 일부임을 보여라.

4. 몽주 조각 $\varphi(u^1, u^2) = (u^1, u^2, (u^1)^2)$에 대하여, 원점 $\mathbf{o} = \varphi(0, 0)$에서 주곡률과 주방향을 구하라.

5. 곡면 좌표조각 $\varphi\colon D \to M$에 대하여,

$$g_{12} = 0 = L_{12}$$

은 모든 작용점에서 좌표곡선 u^1-곡선과 u^2-곡선의 속도벡터 방향이 주방향이기 위한 필요충분조건임을 보여라.

제 4 장

곡면의 내재적 성질

유클리드 공간 $\mathbb{R}^3$에 놓인 곡면에 대하여, 제1 기본형식과 제2 기본형식에 따라서 곡면의 모양이 완벽하게 결정된다. 제1 기본형식은 곡면의 내재적 정보로 정의되지만 제2 기본형식은 곡면의 외재적 정보로 정의된다. 곡면의 성질 중에서 제1 기본형식에 종속적인 성질을 곡면의 내재적 성질이라고 한다. 곡면의 내재적 성질은 곡면 밖의 정보를 필요하지 않는다.

곡면의 가우스 곡률은 곡면의 내재적 성질이다. 제2 기본형식으로 표현되는 법곡률을 이용하여 곡면의 가우스 곡률이 정의되므로, 가우스 곡률이 곡면의 내재적 성질임은 매우 놀라운 발견이다.

곡면에 놓인 곡선의 측지적 곡률도 대표적인 곡면의 내재적 성질이다. 곡면에 놓인 측지선은 유클리드 공간의 직선을 일반화한 대상으로서 곡면의 성질을 탐구하는데 매우 중요한 역할을 한다.

평면에서 삼각형의 내각 크기의 합이 π임을 곡면의 다각형으로 일반화한 공식이 가우스-보네 공식이다. 방향이 주어진 곡면에 놓인 단순닫힌 곡선이 양의 방향으로 회전하면서 단일연결영역을 둘러쌀 때, 가우스-보네 공식에서 곡면의 가우스 곡률과 곡선의 측지적 곡률 그리고 곡선의 분기점에서 뛈각의 크기에 대한 관계를 알 수 있다. 옹골찬 곡면에 대하여 가우스-보네 공식은 곡면의 오일러 지표와도 관계된다.

4.1 곡면의 가우스 곡률

4.1.1 곡면의 가우스 곡률과 평균곡률

곡면 M에서 주곡률 κ_1과 κ_2를 이용하여 다음과 같이 곡면의 곡률을 정의한다.

정의 4.1: 곡면의 가우스 곡률과 평균곡률

곡면 M에 대하여, 주곡률이 κ_1과 κ_2일 때

$$K(\mathbf{p}) = \kappa_1(\mathbf{p}) \cdot \kappa_2(\mathbf{p})$$

로 정의되는 함수 $K\colon M \to \mathbb{R}$를 M의 **가우스 곡률**이라고 하고

$$H(\mathbf{p}) = \frac{\kappa_1(\mathbf{p}) + \kappa_2(\mathbf{p})}{2}$$

로 정의되는 함수 $H\colon M \to \mathbb{R}$를 M의 **평균곡률**이라고 한다.

바인가르텐 사상 W를 작용점이 $\mathbf{p}$인 접평면 $T_{\mathbf{p}}M$에 제한한 사상 $W_{\mathbf{p}}\colon T_{\mathbf{p}}M \to T_{\mathbf{p}}M$에 대하여 주곡률 $\kappa_1(\mathbf{p})$와 $\kappa_2(\mathbf{p})$가 사상 $W_{\mathbf{p}}$의 고윳값이므로

$$K(\mathbf{p}) = \det W_{\mathbf{p}}, \qquad H(\mathbf{p}) = \frac{\operatorname{trace} W_{\mathbf{p}}}{2}$$

이다.

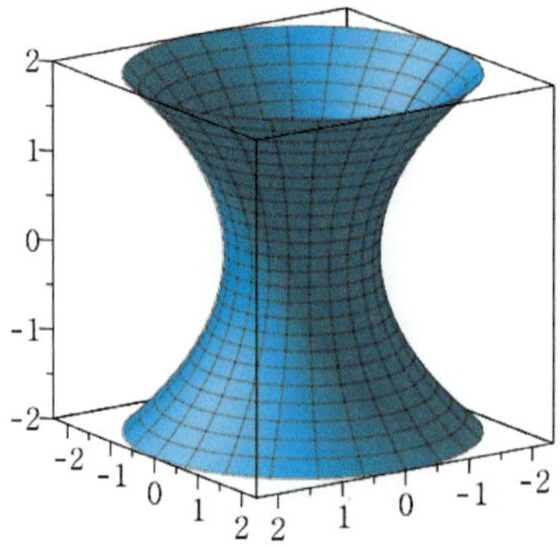

그림 4.1 회전면

예제 4.1. 그림 4.1과 같이, 모든 $s \in (a,b)$에서 $r(s) > 0$인 단위속력곡선 $\sigma(s) = (r(s), 0, z(s))$에 대한 회전축이 z-축인 회전면 M의 좌표조각이

$$\varphi(s,\theta) = (r(s)\cos\theta, r(s)\sin\theta, z(s)) \quad (-\pi < \theta < \pi)$$

일 때, 회전면 M의 가우스 곡률과 평균곡률을 구하라.

풀이. 좌표조각 φ에 대하여,

$$\begin{aligned}\partial_1\varphi(s,\theta) &= (\dot{r}(s)\cos\theta, \dot{r}(s)\sin\theta, \dot{z}(s))_{\varphi(s,\theta)},\\ \partial_2\varphi(s,\theta) &= (-r(s)\sin\theta, r(s)\cos\theta, 0)_{\varphi(s,\theta)}\end{aligned}$$

이므로

$$\begin{aligned}g_{11}(s,\theta) &= \dot{r}(s)^2 + \dot{z}(s)^2 = 1,\\ g_{12}(s,\theta) &= 0 = g_{21}(s,\theta),\\ g_{22}(s,\theta) &= r(s)^2\end{aligned}$$

이고

$$g^{11}(s,\theta) = 1, \qquad g^{12}(s,\theta) = 0 = g^{21}(s,\theta), \qquad g^{22}(s,\theta) = \frac{1}{r(s)^2}$$

이다. 곡면 M의 법선벡터장

$$\begin{aligned}\partial_1\varphi(s,\theta) \times \partial_2\varphi(s,\theta) &= \det\begin{pmatrix} \partial_1 & \partial_2 & \partial_3 \\ \dot{r}(s)\cos\theta & \dot{r}(s)\sin\theta & \dot{z}(s) \\ -r(s)\sin\theta & r(s)\cos\theta & 0 \end{pmatrix}_{\varphi(s,\theta)}\\ &= (-r(s)\dot{z}(s)\cos\theta,\ -r(s)\dot{z}(s)\sin\theta,\ r(s)\dot{r}(s))_{\varphi(s,\theta)}\end{aligned}$$

의 크기는 $r(s)$이므로, 단위법선벡터장은

$$(\mathbf{n}\circ\varphi)(s,\theta) = (-\dot{z}(s)\cos\theta,\ -\dot{z}(s)\sin\theta,\ \dot{r}(s))_{\varphi(s,\theta)}$$

이다. 한편,

$$\begin{aligned}\partial_1\partial_1\varphi(s,\theta) &= (\ddot{r}(s)\cos\theta,\ \ddot{r}(s)\sin\theta, \ddot{z}(s))_{\varphi(s,\theta)},\\ \partial_2\partial_1\varphi(s,\theta) &= (-\dot{r}(s)\sin\theta,\ \dot{r}(s)\cos\theta, 0)_{\varphi(s,\theta)} = \varphi_{21}(s,\theta),\\ \partial_2\partial_2\varphi(s,\theta) &= (-r(s)\cos\theta,\ -r(s)\sin\theta, 0)_{\varphi(s,\theta)}\end{aligned}$$

이므로,

$$\begin{aligned}
L_{11}(s,\theta) &= \partial_1\partial_1\varphi(s,\theta)\cdot(\mathbf{n}\circ\varphi)(s,\theta) = -\dot z(s)\ddot r(s) + \dot r(s)\ddot z(s),\\
L_{12}(s,\theta) &= \partial_2\partial_1\varphi(s,\theta)\cdot(\mathbf{n}\circ\varphi)(s,\theta) = 0 = L_{21}(s,\theta),\\
L_{22}(s,\theta) &= \partial_2\partial_2\varphi(s,\theta)\cdot(\mathbf{n}\circ\varphi)(s,\theta) = r(s)\dot z(s)
\end{aligned}$$

이고

$$\begin{aligned}
L_1^1(s,\theta) &= (g^{11}L_{11} + g^{12}L_{21})(s,\theta) = -\dot z(s)\ddot r(s) + \dot r(s)\ddot z(s),\\
L_2^1(s,\theta) &= (g^{11}L_{12} + g^{12}L_{22})(s,\theta) = 0,\\
L_1^2(s,\theta) &= (g^{21}L_{11} + g^{22}L_{21})(s,\theta) = 0,\\
L_2^2(s,\theta) &= (g^{21}L_{12} + g^{22}L_{22})(s,\theta) = \frac{1}{r(s)^2}r(s)\dot z(s) = \frac{\dot z(s)}{r(s)}
\end{aligned}$$

이다. 따라서 회전면 M의 가우스 곡률은

$$(K\circ\varphi)(s,\theta) = \frac{\dot z(s)}{r(s)}\left\{-\dot z(s)\ddot r(s) + \dot r(s)\ddot z(s)\right\}$$

이다. 그런데, $\dot r(s)^2 + \dot z(s)^2 = 1$이므로

$$0 = 2\dot r(s)\ddot r(s) + 2\dot z(s)\ddot z(s), \qquad \text{즉} \qquad \dot z(s)\ddot z(s) = -\dot r(s)\ddot r(s)$$

이므로

$$\begin{aligned}
(K\circ\varphi)(s,\theta) &= \det\left(L_j^i(s,\theta)\right)\\
&= \frac{1}{r(s)}\left\{-\dot z(s)^2\ddot r(s) + \dot r(s)(-\dot r(s)\ddot r(s))\right\}\\
&= -\frac{\ddot r(s)}{r(s)}
\end{aligned}$$

이다. 회전면 M의 평균곡률은

$$\begin{aligned}
(H\circ\varphi)(s,\theta) &= \frac{\operatorname{trace}\left(L_j^i(s,\theta)\right)}{2}\\
&= \frac{1}{2}\left(\frac{\dot z(s)}{r(s)} - \dot z(s)\ddot r(s) + \dot r(s)\ddot z(s)\right)\\
&= \frac{\dot z(s) - r(s)(\dot z(s)\ddot r(s) - \dot r(s)\ddot z(s))}{2r(s)}
\end{aligned}$$

이다. □

곡면 M의 좌표조각 $\varphi\colon D \to M$에 대한 제1 기본형식과 제2 기본형식 그리고 바

인가르텐 사상이 각각 $\mathrm{I}_\varphi = g_{ij}\partial^i \otimes \partial^j$, $\mathrm{II}_\varphi = L_{ij}\partial^i \otimes \partial^j$, $W_\varphi = L^i_j \partial_i \otimes \partial^j$일 때

$$L^i_j = g^{ik} L_{kj}$$

이므로 가우스 곡률과 평균곡률을 다음과 같이 나타낼 수 있다.

정리 4.1: 제1 기본형식과 제2 기본형식의 계수로 나타낸 가우스 곡률과 평균곡률

곡면 M의 좌표조각 $\varphi: D \to M$에 대하여,

$$K \circ \varphi = \frac{\det(L_{ij})}{\det(g_{k\ell})}, \qquad H \circ \varphi = \frac{g_{22}L_{11} - 2g_{12}L_{21} + L_{22}g_{11}}{2\det(g_{ij})}$$

이다.

증명. 곡면 M에 대하여, $L^i_j = g^{ik}L_{kj}$이므로

$$K \circ \varphi = \det(L^i_j) = \det\left((g^{ik})(L_{kj})\right) = \det(g^{ik})\det(L_{kj}) = \frac{\det(L_{ij})}{\det(g_{k\ell})}$$

이다. 또한,

$$\begin{bmatrix} L^1_1 & L^2_1 \\ L^1_2 & L^2_2 \end{bmatrix} = \begin{bmatrix} g^{11} & g^{12} \\ g^{21} & g^{22} \end{bmatrix} \begin{bmatrix} L_{11} & L_{12} \\ L_{21} & L_{22} \end{bmatrix} = \frac{1}{\det(g_{ij})} \begin{bmatrix} g_{22} & -g_{12} \\ -g_{21} & g_{11} \end{bmatrix} \begin{bmatrix} L_{11} & L_{12} \\ L_{21} & L_{22} \end{bmatrix}$$

이므로

$$2(H \circ \varphi) = \operatorname{trace}\begin{bmatrix} L^1_1 & L^2_1 \\ L^1_2 & L^2_2 \end{bmatrix} = \frac{g_{22}L_{11} - 2g_{12}L_{21} + L_{22}g_{11}}{\det(g_{ij})}$$

이다. □

예제 4.2. 그림 4.2에 나타난 평면 $D = \mathbb{R}^2$에서 정의되는 좌표조각이

$$\varphi(u^1, u^2) = \left(u^1 \cos u^2, u^1 \sin u^2, u^2\right)$$

인 나선면 M의 가우스 곡률과 평균곡률을 구하라.

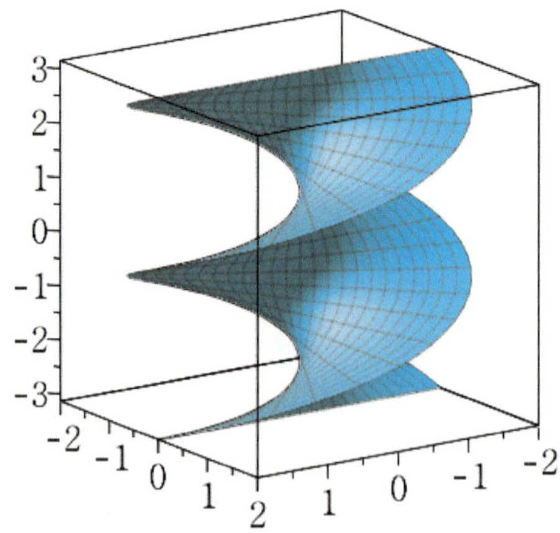

그림 4.2 나선면

풀이. 좌표조각 φ에 대하여,

$$\begin{aligned}\partial_1\varphi &= (\cos u^2)\partial_1 + (\sin u^2)\partial_2 + 0\partial_3,\\ \partial_2\varphi &= (-u^1\sin u^2)\partial_1 + (u^1\cos u^2)\partial_2 + \partial_3\end{aligned}$$

이므로, 제1 기본형식의 계수는

$$\begin{aligned}g_{11} &= \partial_1\varphi\cdot\partial_1\varphi = 1,\\ g_{12} &= \partial_1\varphi\cdot\partial_2\varphi = 0,\\ g_{22} &= \partial_2\varphi\cdot\partial_2\varphi = (u^1)^2 + 1\end{aligned}$$

이다. 벡터 $\partial_1\varphi$과 $\partial_2\varphi$의 벡터곱은

$$\begin{aligned}\partial_1\varphi\times\partial_2\varphi &= \det\begin{pmatrix}\partial_1 & \partial_2 & \partial_3\\ \cos u^2 & \sin u^2 & 0\\ -u^1\sin u^2 & u^1\cos u^2 & 1\end{pmatrix}_{\varphi(s,\theta)}\\ &= (\sin u^2)\partial_1 + (-\cos u^2)\partial_2 + u^1\partial_3\end{aligned}$$

이고 $\|\partial_1\varphi\times\partial_2\varphi\| = \sqrt{1+(u^1)^2}$이므로 나선면 M의 단위법선벡터장은

$$(\mathbf{n}\circ\varphi) = \left(\frac{\sin u^2}{\sqrt{1+(u^1)^2}}\right)\partial_1 + \left(\frac{-\cos u^2}{\sqrt{1+(u^1)^2}}\right)\partial_2 + \left(\frac{u^1}{\sqrt{1+(u^1)^2}}\right)\partial_3$$

이다. 한편,

$$
\begin{aligned}
&\partial_1\partial_1\varphi = 0,\\
&\partial_2\partial_1\varphi = (-\sin u^2)\partial_1 + (\cos u^2)\partial_2 + 0\partial_3 = \partial_1\partial_2\varphi,\\
&\partial_2\partial_2\varphi = (-u^1\cos u^2)\partial_1 + (-u^1\sin u^2)\partial_2 + 0\partial_3
\end{aligned}
$$

이므로, 제2 기본형식은 계수가

$$
\begin{aligned}
L_{11} &= \partial_1\partial_1\varphi\cdot(\mathbf{n}\circ\varphi) = 0,\\
L_{12} &= \partial_2\partial_1\varphi\cdot(\mathbf{n}\circ\varphi) = -\frac{1}{\sqrt{1+(u^1)^2}} = L_{21},\\
L_{22} &= \partial_2\partial_2\varphi\cdot(\mathbf{n}\circ\varphi) = 0
\end{aligned}
$$

인 $\mathrm{II}_\varphi = L_{ij}\partial^1\otimes\partial^2$이다. 따라서, 가우스 곡률은

$$K\circ\varphi = \frac{\det(L_{ij})}{\det(g_{ij})} = \frac{-1/(1+(u^1)^2)}{(u^1)^2+1} = -\frac{1}{\{(u^1)^2+1\}^2}$$

이고 평균곡률은

$$H\circ\varphi = \frac{g_{11}L_{22}+g_{22}L_{11}-2g_{12}L_{21}}{2\det(g_{ij})} = \frac{0+0-0}{2(1+(u^1)^2)} = 0$$

이다. □

4.1.2 가우스 곡률에 대한 점의 분류

곡면 M의 점 $\mathbf{p}$에 대하여, 주곡률을 이용하여 점 $\mathbf{p}$ 근방에서의 곡면의 모양을 살펴보자.

좌표조각 $\varphi\colon D\to M$에 대하여, 평면 $\mathbb{R}^2$와 공간 $\mathbb{R}^3$에서의 적절한 평행이동과 회전이동을 도입하여 그림 4.3과 같이

$$(0,0)\in D,\quad \varphi(0,0)=(0,0,0),\quad \mathbf{n}(0,0,0)=(0,0,1)_{\varphi(0,0)}$$

그리고

$$\mathbf{t}_1=(1,0,0)_{\varphi(0,0)},\quad \mathbf{t}_2=(0,1,0)_{\varphi(0,0)}$$

로 놓을 수 있다. 테일러 전개에 따라서

$$\varphi(u^1,u^2)=\varphi(0,0)+u^i\partial_i\varphi(0,0)+\frac{1}{2}\left(u^iu^j\partial_i\partial_j\varphi(0,0)\right)+R(u^1,u^2)$$

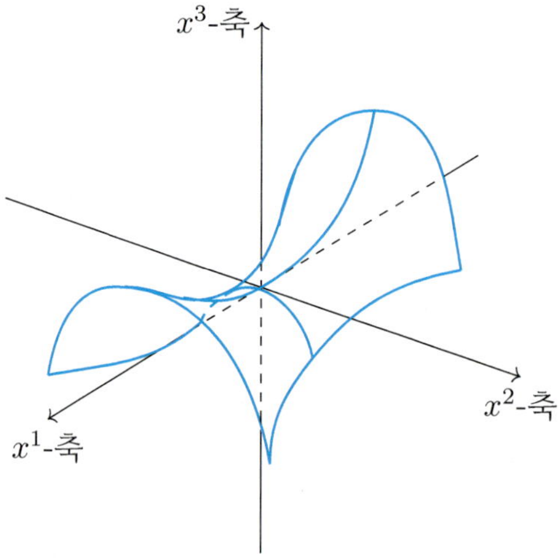

그림 4.3 좌표조각

이고

$$\lim_{(u^1,u^2)\to(0,0)} \frac{R(u^1,u^2)}{(u^1)^2+(u^2)^2} = (0,0,0)$$

인 사상 $R\colon D \to \mathbb{R}^3$이 존재한다. 점 $\varphi(0,0)=(0,0,0)$ 근방에서 곡면을 방정식

$$x^3 = \varphi(u^1,u^2)\cdot(0,0,1)$$

로 나타낼 수 있다. 여기서 $\mathbf{n}(0,0,0)=(0,0,1)_{\varphi(0,0)}$이고

$$\varphi(0,0)\cdot\mathbf{n}(0,0,0)=0, \quad \partial_1\varphi(0,0)\cdot\mathbf{n}(0,0,0)=0, \quad \partial_2\varphi(0,0)\cdot\mathbf{n}(0,0,0)=0$$

이고,

$$\frac{1}{2}\left(u^iu^j\partial_i\partial_j\varphi(0,0)\right)\cdot\mathbf{n}(0,0,0)=\frac{1}{2}\left(L_{ij}(0,0)u^iu^j\right)$$

이므로, 점 $\varphi(0,0)$ 근방에서 곡면의 이차 근사는

$$x^3=\frac{1}{2}\left(L_{ij}(0,0)u^iu^j\right)$$

이다. 접벡터 $\mathbf{t}=u^i\partial_i\varphi(0,0)=x^i\mathbf{t}_i$에 대하여,

$$L_{ij}(0,0)u^iu^j=\mathrm{II}(\mathbf{t},\mathbf{t})=\mathrm{I}(W(\mathbf{t}),\mathbf{t})$$

이고 $W(\mathbf{t}) = x^i W(\mathbf{t}_i) = \kappa_1 x^1 \mathbf{t}_1 + \kappa_2 x^2 \mathbf{t}_2$이므로

$$L_{ij}(0,0)u^i u^j = (\kappa_1 x^1, \kappa_2 x^2, 0)_{\varphi(0,0)} \cdot (x^1, x^2, 0)_{\varphi(0,0)} = \kappa_1 (x^1)^2 + \kappa_2 (x^2)^2$$

이다. 따라서, 점 $\varphi(0,0)$ 근방에서 곡면의 이차 근사는

$$x^3 = \frac{1}{2}\left(\kappa_1 (x^1)^2 + \kappa_2 (x^2)^2\right)$$

이다.

가우스 곡률에 따라서 작용점 $\mathbf{p} = \varphi(0,0)$를 분류하자. 가우스 곡률에 대한 점의 분류를 접평면 $T_{\mathbf{p}}M$의 부분집합인 다음의 곡선으로 이해할 수 있다.

정의 4.2: 곡면에 놓인 점에서의 뒤팽의 지시곡선

곡면 M에 놓인 작용점 $\mathbf{p}$에 대한 접평면 $T_{\mathbf{p}}M$에 대하여,

$$D_{+1} = \{\mathbf{t} \in T_{\mathbf{p}}M \;:\; \mathrm{II}(\mathbf{t},\mathbf{t}) = 1\}, \qquad D_{-1} = \{\mathbf{t} \in T_{\mathbf{p}}M \;:\; \mathrm{II}(\mathbf{t},\mathbf{t}) = -1\}$$

로 놓을 때, $D_{+1} \cup D_{-1}$을 점 $\mathbf{p}$에서의 **뒤팽의 지시곡선**이라고 한다.

보기 4.1. 단위법선벡터장이 바깥 방향인 단위구면 $M = S^2$에 대하여, 바인가르텐의 사상 W가 항등변환이므로 접벡터 $\mathbf{t} \in T_{\mathbf{p}}M$에 대하여

$$\mathrm{II}(\mathbf{t},\mathbf{t}) = \mathrm{I}(W(\mathbf{t}),\mathbf{t}) = \mathrm{I}(\mathbf{t},\mathbf{t})$$

이다. 따라서, D_{+1}은 원점을 중심으로 하는 단위원이고 D_{-1}은 공집합이므로, 점 $\mathbf{p}$에서의 뒤팽의 지시곡선은 원점을 중심으로 하는 단위원이다.

(가) 만약 $0 < K$이면 점 $\mathbf{p}$는 곡면 M의 **타원점**이라고 한다. 이때 점 $\mathbf{p}$에서 M의 주곡률 κ_1과 κ_2의 부호는 같으므로, $\kappa_2 \leq \kappa_1 < 0$이거나 $0 < \kappa_2 \leq \kappa_1$이다.

$\kappa_2 \leq \kappa_1 < 0$인 경우, 아래 그림과 같이 점 $\mathbf{p}$ 근방에서 곡면 M은 단위법선벡터 $\mathbf{n}(\mathbf{p})$에 대하여 위로 볼록이고 뒤팽의 지시곡선은 타원이다.

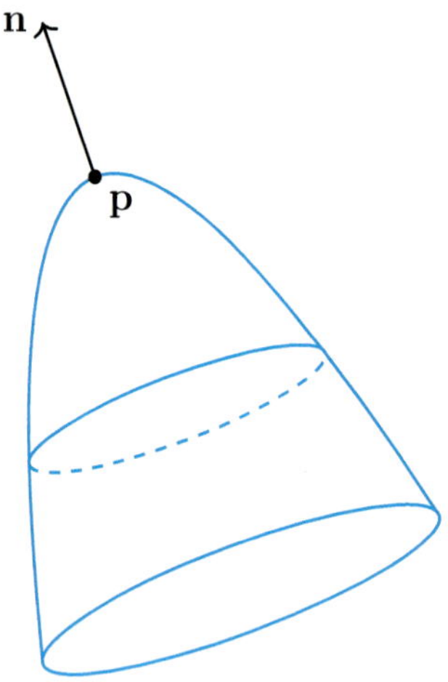

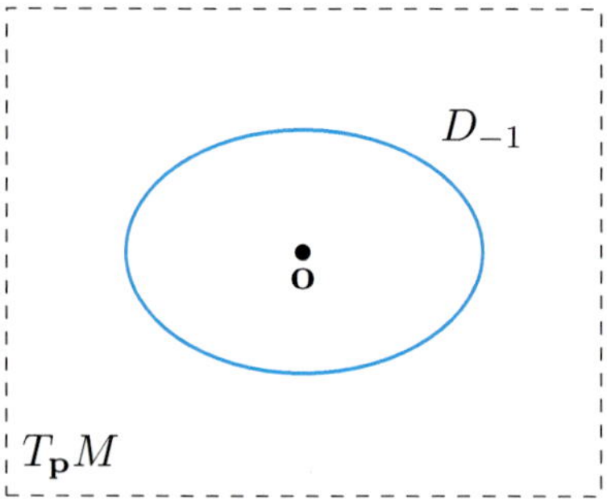

$0 < \kappa_2 \le \kappa_1$인 경우, 아래 그림과 같이 점 $\mathbf{p}$ 근방에서 곡면 M은 단위법선벡터 $\mathbf{n}(\mathbf{p})$에 대하여 아래로 볼록이고 뒤팽의 지시곡선은 타원이다.

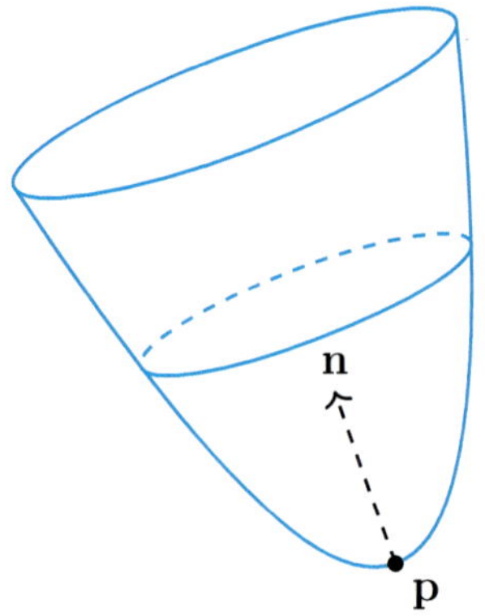

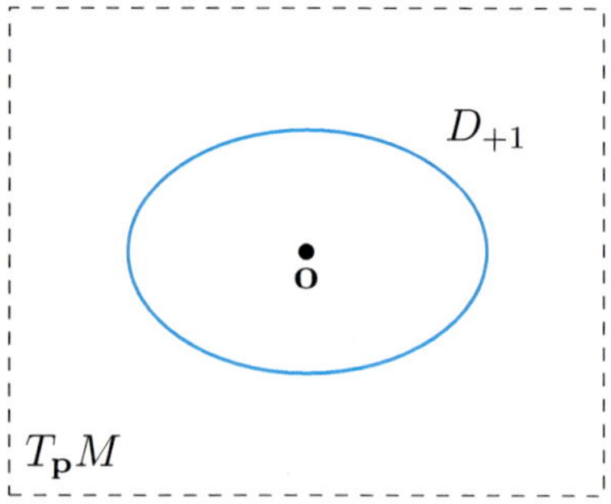

(나) 만약 $K < 0$이면 점 $\mathbf{p}$는 곡면 M의 **쌍곡점**이라고 한다. 이때 점 $\mathbf{p}$에서 M의 주곡률 κ_1과 κ_2의 부호는 다르므로, $\kappa_2 < 0 < \kappa_1$이다. 아래 그림과 같이, 점 $\mathbf{p}$ 근방에서 곡면 M은 안장면이고 뒤팽의 지시곡선은 켤레쌍곡선 쌍이다.

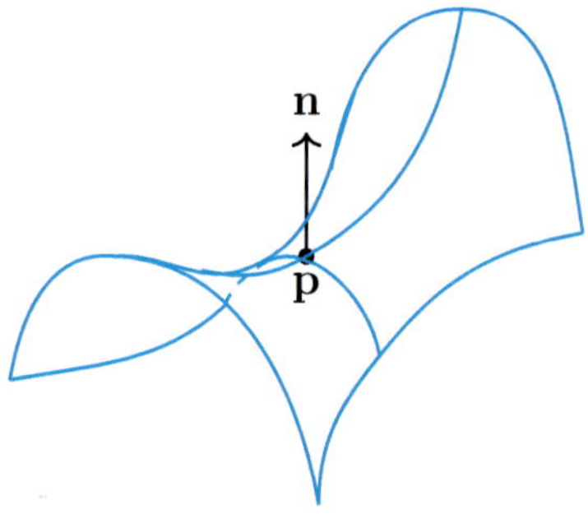

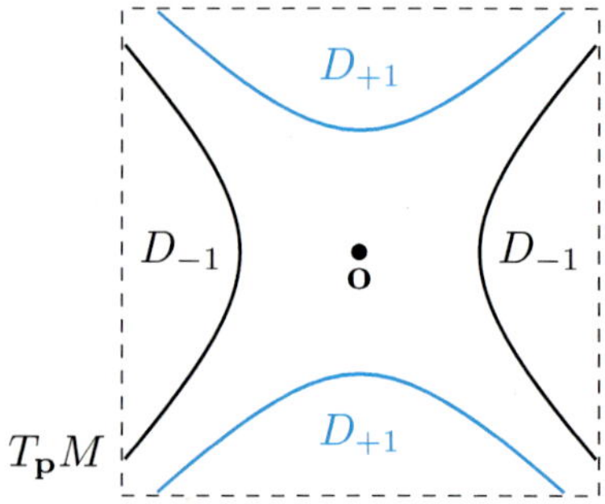

(다) 만약 $K = 0$이면서 영이 아닌 주곡률이 존재하면 점 $\mathbf{p}$는 곡면 M의 **포물점**이라고 한다. 이때 점 $\mathbf{p}$에서 M의 주곡률 κ_1과 κ_2 중 하나만 영이다.

$\kappa_2 < 0 = \kappa_1$인 경우, 아래 그림과 같이 점 $\mathbf{p}$ 근방에서 곡면 M은 단위법선벡터 $\mathbf{n}(\mathbf{p})$에 대하여 위로 볼록한 포물기둥이고 뒤팽의 지시곡선은 두 평행한 직선이다.

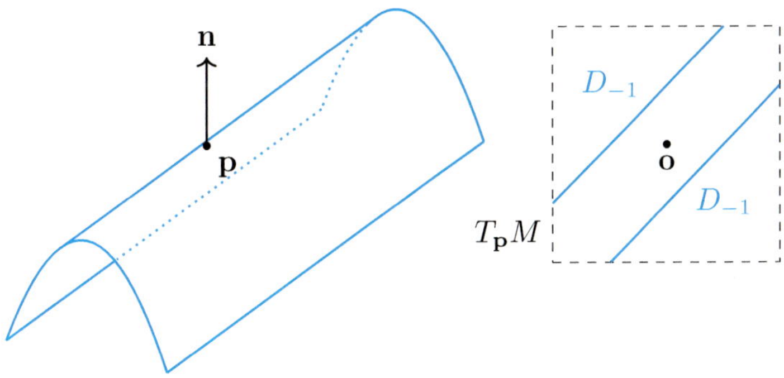

$\kappa_2 = 0 < \kappa_1$인 경우, 아래 그림과 같이 점 $\mathbf{p}$ 근방에서 곡면 M은 단위법선벡터 $\mathbf{n}(\mathbf{p})$에 대하여 아래로 볼록한 포물기둥이고 뒤팽의 지시곡선은 두 평행한 직선이다.

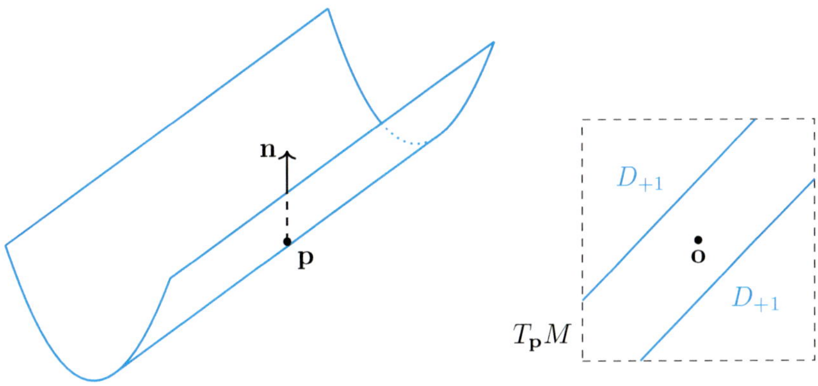

(라) 만약 $K = 0$이면서 주곡률이 모두 영이면 점 $\mathbf{p}$는 곡면 M의 **평평한 점**이라고 한다. 아래 그림과 같이, 점 $\mathbf{p}$ 근방에서 곡면 M은 평평하고 지시곡선은 존재하지 않는다.

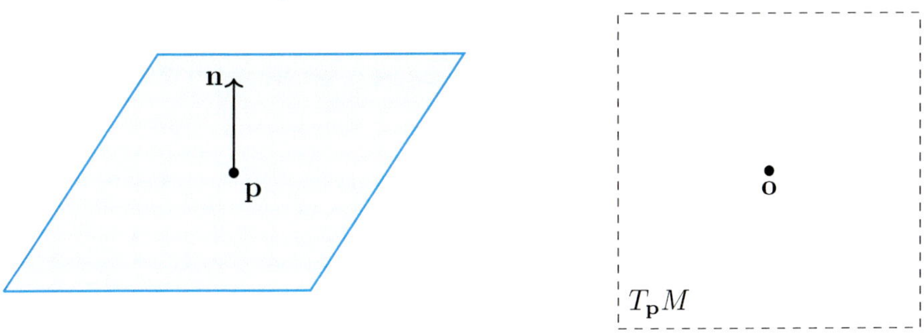

4.1.3 가우스 사상에 대한 가우스 곡률의 성질

가우스 곡률을 이해하기 위하여, 곡면의 단위법선벡터장에 대한 가우스 사상을 다음과 같이 정의한다.

정의 4.3: 곡면에 대한 가우스 사상

단위법선벡터장이 $\mathbf{n}$인 곡면 M에 대하여,

$$G(\mathbf{p}) = \ \mathbf{n}(\mathbf{p})\text{의 벡터부분}$$

인 사상 $G\colon M \to S^2$를 M에 대한 **가우스 사상**이라고 한다. 여기서,

$$S^2 = \{(x^1, x^2, x^3) \in \mathbb{R}^3 \ : \ (x^1)^2 + (x^2)^2 + (x^3)^2 = 1\}$$

이다.

보기 4.2. $a^2 + b^2 + c^2 = 1$인 상수 a, b, c에 대하여, 곡면 M이 평면

$$ax^1 + bx^2 + cx^3 + d = 0$$

의 일부이면, 단위법선벡터장 $\mathbf{n}(x^1, x^2, x^3) = (a, b, c)_{(x^1, x^2, x^3)}$이 상수벡터장이므로 $G(x^1, x^2, x^3) = (a, b, c)$이다. 다시 말하면, 곡면 M의 가우스 사상은 상수사상이다.

보기 4.3. 만약 곡면 M이 원기둥면 $\{(x^1, x^2, x^3) \in \mathbb{R}^3 \ : \ (x^1)^2 + (x^2)^2 = 1\}$이고 단위법선벡터장 $\mathbf{n}$이 원기둥면의 바깥으로 향하면

$$\mathbf{n}(x^1, x^2, x^3) = (x^1, x^2, 0)_{(x^1, x^2, x^3)}$$

이므로 $G(x^1, x^2, x^3) = (x^1, x^2, 0)$이다.

좌표조각 $\varphi\colon D \to M$에 대하여, $\partial_1\varphi \times \partial_2\varphi$의 크기는 접벡터 $\partial_1\varphi$와 $\partial_2\varphi$가 만드는 평행사변형의 넓이이고

$$\mathbf{n} \circ \varphi = \frac{\partial_1\varphi \times \partial_2\varphi}{\|\partial_1\varphi \times \partial_2\varphi\|}$$

이므로 $(\partial_1\varphi \times \partial_2\varphi)\cdot(\mathbf{n}\circ\varphi)$는 접벡터 $\partial_1\varphi$와 $\partial_2\varphi$가 만드는 평행사변형의 단위법선벡터 $\mathbf{n}$에 대한 부호가 있는 넓이이다. 따라서, 좌표조각 φ의 정의역 D에 포함되는 열린 집합 R에 대하여,

$$A(\varphi(R)) = \iint_R (\partial_1\varphi \times \partial_2\varphi)\cdot(\mathbf{n}\circ\varphi)\, du^1 du^2$$

는 영역 $\varphi(R)$의 단위법선벡터 $\mathbf{n}$에 대한 부호가 있는 넓이이다.

정리 4.2: 곡면에 대한 가우스 사상과 가우스 곡률

좌표조각 $\varphi\colon D \to M$과 점 $\mathbf{p} = \varphi(a,b) \in \varphi(D)$에 대하여, 임의의 양의 실수 δ에 대하여 열린 원판을 $R_\delta = \{(u^1,u^2) \in D\colon \sqrt{(u^1-a)^2+(u^2-b)^2} < \delta\}$로 놓을 때

$$K(\mathbf{p}) = \lim_{\delta\to 0} \frac{A(G(\varphi(R_\delta)))}{A(\varphi(R_\delta))}$$

이다. 여기서, A는 단위법선벡터 $\mathbf{n}$에 대한 부호가 있는 넓이이다.

증명. 영역 $\varphi(R_\delta)$의 넓이는

$$A(\varphi(R_\delta)) = \iint_{R_\delta} (\partial_1\varphi \times \partial_2\varphi)\cdot(\mathbf{n}\circ\varphi)\, du^1 du^2$$

이고, 영역 $G(\varphi(R_\delta))$의 넓이는

$$A(G(\varphi(R_\delta))) = \iint_{R_\delta} (\partial_1(\mathbf{n}\circ\varphi) \times \partial_2(\mathbf{n}\circ\varphi))\cdot(\mathbf{n}\circ\varphi)\, du^1 du^2$$

이므로

$$\lim_{\delta\to 0} \frac{A(G(\varphi(R_\delta)))}{A(\varphi(R_\delta))} = \left.\frac{(\partial_1(\mathbf{n}\circ\varphi) \times \partial_2(\mathbf{n}\circ\varphi))\cdot(\mathbf{n}\circ\varphi)}{(\partial_1\varphi \times \partial_2\varphi)\cdot(\mathbf{n}\circ\varphi)}\right|_{(a,b)}$$

이다. 그런데,

$$\begin{aligned}
\partial_1(\mathbf{n}\circ\varphi) \times \partial_2(\mathbf{n}\circ\varphi) &= (-W(\partial_1\varphi)) \times (-W(\partial_2\varphi)) \\
&= (L^1_1\partial_1\varphi + L^2_1\partial_2\varphi) \times (L^1_2\partial_1\varphi + L^2_2\partial_2\varphi) \\
&= \det(L^i_j)\,\partial_1\varphi \times \partial_2\varphi \\
&= (K\circ\varphi)\,\partial_1\varphi \times \partial_2\varphi
\end{aligned}$$

이므로

$$\lim_{\delta \to 0} \frac{A(G(\varphi(R_\delta)))}{A(\varphi(R_\delta))} = K(\mathbf{p})$$

이다. □

4.1.4 가우스 곡률의 내재성

곡면에 놓인 점에서 단위접벡터 방향으로의 법곡률은 곡면에 내재적이지 않다. 곡면에 놓인 점에서 가우스 곡률은 법곡률을 이용하여 정의되므로, 가우스 곡률은 곡면에 내재적이지 않을 것으로 예상할 수 있다. 그런데 가우스 곡률은 곡면에 내재적이다. 이 절에서 이를 확인하자.

곡면 M의 좌표조각 $\varphi\colon D \to M$에 대하여, 가우스의 공식

$$\partial_j \partial_i \varphi = \Gamma_{ij}{}^k \partial_k \varphi + L_{ij}(\mathbf{n} \circ \varphi) \qquad (1 \le i, j \le 2)$$

이 성립함을 알고 있다. 이때 크리스토펠 기호를

$$\Gamma_{ij}{}^k = \frac{1}{2}\left(\partial_i g_{j\ell} + \partial_j g_{\ell i} - \partial_\ell g_{ij}\right) g^{\ell k} \qquad (1 \le i, j, k \le 2)$$

로 나타낼 수 있으므로, 크리스토펠 기호 $\Gamma_{ij}{}^k$는 곡면에 내재적임도 알고 있다. 또한, 연립방정식 $\partial_k \partial_j \partial_i \varphi = \partial_j \partial_k \partial_i \varphi$ $(1 \le i, j, k \le 2)$로부터 가우스의 방정식

$$L_{ik} L_j^\ell - L_{ij} L_k^\ell = \partial_j \Gamma_{ik}{}^\ell - \partial_k \Gamma_{ij}{}^\ell + \Gamma_{ik}{}^m \Gamma_{mj}{}^\ell - \Gamma_{ij}{}^m \Gamma_{mk}{}^\ell \qquad (1 \le i, j, k, \ell \le 2)$$

와 코다치-마이나르디의 방정식

$$\partial_k L_{ij} - \partial_j L_{ik} = \Gamma_{ik}{}^m L_{mj} - \Gamma_{ij}{}^m L_{mk} \qquad (1 \le i, j, k \le 2)$$

이 성립함을 알고 있다.

가우스의 방정식의 간단한 변형과 크리스토펠 기호의 내재성에 따라서, 가우스 곡률이 내재적임을 다음과 같이 알 수 있다.

정리 4.3: 가우스의 빼어난 정리

곡면의 가우스 곡률은 내재적이다.

증명. 곡면 M에 대한 좌표조각 $\varphi\colon D \to M$에 대한 가우스의 방정식

$$L_{ik}L_j^\ell - L_{ij}L_k^\ell = \partial_j {\Gamma_{ik}}^\ell - \partial_k {\Gamma_{ij}}^\ell + {\Gamma_{ik}}^m {\Gamma_{mj}}^\ell - {\Gamma_{ij}}^m {\Gamma_{mk}}^\ell$$

에 따라서,

$$\left(\partial_j {\Gamma_{ik}}^\ell - \partial_k {\Gamma_{ij}}^\ell + {\Gamma_{ik}}^m {\Gamma_{mj}}^\ell - {\Gamma_{ij}}^m {\Gamma_{mk}}^\ell\right) g_{\mu\ell} = L_{ik}L_{\mu j} - L_{ij}L_{\mu k}$$

이다. 이 식에 $i = k = 1$과 $j = \mu = 2$를 대입하면

$$\left(\partial_2 {\Gamma_{11}}^\ell - \partial_1 {\Gamma_{12}}^\ell + {\Gamma_{11}}^m {\Gamma_{m2}}^\ell - {\Gamma_{12}}^m {\Gamma_{m1}}^\ell\right) g_{\ell 2} = L_{11}L_{22} - L_{12}L_{21}$$

이다. 그런데,

$$\begin{aligned} L_{11}L_{22} - L_{12}L_{21} &= \det(L_{ij}) = \det((g_{ik})(L_j^k)) \\ &= \det(g_{ik})\det(L_j^k) = (g_{11}g_{22} - g_{12}g_{21})(K \circ \varphi) \end{aligned}$$

이므로,

$$K \circ \varphi = \frac{\left(\partial_2 {\Gamma_{11}}^\ell - \partial_1 {\Gamma_{12}}^\ell + {\Gamma_{11}}^m {\Gamma_{m2}}^\ell - {\Gamma_{12}}^m {\Gamma_{m1}}^\ell\right) g_{\ell 2}}{g_{11}g_{22} - g_{12}g_{21}}$$

이다. 여기서 ${\Gamma_{ij}}^\ell$이 곡면에 내재적이므로 가우스 곡률은 곡면에 내재적이다. □

4.1.5 선직면

직선이 어떤 곡선을 따라 움직이면서 만들어지는 곡면을 선직면이라고 한다.

곡선 $\gamma\colon I \to \mathbb{R}^3$와 영점을 지나지 않는 곡선 $\mathbf{v}\colon I \to \mathbb{R}^3$에 대하여, 좌표조각이

$$\varphi(t,s) = \gamma(t) + s\mathbf{v}(t) \qquad ((t,s) \in I \times \mathbb{R})$$

인 곡면 M을 **기저곡선**이 γ이고 **방향곡선**이 $\mathbf{v}$인 **선직면**이라고 한다. 이때 점 $\gamma(t)$를 지나고 방향이 $\mathbf{v}(t)$와 같은 직선을 선직면 M의 **모선**이라고 한다.

보기 4.4. 양의 상수 a에 대하여, 기저곡선이 $\gamma(t) = (a\cos t, a\sin t, 0)$이고 방향곡선이 $\mathbf{v}(t) = (0,0,1)$인 좌표조각이 $\varphi(t,s) = \gamma(t) + s\mathbf{v}(t)$인 선직면은 그림 4.4에서와 같은 직원기둥면이다.

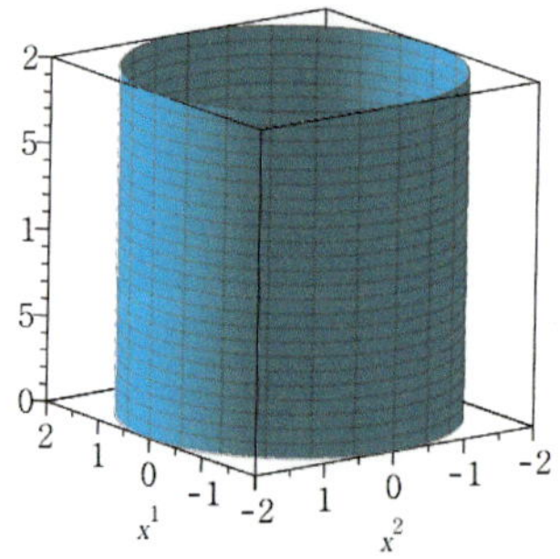

그림 4.4 직원기둥면

보기 4.5. 영이 아닌 상수 k에 대하여, 기저곡선이 $\gamma(t) = (0, 0, kt)$이고 방향곡선이 $\mathbf{v}(t) = (\cos t, \sin t, 0)$인 좌표조각이 $\varphi(t, s) = \gamma(t) + s\mathbf{v}(t)$인 선직면은 그림 4.5에서와 같은 나선면이다.

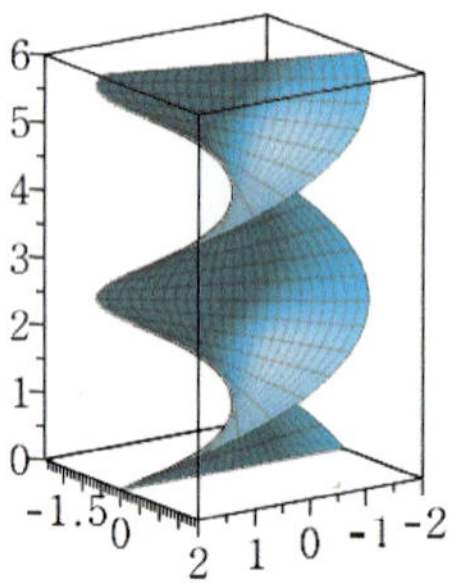

그림 4.5 나선면

보기 4.6. 영이 아닌 상수 k에 대하여, 기저곡선과 방향곡선이 각각

$$\begin{cases} \gamma(t) = (\cos 2t, \sin 2t, 0), \\ \mathbf{v}(t) = (\sin t \cos 2t, \sin t \sin 2t, \cos t) \end{cases} \quad (0 \le t < \pi)$$

인 좌표조각이 $\varphi(t, s) = \gamma(t) + s\mathbf{v}(t)$인 선직면에 대하여, $-1/2 < s < 1/2$이면 만들어지는 곡면은 그림 4.6에서와 같은 뫼비우스띠이다.

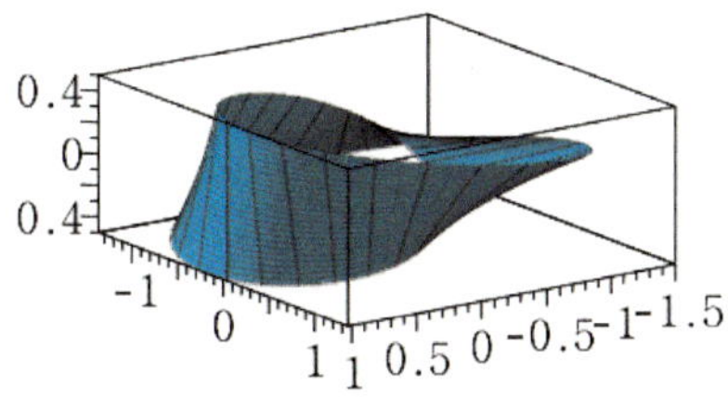

그림 4.6 뫼비우스띠인 선직면

선직면의 가우스 곡률은 다음과 같다.

정리 4.4: 선직면의 가우스 곡률

기저곡선이 $\gamma\colon I \to \mathbb{R}$이고 방향곡선이 $\mathbf{v}\colon I \to \mathbb{R}$인 좌표조각이 $\varphi(t,s) = \gamma(t) + s\mathbf{v}(t)$인 선직면의 가우스 곡률은

$$(K \circ \varphi)(t,s) = -\frac{(\dot{\mathbf{v}}(t) \cdot (\dot\gamma(t) \times \mathbf{v}(t)))^2}{\|(\dot\gamma(t) + s\dot{\mathbf{v}}(t)) \times \mathbf{v}(t)\|^4}$$

이다.

증명. 좌표조각 $\varphi(t,s) = \gamma(t) + s\mathbf{v}(t)$)를 편미분하면

$$\partial_1\varphi(t,s) = \dot\gamma(t) + s\dot{\mathbf{v}}(t), \qquad \partial_2\varphi(t,s) = \mathbf{v}(t)$$

이므로, 제1 기본형식의 계수는

$$\begin{aligned}
g_{11}(t,s) &= \|\dot\gamma(t) + s\mathbf{v}(t)\|^2,\\
g_{12}(t,s) &= (\dot\gamma(t) + s\dot{\mathbf{v}}(t)) \cdot \mathbf{v}(t) = g_{21}(t,s),\\
g_{22}(t,s) &= \|\mathbf{v}(t)\|^2
\end{aligned}$$

이고 단위법선벡터장은

$$(\mathbf{n} \circ \varphi)(t,s) = \frac{\partial_1\varphi(t,s) \times \partial_2\varphi(t,s)}{\|\partial_1\varphi(t,s) \times \partial_2\varphi(t,s)\|} = \frac{(\dot\gamma(t) + s\dot{\mathbf{v}}(t)) \times \mathbf{v}(t)}{\|(\dot\gamma(t) + s\dot{\mathbf{v}}(t)) \times \mathbf{v}(t)\|}$$

이다. 여기서

$$\det(g_{ij}(t,s)) = \|\partial_1\varphi(t,s) \times \partial_2\varphi(t,s)\|^2 = \|\left(\dot\gamma(t) + s\dot{\mathbf{v}}(t)\right) \times \mathbf{v}(t)\|^2$$

이다. 좌표조각을 이계편미분하면 각각

$$\begin{aligned}\partial_1\partial_1\varphi(t,s) &= \ddot\gamma(t) + s\ddot{\mathbf{v}}(t),\\ \partial_2\partial_1\varphi(t,s) &= \dot{\mathbf{v}}(t),\\ \partial_2\partial_2\varphi(t,s) &= \mathbf{0}\end{aligned}$$

이므로,

$$\begin{aligned}L_{12}(t,s) &= \partial_2\partial_1\varphi(t,s)\cdot(\mathbf{n}\circ\varphi)(t,s) = \frac{\dot{\mathbf{v}}(t)\cdot(\dot\gamma(t)\times\mathbf{v}(t))}{\sqrt{\det(g_{ij}(t,s))}}\\ L_{22}(t,s) &= \partial_2\partial_2\varphi(t,s)\cdot(\mathbf{n}\circ\varphi)(t,s) = 0\end{aligned}$$

이다. 따라서, 가우스 곡률은

$$\begin{aligned}(K\circ\varphi)(t,s) &= \frac{\det(L_{ij}(t,s))}{\det(g_{ij}(t,s))} = -\frac{L_{12}(t,s)^2}{\det(g_{ij}(t,s))} = -\frac{(\dot{\mathbf{v}}(t)\cdot(\dot\gamma(t)\times\mathbf{v}(t)))^2}{\det(g_{ij}(t,s))^2}\\ &= -\frac{(\dot{\mathbf{v}}(t)\cdot(\dot\gamma(t)\times\mathbf{v}(t)))^2}{\|(\dot\gamma(t)+s\dot{\mathbf{v}}(t))\times\mathbf{v}(t)\|^4}\end{aligned}$$

이다. □

위의 정리에 따라서, 선직면의 가우스 곡률은 영보다 작거나 같음을 알 수 있다.

4.1.6 옹골찬 곡면의 가우스 곡률

이 절에서는 옹골찬 곡면의 가우스 곡률에 대하여 알아본다.

옹골찬 곡면에 대하여, 가우스 곡률이 양인 점이 존재함을 다음에서 알 수 있다.

정리 4.5: 옹골찬 곡면에 대한 가우스 곡률이 양인 점의 존재성

곡면 M에 대하여, M이 옹골찬 집합이면 가우스 곡률이 양인 점 $\mathbf{p}\in M$가 존재한다.

증명. 곡면 M이 옹골찬 집합으로서 M은 유계인 닫힌 집합이므로

$$M \subset \{(x,y,z)\in\mathbb{R}^3 : \sqrt{x^2+y^2+z^2} \le r\}$$

인 최소의 양의 실수 r이 존재한다. 중심이 $(0, 0, 0)$이고 반지름이 r인 구면을 S_r로 놓으면 $S_r \cap M \neq \emptyset$이다. 이제, 임의의 점 $\mathbf{p} \in S_r \cap M$에 대하여, 점 $\mathbf{p}$에서 M의 가우스 곡률이 양임을 보이자.

점 $\mathbf{p} \in S_r \cap M$에서 곡면 M과 구면 S_r의 접평면이 서로 같으므로, 곡면 M의 단위법선벡터 $\mathbf{n}(\mathbf{p})$는 구면 S_r의 법선벡터이다. 접벡터 $\mathbf{v_p} \in T_\mathbf{p}M$에 대하여, 작용점 $\mathbf{p}$에서 $\mathbf{n}(\mathbf{p})$와 $\mathbf{v_p}$가 생성하는 평면을 P로 놓으면, $\mathbf{v_p}$ 방향으로의 M의 법곡률 κ_n은 평면 P에 놓인 $\mathbf{n}$에 대한 곡선 $P \cap M$의 평면곡률과 같다. 구면 S_r의 모든 점에서 모든 방향으로의 법곡률은 상수로서 $1/r$이거나 $-1/r$이고 $|\kappa_n| \geq 1/r$이다. 점 $\mathbf{p}$에서 모든 방향으로의 M의 법곡률의 부호는 같으므로

$$K(\mathbf{p}) = \kappa_1 \kappa_2 \geq \frac{1}{r^2} > 0$$

이다. □

곡면 M에 대하여, M이 구면이면 M의 모든 점은 배꼽점이다. 여기서 그 역도 성립함을 보이려 한다. 그러기 위하여, 곡면 M의 모든 점이 배꼽점이면 M의 가우스 곡률은 상수함수임을 먼저 보이자.

정리 4.6: 모든 점이 배꼽점인 연결된 곡면의 가우스 곡률의 상수성

연결된 곡면 M에 대하여, M의 모든 점이 배꼽점이면 곡면 M에 정의된 가우스 곡률은 함숫값이 0보다 크거나 같은 상수함수이다.

증명. 곡면 M의 모든 점이 배꼽점이라고 가정하자. 곡면 M의 좌표조각 $\varphi \colon D \to M$에 대하여, 점 $\mathbf{x} = \varphi(\mathbf{u}) \in \varphi(D)$가 배꼽점이므로, 접평면 $T_\mathbf{x}M$의 모든 방향이 주방향이고 $W(\partial_i \varphi) = \kappa_1 \partial_i \varphi$ $(i = 1, 2)$이다. 그러면, $\partial_i(\mathbf{n} \circ \varphi) = -W(\partial_i \varphi) = -\kappa_1 \partial_i \varphi$이므로 $\partial_j \partial_i (\mathbf{n} \circ \varphi) = -\partial_j \kappa_1 \partial_i \varphi - \kappa_1 \partial_j \partial_i \varphi$이다. 여기서

$$\begin{aligned} \mathbf{0} &= \partial_2 \partial_1 (\mathbf{n} \circ \varphi) - \partial_1 \partial_2 (\mathbf{n} \circ \varphi) \\ &= (-\partial_2 \kappa_1 \partial_1 \varphi - \kappa_1 \partial_2 \partial_1 \varphi) - (-\partial_1 \kappa_1 \partial_2 \varphi - \kappa_1 \partial_1 \partial_2 \varphi) \\ &= -\partial_2 \kappa_1 \partial_1 \varphi + \partial_1 \kappa_1 \partial_2 \varphi \end{aligned}$$

이고 $\partial_1 \varphi$와 $\partial_2 \varphi$는 일차독립이므로 $\partial_1 \kappa_1 = 0$이고 $\partial_2 \kappa_1 = 0$이다. 따라서, κ_1은 상수함수이고 가우스 곡률 $K = \kappa_1 \kappa_1$도 상수함수이다. 서로 겹치는 좌표조각에서 가우스 곡률이 상수이므로, 곡면 M 전체에서 가우스 곡률은 상수함수이다. □

정리 4.7: 곡면이 구면이기 위한 필요충분조건

연결된 옹골찬 곡면 M에 대하여, 곡면 M의 모든 점이 배꼽점임은 곡면 M이 구면이기 위한 필요충분조건이다.

증명. 곡면 M이 구면이면 곡면 M의 모든 점은 배꼽점이다.

곡면 M의 모든 점이 배꼽점이라고 가정하자. 모든 점이 배꼽점이므로, 정리 4.6에 따라서 주곡률 κ_1과 가우스 곡률은 상수함수이고 정리 4.5에 따라서 $K > 0$이다. 따라서 $\kappa_1 \neq 0$이다. 점 $\mathbf{p} \in M$을 고정하자. 임의의 점 $\mathbf{q} \in M$에 대하여, $\gamma(0) = \mathbf{p}$이고 $\gamma(1) = \mathbf{q}$인 곡면 M에 놓인 곡선분 $\gamma\colon [0,1] \to M$을 고정하자. 이제 곡선분 $\eta\colon [0,1] \to \mathbb{R}^3$를

$$\eta(t) = \gamma(t) + \frac{1}{\kappa_1}\mathbf{n}(\gamma(t))$$

로 정의하자. 그러면,

$$\dot{\eta}(t) = \dot{\gamma}(t) + \frac{1}{\kappa_1}(-W(\dot{\gamma}(t))) = \dot{\gamma}(t) + \frac{1}{\kappa_1}(-\kappa_1\dot{\gamma}(t)) = 0$$

이므로, 곡선분 η는 상수이다. 따라서

$$\mathbf{c} = \eta(1) = \mathbf{q} + \frac{1}{\kappa_1}\mathbf{n}(\mathbf{q})$$

이므로, $\|\mathbf{c} - \mathbf{q}\| = 1/|\kappa_1|$이다. M이 옹골찬 집합이므로, M은 중심이 $\mathbf{c}$이고 반지름의 길이가 $1/|\kappa_1|$인 구면이다. □

연습문제 4.1

1. 구면의 좌표조각 $\varphi(u^1, u^2) = (\cos u^1 \cos u^2, \cos u^1, \sin u^2, \sin u^1)$에 대한 가우스 곡률 K와 평균곡률 H를 구하라.

2. 원기둥면의 좌표조각 $\varphi(u^1, u^2) = (\cos u^1, \sin u^1, u^2)$에 대한 가우스 곡률 K와 평균곡률 H를 구하라.

3. 원환면의 좌표조각 $\varphi(u^1, u^2) = ((3 + \cos u^1) \cos u^2, (3 + \cos u^1) \sin u^2, \sin u^1)$에 대한 가우스 곡률 K와 평균곡률 H를 구하라.

4. 미분가능한 함수 $f\colon D \to \mathbb{R}$에 대한 몽주 조각 $\varphi(u^1, u^2) = (u^1, u^2, f(u^1, u^2))$에 대한 가우스 곡률 K와 평균곡률 H를 구하라.

5. 좌표조각

$$\varphi(u^1, u^2) = \left(u^1 - \frac{(u^1)^3}{3} + u^1(u^2)^2,\ u^2 - \frac{(u^2)^3}{3} + u^2(u^1)^2,\ (u^1)^2 - (u^2)^2\right)$$

로 나타나는 **엔네퍼 곡면**의 가우스 곡률 K와 평균곡률 H를 구하라.

6. 곡면 M의 가우스 곡률 K와 평균곡률 H에 대하여, $K \le H^2$임을 보여라.

7. 곡면 M의 가우스 곡률 K와 평균곡률 H 그리고 최대법곡률 κ_1과 최소법곡률 κ_2에 대하여,

$$\kappa_1 = H + \sqrt{H^2 - K}, \qquad \kappa_2 = H - \sqrt{H^2 - K}$$

임을 보여라.

8. 단위법선벡터장이 $\mathbf{n}$인 곡면 M에 대하여, 좌표조각 $\varphi\colon D \to M$에 대한 제1 기본형식이 $\mathrm{I}_\varphi = g_{ij}\partial^i \otimes \partial^j$일 때

$$(\partial_1\mathbf{n} \circ \varphi) \times (\partial_2\mathbf{n} \circ \varphi) = (K \circ \varphi)\sqrt{g_{11}g_{22} - g_{12}g_{21}}\,(\mathbf{n} \circ \varphi)$$

임을 보여라.

9. 몽주 조각 $\varphi(u^1, u^2) = (u^1, u^2, (u^1)^2 + (u^2)^2)$에 대하여, 곡면의 모든 점을 타원점, 쌍곡점, 포물점 그리고 평평한 점으로 분류하라.

4.2 측지선

4.2.1 측지선

유클리드 공간에서 곡률이 영인 곡선은 직선이다. 유클리드 공간에서의 직선에 해당하는 곡면에 놓인 곧은 선으로서의 곡선을 다음과 같이 정의한다.

정의 4.4: 곡면에 놓인 측지선

곡면 M에 놓인 단위속력곡선 γ에 대하여, γ의 측지적 곡률이 영함수이면 곡선 γ는 **측지선**이라고 한다.

단위속력곡선 γ의 단위속력벡터장과 단위법선벡터장 그리고 내재적 법선벡터장을 각각 T와 $\overline{N}$과 S로 나타낼 때, 단위속력곡선의 작용점 $\mathbf{p}$에서 $(T, S, \overline{N})$은 접벡터공간 $T_{\mathbf{p}}\mathbb{R}^3$의 정규직교기저이고 $\ddot{\gamma} = \dot{T} = \kappa_g S + \kappa_n \overline{N}$이다. 따라서, 만약 γ가 측지선이면

$$\ddot{\gamma} = \dot{T} = \kappa_n \overline{N}$$

이다.

정리 4.8: 곡면에 놓인 직선과 측지선

곡면 M의 놓인 단위속력곡선 γ에 대하여, γ가 직선이면 γ는 측지선이다.

증명. 단위속력곡선 γ가 직선이라고 가정하자. 그러면

$$\gamma(s) = \mathbf{a} + s\mathbf{u}, \quad \|\mathbf{u}\| = 1$$

인 벡터 $\mathbf{a}$와 $\mathbf{u}$가 존재하므로 $\ddot{\gamma} = 0$이다. 따라서, $\kappa_g = 0$이므로, γ는 측지선이다. □

단위속력곡선 γ에 대하여, $\ddot{\gamma} = \dot{T} = \kappa_g S + \kappa_n \overline{N}$이므로

$$\kappa_g = \ddot{\gamma} \cdot S$$

이다.

예제 4.3. 단위구면 $S^2 = \{(x^1, x^2, x^3) \in \mathbb{R}^3 \,|\, (x^1)^2 + (x^2)^2 + (x^3)^3 = 1\}$에 대하여, 곡선 $\gamma(s) = (\cos s, \sin s, 0)$이 측지선임을 보여라.

풀이. 곡선 γ의 속력벡터장이 $\dot\gamma(s) = (-\sin s, \cos s, 0)_{\gamma(s)}$이므로 γ는 단위속력곡선이다. 곡선 γ의 단위속력법터장과 단위법선벡터장은 각각

$$T(s) = \dot\gamma(s) = (-\sin s, \cos s, 0)_{\gamma(s)}, \qquad \overline{N}(s) = (\cos s, \sin s, 0)_{\gamma(s)}$$

이므로, 내재적 법선벡터장은

$$S(s) = \overline{N}(s) \times T(s) = \det\begin{pmatrix} \partial_1 & \partial_2 & \partial_3 \\ \cos s & \sin s & 0 \\ -\sin s & \cos s & 0 \end{pmatrix} = (0, 0, 1)_{\gamma(s)}$$

이다. 곡선 γ의 가속도벡터장이 $\ddot\gamma(s) = (-\cos s, -\sin s, 0)_{\gamma(s)}$이므로, γ의 측지적 곡률은

$$\kappa_g(s) = \ddot\gamma(s) \cdot S(s) = 0$$

이다. 따라서, γ는 측지선이다. □

단위법선벡터장이 $\mathbf{n} \circ \varphi = \partial_1\varphi \times \partial_2\varphi / \|\partial_1\varphi \times \partial_2\varphi\|$인 곡면 M에 대한 좌표조각 $\varphi\colon D \to M$와 단순곡면 $\varphi(D)$에 놓인 단위속력곡선 $\gamma\colon [a, b] \to \varphi(D)$에 대하여, $\gamma(s) = \varphi(\eta(s))$일 때 $T(s) = \dot\gamma(s) = \dot\eta^i(s)\,\partial_i\varphi(\eta(s))$는 γ의 단위속력벡터장이고

$$\begin{aligned}
\ddot\gamma &= \ddot\eta^i\,(\partial_i\varphi \circ \eta) + \dot\eta^i\,\dot\eta^j\,(\partial_j\partial_i\varphi \circ \eta) \\
&= \ddot\eta^i\,(\partial_i\varphi \circ \eta) + \dot\eta^i\,\dot\eta^j\,\left(\left({\Gamma_{ij}}^k \circ \eta\right)(\partial_k\varphi \circ \eta) + (L_{ij} \circ \eta)(\mathbf{n} \circ \gamma)\right) \\
&= \left(\ddot\eta^k + \dot\eta^i\,\dot\eta^j\,\left({\Gamma_{ij}}^k \circ \eta\right)\right)(\partial_k\varphi \circ \eta) + \dot\eta^i\,\dot\eta^j(L_{ij} \circ \eta)(\mathbf{n} \circ \gamma)
\end{aligned}$$

는 γ의 가속도벡터장이다. 여기서 $\eta = (\eta^1, \eta^2)$이다.

곡면에 놓인 단위속력곡선에 대한 측지선 판별을 위하여, 다음을 정리하자.

정리 4.9: 곡면에 놓인 단위속력곡선이 측지선이기 위한 필요충분조건

곡면 M에 놓인 단위속력곡선 $\gamma(s) = \varphi(\eta(s)) = \varphi(\eta^1(s), \eta^2(s))$에 대하여, 다음은 논리적으로 동치이다.

(가) 곡선 γ는 측지선이다.

(나) $\ddot\gamma \cdot \partial_1\varphi = 0$ 그리고 $\ddot\gamma \cdot \partial_2\varphi = 0$이다.

(다) $\ddot\eta^k + \left({\Gamma_{ij}}^k \circ \eta\right)\dot\eta^i\dot\eta^j = 0 \qquad (k = 1, 2).$

증명. 곡선 γ의 내재적 법선벡터장과 단위법선벡터장을 각각 S와 $\overline{N}$로 놓자.

(가) → (나). 곡선 γ가 측지선이라고 가정하자. $\kappa_g = 0$이고 $\ddot{\gamma} = \kappa_g S + \kappa_n \overline{N}$이므로, $\ddot{\gamma} = \kappa_n \overline{N}$이다. 그런데 $(\partial_1\varphi, \partial_2\varphi)$는 접평면 $T_{\gamma(s)}M$의 기저이므로 $\ddot{\gamma} \cdot \partial_1\varphi = 0$ 그리고 $\ddot{\gamma} \cdot \partial_2\varphi = 0$이다.

(나) → (가) $\ddot{\gamma} \cdot \partial_1\varphi = 0$ 그리고 $\ddot{\gamma} \cdot \partial_2\varphi = 0$라고 가정하자. 그러면 $(\partial_1\varphi, \partial_2\varphi)$가 접평면 $T_{\gamma(s)}M$의 기저이므로 $\ddot{\gamma} \cdot S = 0$이다. 그런데, $\kappa_g = \dot{T} \cdot S = 0$이므로 곡선 γ는 측지선이다.

(가) ↔ (다) 곡선 γ의 각 점에서 $(\partial_1\varphi, \partial_2\varphi)$는 접평면 $T_{\gamma(s)}M$의 기저이고

$$\kappa_g S = \left(\ddot{\eta}^k + \left({\Gamma_{ij}}^k \circ \eta\right) \dot{\eta}^i \dot{\eta}^j\right) \partial_k \varphi$$

이므로, $\ddot{\eta}^k + \left({\Gamma_{ij}}^k \circ \eta\right) \dot{\eta}^i \dot{\eta}^j = 0 \ (k = 1, 2)$은 $\kappa_g = 0$이기 위한 필요충분조건이다. □

4.2.2 회전면의 측지선

모든 s에서 $r(s) > 0$인 단위속력곡선 $\sigma(s) = (r(s), 0, z(s))$에 대하여, 곡선 σ를 z-축을 중심으로 회전하여 만들어지는 곡면을 **회전면**이라고 한다. 이 회전면의 좌표조각을

$$\varphi(s, \theta) = (r(s)\cos\theta, r(s)\sin\theta, z(s)) \quad (-\pi < \theta < \pi)$$

로 놓을 수 있다. 이때 z-축을 회전면의 **회전축**이라고 한다.

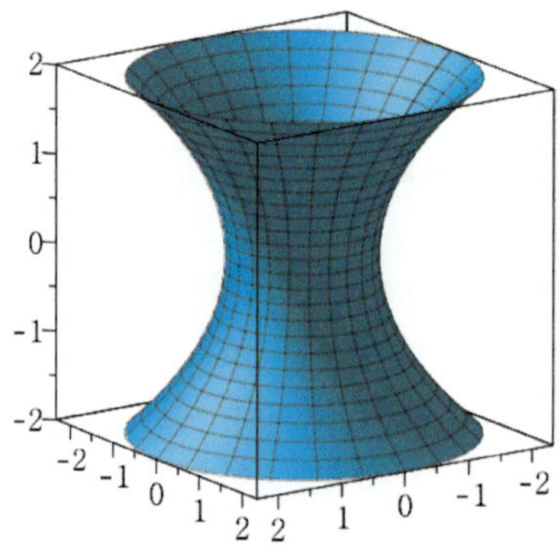

그림 4.7 회전면

고정된 θ_0에 대하여 곡선 $\gamma_1(s) = (r(s)\cos\theta_0, r(s)\sin\theta_0, z(s))$은 회전면의 **경선**이라고 하고, 고정된 s_0에 대하여 곡선 $\gamma_2(s) = (r(s_0)\cos\theta(s), r(s_0)\sin\theta(s), z(s_0))$은 회전면의 **등위원**이라고 한다.

정리 4.10: 회전면의 측지선

모든 s에서 $r(s) > 0$인 단위속력곡선 $\sigma(s) = (r(s), 0, z(s))$와 z-축이 회전축인 회전면의 좌표조각이

$$\varphi(s,\theta) = (r(s)\cos\theta, r(s)\sin\theta, z(s)) \quad (-\pi < \theta < \pi)$$

일 때, 다음이 성립한다.

(가) 모든 경선은 측지선이다.

(나) 등위원을 재매개변수화한 단위속력곡선 γ에 대하여, 등위원에서의 접벡터 $\partial_1\varphi$이 회전축과 평행한 것은 γ가 측지선이기 위한 필요충분조건이다.

증명. 회전면에 대하여,

$$\begin{aligned}\partial_1\varphi(s,\theta) &= (\dot r(s)\cos\theta,\ \dot r(s)\sin\theta,\ \dot z(s))_{\varphi(s,\theta)},\\ \partial_2\varphi(s,\theta) &= (-r(s)\sin\theta,\ r(s)\cos\theta,\ 0)_{\varphi(s,\theta)}\end{aligned}$$

이므로,

$$\begin{aligned}\partial_1\partial_1\varphi(s,\theta) &= (\ddot r(s)\cos\theta,\ \ddot r(s)\sin\theta,\ \ddot z(s))_{\varphi(s,\theta)},\\ \partial_2\partial_1\varphi(s,\theta) &= (-\dot r(s)\sin\theta,\ \dot r(s)\cos\theta,\ 0)_{\varphi(s,\theta)},\\ \partial_2\partial_2\varphi(s,\theta) &= (-r(s)\cos\theta,\ -r(s)\sin\theta,\ 0)_{\varphi(s,\theta)}\end{aligned}$$

이다. 회전면의 제1 기본형식의 계수는

$$\begin{aligned}g_{11}(s,\theta) &= \dot r(s)^2 + \dot z(s)^2 = 1,\\ g_{12}(s,\theta) &= -r(s)\dot r(s)\cos\theta\sin\theta + r(s)\dot r(s)\cos\theta\sin\theta + 0 = 0 = g_{21}(s,\theta),\\ g_{22}(s,\theta) &= r(s)^2\end{aligned}$$

이고

$$\begin{pmatrix} g^{11}(s,\theta) & g^{12}(s,\theta) \\ g^{21}(s,\theta) & g^{22}(s,\theta)\end{pmatrix} = \frac{1}{r(s)^2}\begin{pmatrix} r(s)^2 & 0 \\ 0 & 1\end{pmatrix} = \begin{pmatrix} 1 & 0 \\ 0 & \frac{1}{r(s)^2}\end{pmatrix}$$

이다. 곡선 $\sigma(s) = (r(s), 0, z(s))$는 단위속력이므로, $\dot r^2 + \dot z^2 = 1$ 따라서, $\dot r\ddot r + \dot z\ddot z = 0$

이다. $1 \le i, j, k \le 2$일 때 $\Gamma_{ij}{}^k = (\partial_j \partial_i \varphi \cdot \partial_\ell \varphi) g^{\ell k}$이므로,

$$\begin{aligned}
\Gamma_{11}{}^1 &= (\partial_1\partial_1\varphi \cdot \partial_1\varphi)g^{11} + (\partial_1\partial_1\varphi \cdot \partial_2\varphi)g^{21} = \dot{r}\ddot{r} + \dot{z}\ddot{z} = 0, \\
\Gamma_{11}{}^2 &= (\partial_1\partial_1\varphi \cdot \partial_1\varphi)g^{12} + (\partial_1\partial_1\varphi \cdot \partial_2\varphi)g^{22} = 0, \\
\Gamma_{12}{}^1 &= (\partial_2\partial_1\varphi \cdot \partial_1\varphi)g^{11} + (\partial_2\partial_1\varphi \cdot \partial_2\varphi)g^{21} = 0 = \Gamma_{21}{}^1, \\
\Gamma_{12}{}^2 &= (\partial_2\partial_1\varphi \cdot \partial_1\varphi)g^{12} + (\partial_2\partial_1\varphi \cdot \partial_2\varphi)g^{22} = r\dot{r}\frac{1}{r^2} = \frac{\dot{r}}{r} = \Gamma_{21}{}^2, \\
\Gamma_{22}{}^1 &= (\partial_2\partial_2\varphi \cdot \partial_1\varphi)g^{11} + (\partial_2\partial_2\varphi \cdot \partial_2\varphi)g^{21} = -r\dot{r}, \\
\Gamma_{22}{}^2 &= (\partial_2\partial_2\varphi \cdot \partial_1\varphi)g^{12} + (\partial_2\partial_2\varphi \cdot \partial_2\varphi)g^{22} = 0
\end{aligned}$$

이다. 정리 4.9에 따라서, 단위속력곡선 $\gamma(t) = \varphi(\eta(t)) = \varphi(s(t), \theta(t))$에 대하여

$$s'' - r\,\dot{r}\theta'\theta' = 0, \tag{4.1}$$

$$\theta'' + 2\frac{\dot{r}}{r}s'\theta' = 0 \tag{4.2}$$

는 γ가 측지선이기 위한 필요충분조건이다.

(가) 임의의 경선은 $\gamma(t) = \varphi(t, \theta_0)$으로 나타난다. 이때 $s' = 1$이고 $s'' = 0$이며 θ는 상수함수이므로 $\theta' = 0$이고 $\theta'' = 0$이다. 따라서, 식 (4.1)과 (4.2)가 성립하므로, 모든 경선은 측지선이다.

(나) 등위원을 재매개변수화한 단위속력곡선을 $\gamma(t) = \varphi(s_0, \theta(t))$로 나타내자. 이때 s는 상수함수이므로 $s' = 0$이고 $s'' = 0$이다. 곡선 γ는 단위속력이고 $g_{22}(s, \theta) = r(s)^2$이므로

$$1 = |\dot{\gamma}(s)|^2 = |\partial_1\varphi(s_0, \theta(t))s'(t) + \partial_2\varphi(s_0, \theta(t))\theta'(t)|^2 = r(s_0)^2\theta'(t)^2$$

이다. 따라서, $\theta' = \pm 1/r(s_0)$이므로 $\theta'' = 0$이다. 그러므로 식 (4.2)가 성립한다. $\theta' \neq 0$이고 $r(s_0) > 0$이므로, $\dot{r}(s_0) = 0$은 식 (4.1)이 성립하기 위한 필요충분조건이다. 그런데, 곡선 $\sigma(s) = (r(s), 0, z(s))$가 단위속력곡선이므로,

$$\partial_1\varphi(s_0, \theta) = (\dot{r}(s_0)\cos\theta, \dot{r}(s_0)\sin\theta, \dot{z}(s_0))_{\varphi(s_0,\theta)}$$

이 회전축과 평행한 것은 $\dot{r}(s_0) = 0$이기 위한 필요충분조건이다. □

4.2.3 측지선의 성질

곡면에 놓인 임의의 단위접벡터에 대하여, 기준점에서 속도벡터가 주어진 단위접벡터인 측지선은 항상 유일하게 존재함을 알아보자.

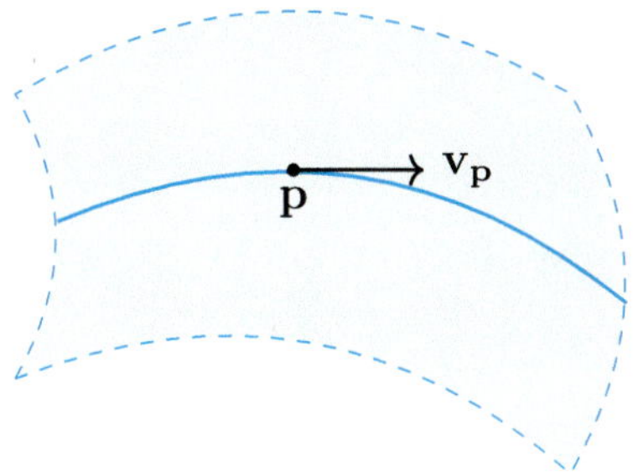

그림 4.8 단위접벡터에 대한 측지선

정리 4.11: 곡면에 놓인 단위접벡터와 측지선

곡면 M의 놓인 점 $\mathbf{p} \in M$에서의 단위접벡터 $\mathbf{v_p} \in T_\mathbf{p}M$에 대하여,

$$\gamma(0) = \mathbf{p}, \qquad \dot\gamma(0) = \mathbf{v_p}$$

인 측지선 γ가 유일하게 존재한다.

증명. 점 $\mathbf{p} \in M$ 근방에서의 $\varphi(0,0) = \mathbf{p}$인 좌표조각 $\varphi\colon D \to M$에 대하여, 접벡터 $\mathbf{v_p}$를 $\mathbf{v_p} = v^i \partial_i \varphi(0,0)$와 같이 나타낼 수 있다. 피카르-린델뢰프의 정리에 따라서, 초기조건이

$$\eta^i(0) = 0, \quad \dot\eta^i(0) = v^i \quad (i = 1, 2)$$

인 연립미분방정식

$$\ddot\eta^k + \left(\Gamma_{ij}{}^k \circ \eta\right) \dot\eta^i \dot\eta^j = 0 \quad (k = 1, 2) \tag{4.3}$$

의 해 $\eta\colon (-\epsilon, \epsilon) \to D$가 유일하게 존재하는 양의 실수 ϵ이 존재한다. 곡선 $\gamma(s) = \varphi(\eta(s))$가 단위속력곡선이면 위의 연립미분방정식에 따라서, 곡선 γ는 구간 $(-\epsilon, \epsilon)$에서 구하려는 유일한 측지선이다.

곡선 γ가 단위속력곡선임을 보이자. 좌표조각 φ에 대한 곡면 M의 제1 기본형식이 $I_\varphi = g_{ij} \partial^i \otimes \partial^j$일 때, 함수 h를 $h(s) = \|\dot\gamma(s)\|^2 = (g_{ij} \circ \eta)(s) \dot\eta^i(s) \dot\eta^j(s)$로 놓자.

그러면,

$$
\begin{aligned}
g_{i\ell}{\Gamma_{jk}}^{\ell} + g_{j\ell}{\Gamma_{ik}}^{\ell} &= g_{i\ell}\left(\partial_k\partial_j\varphi\cdot\partial_m\varphi\right)g^{m\ell} + g_{j\ell}\left(\partial_k\partial_i\varphi\cdot\partial_m\varphi\right)g^{m\ell} \\
&= \partial_k\partial_j\varphi\cdot\partial_i\varphi + \partial_k\partial_i\varphi\cdot\partial_j\varphi = \partial_k g_{ij}
\end{aligned}
$$

이므로

$$
\begin{aligned}
h' &= (\partial_k g_{ij}\circ\eta)\dot\eta^k\dot\eta^i\dot\eta^j + (g_{ij}\circ\eta)\ddot\eta^i\dot\eta^j + (g_{ij}\circ\eta)\dot\eta^i\ddot\eta^j \\
&= (g_{i\ell}\circ\eta)\left({\Gamma_{jk}}^{\ell}\circ\eta\right)\dot\eta^k\dot\eta^i\dot\eta^j + (g_{j\ell}\circ\eta)\left({\Gamma_{ik}}^{\ell}\circ\eta\right)\dot\eta^k\dot\eta^j\dot\eta^i \\
&\qquad + (g_{i\ell}\circ\eta)\ddot\eta^\ell\dot\eta^i + (g_{j\ell}\circ\eta)\ddot\eta^\ell\dot\eta^j \\
&= (g_{i\ell}\circ\eta)\left(\ddot\eta^\ell + \left({\Gamma_{jk}}^{\ell}\circ\eta\right)\dot\eta^j\dot\eta^k\right)\dot\eta^i + (g_{j\ell}\circ\eta)\left(\ddot\eta^\ell + \left({\Gamma_{ik}}^{\ell}\circ\eta\right)\dot\eta^i\dot\eta^k\right)\dot\eta^j \\
&= 0
\end{aligned}
$$

이다. 따라서 h는 상수함수이고 $h(0) = \|\mathbf{v_p}\|^2 = 1$이므로 $h = 1$이다. 즉, 곡선 γ는 단위속력곡선이다. □

단위구면에 서로 가까이 놓인 두 점을 멀리 돌아와서 연결하는 측지선이 존재하므로, 곡면에 놓인 두 점을 연결하는 측지선은 두 점을 연결하는 최단곡선이라고 단정할 수는 없다. 그렇지만 곡면에 놓인 두 점을 연결하는 최단곡선인 단위속력곡선은 측지선이다.

정리 4.12: 두 점을 연결하는 최단곡선과 측지선

곡면 M에 놓인 단위속력곡선 $\gamma\colon [a,b]\to M$에 대하여, γ가 점 $\mathbf{p}=\gamma(a)$와 $\mathbf{q}=\gamma(b)$를 연결하는 최단곡선이면 γ는 측지선이다.

증명. 귀류법으로 보이기 위하여, 곡선 γ가 점 $\mathbf{p}=\gamma(a)$와 $\mathbf{q}=\gamma(b)$를 연결하는 최단곡선이지만 γ가 측지선은 아니라고 가정하자. 곡선 γ가 측지선이 아니므로, $a < s_0 < b$이면서 $\kappa_g(s_0)\neq 0$인 실수 s_0이 존재한다. $a < c < s_0 < d < b$이고 모든 $s\in[c,d]$에서 $\kappa_g(s)\neq 0$이면서 $\gamma\colon [c,d]\to\varphi(D)$인, 곡면 M의 좌표조각 $\varphi\colon D\to M$를 선택하자. 이때 곡선 γ는 점 $\gamma(a)$와 $\gamma(b)$를 연결하는 최단곡선이므로, γ는 점 $\gamma(c)$와 $\gamma(c)$를 연결하는 최단곡선이어야 한다. $\gamma(s)=\varphi(\eta(s))=\varphi(\eta^1(s),\eta^2(s))$로 놓자.

이제 $h(c)=h(d)=0$이고 $h(s_0)\neq 0$이면서 모든 $s\in[c,d]$에서 $0\le h(s)\kappa_g(s)$인 C^2급 함수 $h\colon [c,d]\to\mathbb{R}$를 선택하자. 곡선 γ의 내재적 법선벡터장이 S일 때,

$$
h(s)S(s) = v^i(s)\partial_i\varphi(\eta^1(s),\eta^2(s))
$$

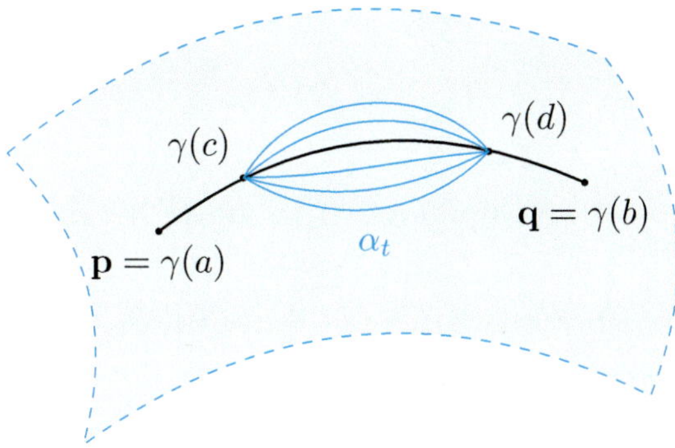

그림 4.9 최단곡선인 단위속력곡선이 측지선임의 증명

인 함수 $v^1\colon [c,d] \to \mathbb{R}$과 $v^2\colon [c,d] \to \mathbb{R}$가 존재한다. 충분히 작은 t에 대하여,

$$\alpha_t(s) = \varphi(\eta^1(s) + tv^1(s), \eta^2(s) + tv^2(s))$$

로 정의되는 곡선 $\alpha_t\colon [c,d] \to \mathbb{R}$의 곡선족을 생각하자. $\alpha_0 = \gamma$이고 α_t는 점 $\gamma(c)$와 $\gamma(d)$를 연결한다.

$\alpha(s,t) = \alpha_t(s)$로 놓자. 곡선 α_t의 길이를 $L(t)$로 놓으면

$$L(t) = \int_c^d \left(\partial_1\alpha(s,t) \cdot \partial_1\alpha(s,t)\right)^{1/2} ds$$

이다. $\alpha(s,0) = \gamma$가 최단곡선이므로, $L(0)$의 최솟값이다. 함수 L의 도함수는

$$\begin{aligned} L'(t) &= \frac{d}{dt}\int_c^d \left(\partial_1\alpha(s,t) \cdot \partial_1\alpha(s,t)\right)^{1/2} ds \\ &= \int_c^d \partial_2 \left(\partial_1\alpha(s,t) \cdot \partial_1\alpha(s,t)\right)^{1/2} ds \\ &= \int_c^d \frac{\partial_2\partial_1\alpha(s,t) \cdot \partial_1\alpha(s,t)}{\left(\partial_1\alpha(s,t) \cdot \partial_1\alpha(s,t)\right)^{1/2}}\, ds \end{aligned}$$

이고 $\partial_1\alpha(s,0)\cdot\partial_1\alpha(s,0) = \dot{\gamma}(s)\cdot\dot{\gamma}(s) = 1$이므로

$$\begin{aligned} L'(0) &= \int_c^d \partial_2\partial_1\alpha(s,0)\cdot\partial_1\alpha(s,0)\,ds \\ &= \int_c^d \left[\frac{d}{ds}\left(\partial_2\alpha(s,0)\cdot\partial_1\alpha(s,0)\right) - \partial_2\alpha(s,0)\cdot\partial_1\partial_1\alpha(s,0)\right] ds \\ &= \left[\partial_2\alpha(s,0)\cdot\partial_1\alpha(s,0)\right]_c^d - \int_c^d \partial_2\alpha(s,0)\cdot\partial_1\partial_1\alpha(s,0)\,ds \end{aligned}$$

이고

$$\partial_2\alpha(s,0) = v^i(s)\partial_i\varphi(\eta^1(s),\eta^2(s)) = h(s)S(s)$$

이다. 따라서,

$$\begin{aligned} 0 = L'(0) &= 0 - \int_c^d h(s)S(s)\cdot(\kappa_g(s)S(s) + \kappa_n(s)\overline{N}(s))\,ds \\ &= -\int_c^d h(s)\kappa_g(s)\,ds < 0 \end{aligned}$$

이므로 모순이다. □

4.2.4 측지적 좌표조각

좌표조각 중에서 다음과 같은 성질의 좌표조각은 다음 절의 가우스-보네의 정리의 증명 등에서 매우 중요한 역할을 한다.

정의 4.5: 측지적 좌표조각

좌표조각 $\varphi\colon D \to \mathbb{R}^3$에 대하여, 제1 기본형식의 계수가 g_{ij}일 때 $g_{11} = 1$이고 $g_{12} = 0$이면 φ는 **측지적 좌표조각**이라고 한다.

위의 정의에 따라서, 측지적 좌표조각에서 모든 u^1-곡선은 단위속력곡선이고 모든 u^1-곡선과 u^2-곡선은 직교한다.

측지적 좌표조각에서 모든 u^1-곡선은 측지선이다.

정리 4.13: 측지적 좌표조각에서의 u^1-곡선의 측지성

측지적 좌표조각 $\varphi\colon D \to \mathbb{R}^3$에 대하여, 모든 u^1-곡선은 측지선이다.

증명. 임의의 u^1-곡선을 $\gamma(s) = \varphi(s,c)$로 놓자. 먼저, $\dot\gamma(s) = \partial_1\varphi(s,c)$이고 $g_{11} = 1$이므로 γ는 단위속력곡선이다. 또한 $\ddot\gamma(s) = \partial_1\partial_1\varphi(s,c)$이다. 이때 $\partial_1\varphi \cdot \partial_1\varphi = g_{11} = 1$이므로 $\partial_1\partial_1\varphi \cdot \partial_1\varphi = 0$이고 $\partial_2\partial_1\varphi \cdot \partial_1\varphi = 0$이며, $\partial_1\varphi \cdot \partial_2\varphi = g_{12} = 0$이므로 $\partial_1\partial_1\varphi \cdot \partial_2\varphi + \partial_1\varphi \cdot \partial_1\partial_2\varphi = 0$, 즉 $\partial_1\partial_1\varphi \cdot \partial_2\varphi = -\partial_1\varphi \cdot \partial_1\partial_2\varphi = 0$이다. 따라서, $\ddot\gamma(t) \cdot \partial_1\varphi = 0$이고 $\ddot\gamma(t) \cdot \partial_2\varphi = 0$이므로 γ는 측지선이다. □

측지적 좌표조각에서 모든 u^1-곡선은 측지선이므로, 측지적 좌표조각을 어떤 u^2-곡선을 따라서 측지선이 모여있는 형태로 이해할 수 있다.

정의 4.6: 곡선에 대한 측지적 좌표조각

곡면 M의 측지적 좌표조각 $\varphi\colon D \to M$과 곡선 $\gamma\colon [a,b] \to \varphi(D)$에 대하여, 곡선 γ의 상에 놓인 임의의 점을 지나는 u^2-곡선의 상이 γ의 상과 일치하면 φ는 **곡선 γ에 대한 측지적 좌표조각**이라고 한다.

닫힌 곡선이 아닌 정칙인 단순곡선에 대하여, 이 곡선에 대한 측지적 좌표조각이 존재한다.

정리 4.14: 닫힌 곡선이 아닌 정칙인 단순곡선에 대한 측지적 좌표조각의 존재성

곡면 M과 곡선 $\gamma\colon [a,b] \to M$에 대하여, γ가 닫힌 곡선이 아닌 정칙인 단순곡선이면 γ에 대한 측지적 좌표조각이 존재한다.

증명. 각 $t \in [a,b]$일 때, $\overline{N}(t)$를 $\gamma(t)$에서의 연속인 단위법선벡터장으로 놓고 $S(t) = \overline{N}(t) \times \dot\gamma(t)/\|\dot\gamma(t)\|$로 놓을 때, $X(t) = -S(t)$로 놓자. $t \in [a_1, b_1]$일 때, $\gamma_t(s)$를 $\gamma_t(0) = \gamma(t)$이고 $\dot\gamma_t(0) = X(t)$인 유일한 측지선이라고 놓자.

이제 $\varphi(s,t) = \gamma_t(s)$로 놓자. $\partial_1\varphi = \dot\gamma_t$이고 γ_t는 측지선이므로 $g_{11} = 1$이다.

곡선 γ_t가 측지선이므로 $\partial_1\partial_1\varphi = \ddot\gamma_t$는 곡면 M과 직교하고 특히, $\partial_1\partial_1\varphi \cdot \partial_2\varphi = 0$이다. 또한, $\partial_1\varphi \cdot \partial_1\varphi = 1$이므로 $\partial_2\partial_1\varphi \cdot \partial_1\varphi = 0$이다. 그러므로,

$$\partial_1 g_{12} = \partial_1(\partial_1\varphi \cdot \partial_2\varphi) = \partial_1\partial_1\varphi \cdot \partial_2\varphi + \partial_1\varphi \cdot \partial_1\partial_2\varphi = 0 + 0 = 0$$

이므로,

$$g_{12}(s,t) = g_{12}(0,t) = \dot\gamma(t) \cdot X(t) = 0$$

이다. $g_{11} = 1$이고 $g_{12} = 0$이므로, φ는 측지적 좌표조각이다. 이때, 점 $\gamma(c) = \gamma_c(0) = \varphi(0,c)$를 지나는 u^2-곡선은 $\varphi(0, c+t) = \gamma_{c+t}(0) = \gamma(c+t)$이므로 φ는 γ에 대한 측지적 좌표조각이다. □

측지적 좌표조각 $\varphi\colon D \to \mathbb{R}^3$에 대하여, $g_{11} = 1$이고 $g_{12} = 0$이므로 제1 기본형식이

$$I_\varphi = \partial^1 \otimes \partial^1 + h^2 \partial^2 \otimes \partial^2$$

인 함숫값이 양인 함수 h가 존재한다. 여기서 $h = \|\partial_2 \varphi\| > 0$이다.

정리 4.15: 측지선에 대한 측지적 좌표조각의 성질

곡면 M에 놓인 닫히지 않은 정칙인 단순곡선 $\gamma\colon [a,b] \to M$와 γ에 대한 측지적 좌표조각 $\varphi\colon D \to M$에 대하여, γ가 측지선이고 좌표조각 φ에 대한 제1 기본형식이 $I_\varphi = \partial^1 \otimes \partial^1 + h^2 \partial^2 \otimes \partial^2$ $(h = \|\partial_2 \varphi\|)$이면

$$h(0, u^2) = 1, \qquad \partial_1 h(0, u^2) = 0$$

이다.

증명. 곡선 γ가 측지선이므로 $h(0,u^2) = \|\partial_2 \varphi(0,u^2)\| = \|\dot\gamma(u^2)\| = 1$이다. 또한 곡선 γ가 측지선이므로 $\partial_2 \partial_2 \varphi(0,u^2) = \ddot\gamma(u^2)$는 곡면의 접평면에 직교하고 $(0,u^2)$에서

$$\begin{aligned}
\partial_1 h^2 &= \partial_1(\partial_2\varphi \cdot \partial_2\varphi) = 2\partial_1\partial_2\varphi \cdot \partial_2\varphi \\
&= 2\partial_2\partial_1\varphi \cdot \partial_2\varphi \\
&= 2\left\{\partial_2(\partial_1\varphi \cdot \partial_2\varphi) - \partial_1\varphi \cdot \partial_2\partial_2\varphi\right\} \\
&= -2\partial_1\varphi \cdot \partial_2\partial_2\varphi = 0
\end{aligned}$$

이고 $\partial_1 h^2 = h\partial_1 h + h\partial_1 h = 2h\partial_1 h$이고 $0 < h$이므로 $\partial_1 h(0,u^2) = 0$이다. □

정리 4.16: 측지적 좌표조각에서의 크리스토펠 기호와 가우스 곡률

제1 기본형식이 $I_\varphi = \partial^1 \otimes \partial^1 + h^2 \partial^2 \otimes \partial^2$인 측지적 좌표조각 $\varphi\colon D \to \mathbb{R}^3$에 대하여, 크리스토펠 기호와 가우스 곡률은 각각

$${\Gamma_{11}}^1 = {\Gamma_{11}}^2 = {\Gamma_{12}}^1 = {\Gamma_{21}}^1 = 0, \quad {\Gamma_{12}}^2 = {\Gamma_{21}}^2 = \frac{\partial_1 h}{h},$$

$${\Gamma_{22}}^1 = -h\partial_1 h, \quad {\Gamma_{22}}^2 = \frac{\partial_2 h}{h}, \quad K = -\frac{\partial_1\partial_1 h}{h}$$

이다.

증명. 제1 기본형식의 계수의 행렬이

$$\begin{pmatrix} g_{11} & g_{12} \\ g_{21} & g_{22} \end{pmatrix} = \begin{pmatrix} 1 & 0 \\ 0 & h^2 \end{pmatrix}$$

이므로, 역행렬은

$$\begin{pmatrix} g^{11} & g^{12} \\ g^{21} & g^{22} \end{pmatrix} = \frac{1}{h^2}\begin{pmatrix} h^2 & 0 \\ 0 & 1 \end{pmatrix} = \begin{pmatrix} 1 & 0 \\ 0 & 1/h^2 \end{pmatrix}$$

이다. $1 \le i, j, k \le 2$일 때

$$\Gamma_{ij}{}^{k} = \frac{1}{2}\left(\partial_i g_{j\ell} + \partial_j g_{i\ell} - \partial_\ell g_{ij}\right) g^{\ell k}$$

이므로,

$$\begin{aligned}
\Gamma_{11}{}^{1} &= \frac{1}{2}\left(\partial_1 g_{1\ell} + \partial_1 g_{1\ell} - \partial_\ell g_{11}\right) g^{\ell 1} = 0, \\
\Gamma_{11}{}^{2} &= \frac{1}{2}\left(\partial_1 g_{1\ell} + \partial_1 g_{1\ell} - \partial_\ell g_{11}\right) g^{\ell 2} = 0, \\
\Gamma_{12}{}^{1} &= \frac{1}{2}\left(\partial_1 g_{2\ell} + \partial_2 g_{1\ell} - \partial_\ell g_{12}\right) g^{\ell 1} = 0, \\
\Gamma_{12}{}^{2} &= \frac{1}{2}\left(\partial_1 g_{22} + \partial_2 g_{12} - \partial_2 g_{12}\right) g^{22} = \frac{1}{2}(2h\partial_1 h)\frac{1}{h^2} = \frac{\partial_1 h}{h}, \\
\Gamma_{22}{}^{1} &= \frac{1}{2}\left(\partial_2 g_{12} + \partial_2 g_{12} - \partial_1 g_{22}\right) g^{11} = \frac{1}{2}(-2h\partial_1 h) = -h\partial_1 h, \\
\Gamma_{22}{}^{2} &= \frac{1}{2}\left(\partial_2 g_{22} + \partial_2 g_{22} - \partial_2 g_{22}\right) g^{22} = \frac{1}{2}(2h\partial_2 h)\frac{1}{h^2} = \frac{\partial_2 h}{h}
\end{aligned}$$

이다. 또한

$$\begin{aligned}
K &= \frac{\left(\partial_2 \Gamma_{11}{}^{\ell} - \partial_1 \Gamma_{21}{}^{\ell} + \Gamma_{22}{}^{\ell}\Gamma_{11}{}^{2} - \Gamma_{12}{}^{\ell}\Gamma_{21}{}^{2}\right) g_{\ell 2}}{g_{11}g_{22} - g_{12}g_{21}} \\
&= \frac{\left(-\partial_1 \Gamma_{21}{}^{2} - (\Gamma_{12}{}^{2})^2\right) h^2}{h^2} \\
&= -\frac{(\partial_1\partial_1 h)h - (\partial_1 h)^2}{h^2} - \frac{(\partial_1 h)^2}{h^2} \\
&= -\frac{\partial_1\partial_1 h}{h}
\end{aligned}$$

이다. □

정리 4.17: 가우스 곡률이 같은 상수인 두 곡면의 국소적 등거리성

가우스 곡률이 상수 $K = c$인 곡면 M과 N에 놓인 단위접벡터 $\mathbf{v_p} \in T_\mathbf{p}M$와 $\mathbf{w_q} \in T_\mathbf{q}(N)$에 대하여, $\alpha\colon (-\epsilon, \epsilon) \to M$가 $\alpha(0) = \mathbf{p}$, $\dot{\alpha}(0) = \mathbf{v_p}$인 측지선이고 $\beta\colon (-\epsilon, \epsilon) \to N$가 $\beta(0) = \mathbf{q}$, $\dot{\beta}(0) = \mathbf{w_q}$인 측지선이면

$$\Psi(\mathbf{p}) = \mathbf{q}, \quad \text{그리고} \quad \Psi \circ \alpha = \beta$$

인 국소적 등거리변환 $\Psi\colon U \to V$가 존재한다.

증명. 곡선 $\alpha\colon (-\epsilon, \epsilon) \to M$가 $\alpha(0) = \mathbf{p}$, $\dot{\alpha}(0) = \mathbf{v_p}$인 측지선이고 곡선 $\beta\colon (-\epsilon, \epsilon) \to N$가 $\beta(0) = \mathbf{q}$, $\dot{\beta}(0) = \mathbf{w_q}$인 측지선이라고 가정하자. 그러면 α에 대한 측지적 좌표조각 $\varphi^M\colon (-\delta, \delta) \times (-\epsilon, \epsilon) \to M$와 β에 대한 측지적 좌표조각 $\varphi^N\colon (-\delta, \delta) \times (-\epsilon, \epsilon) \to N$이 존재한다. 이때, 측지적 좌표조각 φ^M과 φ^N의 제1 기본형식의 행렬이 각각

$$\begin{pmatrix} 1 & 0 \\ 0 & h^2 \end{pmatrix} \quad \text{그리고} \quad \begin{pmatrix} 1 & 0 \\ 0 & k^2 \end{pmatrix}$$

이고

$$h(0, u^2) = k(0, u^2) = 1, \qquad \partial_1 h(0, u^2) = \partial_1 k(0, u^2) = 0$$

인 함수 h와 k가 존재한다. 정리 4.16에 따라서 가우스 곡률은

$$-\frac{\partial_1 \partial_1 h}{h} = c = -\frac{\partial_1 \partial_1 k}{k}$$

이다. 각각의 고정점 b_0에 대하여, $h(t, b_0)$와 $k(t, b_0)$는 초깃값문제

$$f(0) = 1, \quad \dot{f} = 0, \quad \ddot{f} = -cf$$

의 해이다. 그런데, 피카르-린델뢰프의 정리에 따라서 이 초깃값문제의 해는 유일하므로 $h = k$이다. □

연습문제 4.2

1. 구면 S에 놓인 곡선 γ에 대하여, 곡선 γ가 측지선이면 곡선 γ의 상은 대원에 놓여 있음을 보여라.

2. 곡면 M에 놓인 측지선 $\gamma \colon I \to M$에 대하여, 곡선의 상에 놓인 모든 작용점 $\gamma(s)$에서 $\dot{\gamma}(s)$가 주방향이면 γ는 평면곡선임을 보여라.

3. 곡면 M에 놓인 측지선 $\gamma \colon I \to M$에 대하여, γ가 평면곡선이면 곡선의 상에 놓인 모든 작용점 $\gamma(s)$에서 $\dot{\gamma}(s)$는 주방향임을 보여라.

4. 회전면 M에 놓인 측지선 $\gamma \colon I \to M$에 대하여, 점 $s \in I$에서 $\gamma(s)$를 지나는 등위원의 반지름의 길이를 $r(s)$로 놓고 등위원에서 $\dot{\gamma}(s)$까지의 각의 크기를 $\theta(s)$로 놓으면 $r(s)\cos\theta(s)$는 상수함수임을 보여라.

5. 곡면 M에 대하여, 곡면 M에 놓인 모든 측지선이 평면곡선이면 곡면 M은 평면 또는 구면의 일부임을 보여라.

6. 방정식 $(x^1)^2 + (x^2)^2 = 1$로 표현되는 원기둥면 M에 놓인 곡선 $\gamma \colon I \to M$에 대하여, 곡선 γ가 측지선이면

$$\gamma(s) = (\cos(as+b), \sin(as+b), cs+d)$$

인 상수 a, b, c, d가 존재함을 보여라.

7. 곡면 M에 놓인 정칙곡선 $\gamma \colon I \to M$에 대하여,

$$\ddot{\gamma}^1\dot{\gamma}^2 - \dot{\gamma}^1\ddot{\gamma}^2 + \left(\dot{\gamma}^2{\Gamma_{ij}}^1 - \dot{\gamma}^1{\Gamma_{ij}}^2\right)\dot{\gamma}^i\dot{\gamma}^j = 0$$

은 곡선 γ를 곡선의 길이로 재매개화한 곡선이 측지선이기 위한 필요충분조건임을 보여라.

4.3 곡선을 따라서 곡면 접벡터의 평행운송

평면 $\mathbb{R}^2$에서 서로 다른 두 점 $\mathbf{p}$와 $\mathbf{q}$에서의 접벡터 $\mathbf{v}_\mathbf{p} = v^i\partial_i \in T_\mathbf{p}\mathbb{R}^2$와 $\mathbf{w}_\mathbf{q} = w^i\partial_i \in T_\mathbf{q}\mathbb{R}^2$에 대하여, 그림 4.10에서와 같이 $v^1 = w^1$이고 $v^2 = w^2$이면 접벡터 $\mathbf{v}_\mathbf{p}$와 $\mathbf{w}_\mathbf{q}$는 **평행하다**고 한다.

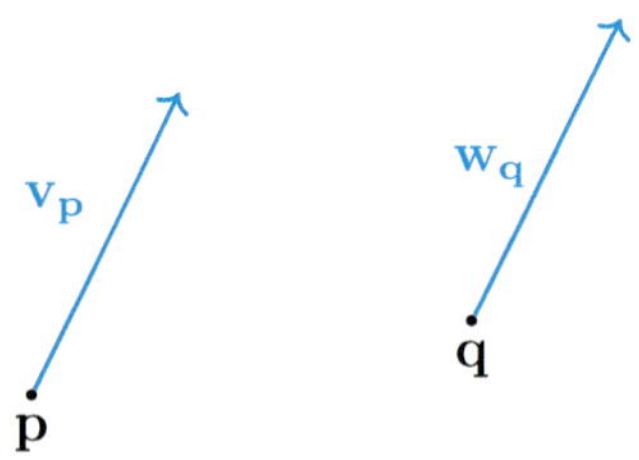

그림 4.10 평면에서 평행한 접벡터

곡면에서는 서로 다른 점에서 평행한 접벡터를 평면에서와 같이 간단히 정의할 수는 없다. 이때에는 서로 다른 두 점을 연결하는 곡선을 이용하여 이 곡선에 대하여 평행한 접벡터를 정의하는 방법을 찾아보자.

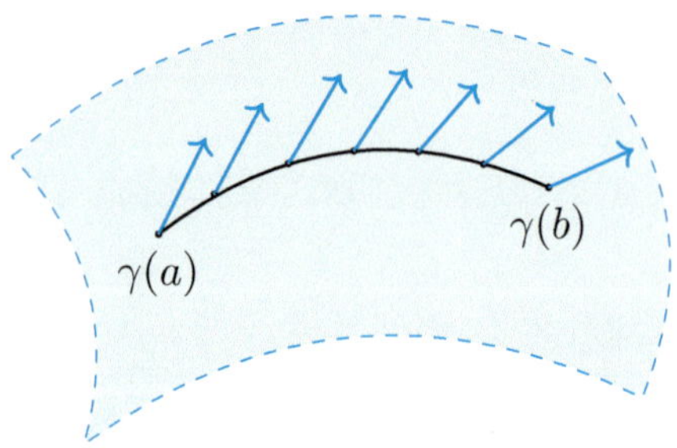

그림 4.11 곡선에 놓인 곡면의 접벡터장

먼저 그림 4.11에서와 같이, 곡면에 놓인 곡선에 대한 접벡터장을 정의한다.

정의 4.7: 곡선에 놓인 곡면의 접벡터장

곡면 M에 놓인 곡선 $\gamma\colon [a,b] \to M$에 대하여,

$$X(t) \in T_{\gamma(t)}M$$

인 벡터장 $X\colon [a,b] \to TM$은 **곡선 γ에 놓인 M의 접벡터장**이라고 한다.

보기 4.7. 곡면 M에 놓인 단위속력곡선 γ에 대하여, γ의 속도벡터장 $T = \dot{\gamma}$는 곡선 γ에 놓인 접벡터장이다. 또한 $\mathbf{n}$이 곡면 M의 단위법선벡터장일 때 내재적 법선벡터장

$$S(s) = \mathbf{n}(\gamma(s)) \times T(s)$$

는 곡선 γ에 놓인 접벡터장이다.

곡면의 접벡터를 곡선을 따라서 평행하게 이동시키는 방법을 다음의 접벡터장으로 정의한다.

정의 4.8: 곡선을 따라서 평행한 접벡터장

곡선 $\gamma\colon [a,b] \to M$에 놓인 미분가능한 접벡터장 $X\colon [a,b] \to TM$에 대하여, $\dot{X}$가 M에 수직이면 접벡터장 X는 **곡선 γ를 따라서 평행하다**고 한다.

$M = \mathbb{R}^2 \times \{0\} \subset \mathbb{R}^3$일 때, 곡면 M에 놓인 곡선 γ에 대하여 $\gamma(t) = (\gamma^1(t), \gamma^2(t), 0)$인 함수 γ_1와 γ_2가 존재하며 γ에 놓인 곡면의 접벡터장 X에 대하여

$$X(t) = X^1(t)\partial_1 + X^2(t)\partial_2 + 0\partial_3$$

인 함수 X^1와 X^2가 존재한다. 이때 $\dot{X} = \dot{X}^1\partial_1 + \dot{X}^2\partial_2 + 0\partial_3$이고 $\mathbf{n} = \partial_3$이 M의 단위법선벡터장이므로,

$$\dot{X}^1 = 0, \qquad \dot{X}^2 = 0$$

은 접벡터장 X가 곡선 γ를 따라서 평행하기 위한 필요충분조건이다. 위의 조건이 평면에서 접벡터장이 평행하기 위한 조건이므로, 곡면을 따라서 평행한 접벡터장의 정의는 평면에서의 평행한 접벡터장의 정의의 확장임을 알 수 있다.

단위법선벡터장이 $\mathbf{n}$인 곡면 M의 좌표조각 $\varphi\colon D \to M$에 대하여, $1 \le i, j \le 2$일 때

$$\partial_j\partial_i\varphi = \Gamma_{ij}{}^k\partial_k\varphi + \mathrm{L}_{ij}(\mathbf{n} \circ \varphi)$$

임을 알고 있다. 곡선 $\gamma = \varphi \circ \eta\colon [a,b] \to M$에 놓인 벡터장 X에 대하여, 각 점 $\gamma(t)$에서 $((\partial_1\varphi \circ \eta)(t), (\partial_2\varphi \circ \eta)(t))$는 접평면 $T_{\gamma(t)}M$의 기저이므로

$$\dot{X} \cdot (\partial_i\varphi \circ \eta) = 0 \qquad (i = 1, 2)$$

는 X가 γ를 따라서 평행하기 위한 필요충분조건이다.

정리 4.18: 곡선에 놓인 접벡터장이 곡선을 따라서 평행하기 위한 필요충분조건

곡면 M과 곡선 $\gamma = \varphi \circ \eta \colon [a, b] \to M$에 놓인 곡면 M의 접벡터장 $X = X^i(\partial_i \varphi \circ \eta)$에 대하여,

$$\dot{X}^k + X^i \dot{\eta}^j \left(\Gamma_{ij}{}^k \circ \eta \right) = 0 \qquad (k = 1, 2)$$

은 접벡터장 X가 곡선 γ를 따라서 평행하기 위한 필요충분조건이다.

증명. 벡터장 $X(t) = X^i(t) \partial_i \varphi(\eta(t))$에 대하여,

$$\dot{X} = \dot{X}^i(\partial_i \varphi \circ \eta) + X^i \dot{\eta}^j (\partial_j \partial_i \varphi \circ \eta)$$

이다. $\ell = 1, 2$일 때 $(\mathbf{n} \circ \gamma) \cdot (\partial_\ell \varphi \circ \eta) = 0$이므로

$$\begin{aligned} &\dot{X} \cdot (\partial_\ell \varphi \circ \eta) \\ &\quad = \dot{X}^i (g_{i\ell} \circ \eta) + X^i \dot{\eta}^j (\partial_j \partial_i \varphi \circ \eta) \cdot (\partial_\ell \varphi \circ \eta) \\ &\quad = \dot{X}^i (g_{i\ell} \circ \eta) + X^i \dot{\eta}^j \left((\Gamma_{ij}{}^m \circ \eta)(\partial_m \varphi \circ \eta) + (L_{ij} \circ \eta)(\mathbf{n} \circ \gamma) \right) \cdot (\partial_\ell \varphi \circ \eta) \\ &\quad = \dot{X}^i (g_{i\ell} \circ \eta) + X^i \dot{\eta}^j (\Gamma_{ij}{}^m \circ \eta)(g_{m\ell} \circ \eta) \end{aligned}$$

이다.

만약 X가 곡선 γ를 따라서 평행하면 $\dot{X} \cdot (\partial_\ell \varphi \circ \eta) = 0$ $(\ell = 1, 2)$이므로

$$\dot{X}^i (g_{i\ell} \circ \eta) + X^i \dot{\eta}^j (\Gamma_{ij}{}^m \circ \eta)(g_{m\ell} \circ \eta) = 0 \qquad (\ell = 1, 2) \tag{4.4}$$

이다. $k = 1, 2$일 때 $\ell = 1$인 위의 식의 양변에 $g^{1k} \circ \eta$를 곱하고 $\ell = 2$인 위의 식의 양변에 $g^{2k} \circ \eta$를 곱한 후에 두 식을 더하면

$$\dot{X}^k + X^i \dot{\eta}^j \left(\Gamma_{ij}{}^k \circ \eta \right) = 0 \qquad (k = 1, 2) \tag{4.5}$$

이다.

역으로, 식 (4.5)가 성립하면, $m = 1, 2$일 때 $k = 1$인 위의 식의 양변에 $g_{1m} \circ \eta$를 곱하고 $k = 2$인 위의 식의 양변에 $g_{2m} \circ \eta$를 곱한 후에 두 식을 더하면 식 (4.4)가 성립하므로 벡터장 X는 곡선 γ를 따라서 평행하다. □

만약 접벡터장 X가 곡선 γ를 따라서 평행하면, 접벡터 $\mathbf{v}_{\gamma(\mathbf{a})} = X(a) \in T_{\gamma(\mathbf{a})}M$는 접벡터 $\mathbf{w}_{\gamma(\mathbf{b})} = X(b) \in T_{\gamma(\mathbf{b})}M$와 **곡선 γ를 따라서 평행하다**고 한다. 이때 접평면 $T_{\gamma(b)}(M)$에 속하는 접벡터 중에서 접벡터 $\mathbf{v}_{\gamma(\mathbf{a})}$와 곡선 γ를 따라서 평행한 접벡터는 유일함을 다음에서 알 수 있다.

정리 4.19: 곡선을 따라서 곡면 접벡터의 평행운송

곡면 M에 놓인 정칙곡선 γ와 접벡터 $\mathbf{v}_{\gamma(t_0)} \in T_{\gamma(t_0)}M$에 대하여,

$$X(t_0) = \mathbf{v}_{\gamma(t_0)}$$

이면서 곡선 γ를 따라서 평행한 접벡터장 X가 유일하게 존재한다. (이 유일한 접벡터장을 곡선 γ를 따라서 $\mathbf{v}_{\gamma(t_0)}$의 **평행운송**이라고 한다.)

증명. 곡선 $\gamma = \varphi \circ \eta$에 놓인 접벡터장 $X = X^i(\partial_i\varphi \circ \eta)$에 대하여, $\mathbf{v}_{\gamma(t_0)} = v^i(\partial_i\varphi \circ \eta)(t_0)$로 놓으면, 피카르-린델뢰프의 정리에 따라서 초깃값문제

$$\begin{cases} \dot{X}^k(t) = -X^i(t)\dot{\eta}^j(t)\left(\Gamma_{ij}{}^k(\eta^1(t), \eta^2(t))\right), \\ X^k(t_0) = v^k \end{cases} \qquad (k = 1, 2)$$

의 해는 t_0 근방에서 유일하게 존재한다. 곡선 γ를 따라서, 위의 과정을 반복하면 곡선 γ를 따라서 $\mathbf{v}_{\gamma(t_0)}$의 평행운송이 유일하게 존재함을 알 수 있다. □

곡선을 따라서 평행한 두 벡터장의 내적은 상수함수이다.

정리 4.20: 곡선을 따라서 평행한 벡터장의 내적의 보존성

곡선 $\gamma\colon I \to M$에 놓인 접벡터장 X와 Y에 대하여, 접벡터장 X와 Y가 각각 곡선 γ를 따라서 평행하면 $X \cdot Y$는 상수함수이다.

증명. 함수 $h(t) = X(t) \cdot Y(t)$에 대하여,

$$\dot{h} = \dot{X} \cdot Y + X \cdot \dot{Y} = 0 + 0 = 0$$

이므로, h는 상수함수이다. □

곡선 γ에 놓인 접벡터장 X와 Y가 γ를 따라서 평행하면, $X \cdot Y$가 상수함수이므로 $|X|$도 상수함수이고 X와 Y 사이의 각 θ도 상수함수이다.

곡선을 따라서 곡면 접벡터의 평행운송은 곡선에 종속된다. 시작점에서 고정된 접벡터에 대하여, 이 접벡터를 평행운송한 끝점에서의 접벡터는 곡선에 따라서 다를 수 있음을 다음의 예제에서 확인하자.

예제 4.4. 단위구면 $M = \{(x^1, x^2, x^3) \in \mathbb{R}^3 : (x^1)^2 + (x^2)^2 + (x^3)^2 = 1\}$에 놓인 점 $\mathbf{p} = (1,0,0)$에서의 접벡터 ∂_3에 대하여, 다음 곡선을 따라서 평행운송된 곡선의 끝점에서의 접벡터를 구하라.

(가) $\gamma_1(t) = (\cos t, \sin t, 0) \quad (0 \le t \le \pi)$.

(나) $\gamma_2(t) = (\cos t, 0, \sin t) \quad (0 \le t \le \pi)$.

풀이. (가) 그림 4.12에서와 같이 곡선 γ_1은 단위속력곡선으로서 단위구면의 대원에 놓여 있으므로, γ_1은 측지선이고 속도벡터장 $\dot{\gamma}_1$은 곡선 γ_1를 따라서 평행하다. 단위법선벡터장이 단위구면의 바깥쪽을 향한다고 할 때, 그림 4.12에서와 같이 점 $\mathbf{p} = (1,0,0)$에서 접벡터 ∂_3는 곡선 γ_1의 속도벡터를 $\pi/2$만큼 회전한 벡터이고 속도벡터장 $\dot{\gamma}_1$이 ∂_3의 평행운송이므로 평행운송된 접벡터는 ∂_3이다.

(나) 그림 4.12에서와 같이 곡선 γ_2는 단위속력곡선으로서 단위구면의 대원에 놓여 있으므로, γ_2는 측지선이고 속도벡터장 $\dot{\gamma}_2$는 곡선 γ_2를 따라서 평행하다. 그림 4.12에서와 같이 점 $\mathbf{p} = (1,0,0)$에서 접벡터 ∂_3는 곡선 γ_2의 속도벡터이고 속도벡터장 $\dot{\gamma}_2$가 ∂_3의 평행운송이므로 평행운송된 접벡터는 $\dot{\gamma}_1(\pi) = (0,0,-1) = -\partial_3$이다, □

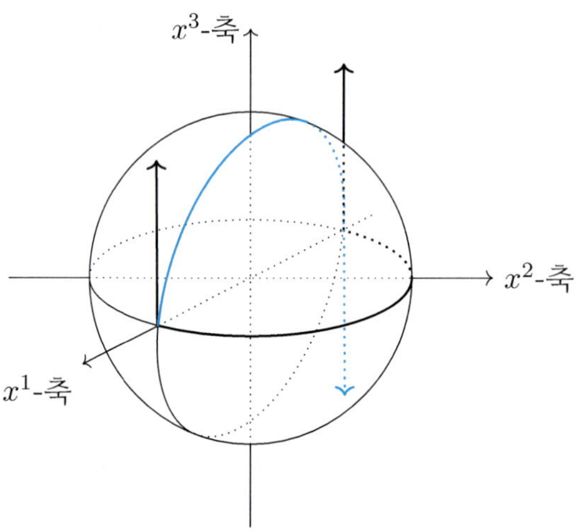

그림 4.12 접벡터를 곡선을 따라서 평행운송한 접벡터

연습문제 4.3

1. 곡면 M에 놓인 단위속력곡선 $\gamma\colon I \to M$에 대하여, 곡선 γ의 내재적 법선벡터장 S가 곡선 γ를 따라서 평행함은 곡선 γ가 측지선이기 위한 필요충분조건임을 보여라.

2. 곡선 $\gamma\colon I \to M$에 놓인 벡터장 $X: I \to T\mathbb{R}^3$와 $Y: I \to T\mathbb{R}^3$에 대하여,

$$\frac{d}{dt}(X(t) \cdot Y(t)) = \dot{X}(t) \cdot Y(t) + X(t) \cdot \dot{Y}(t)$$

임을 보여라.

3. 단위법선벡터장이 $\mathbf{n}$인 곡면 M에 놓인 단위속력곡선 $\gamma\colon I \to M$에 대하여,

$$T = \dot{\gamma}, \qquad \overline{N} = \mathbf{n} \circ \gamma, \qquad S = \overline{N} \times T, \qquad \tau_g = -\left(\dot{\overline{N}} \cdot S\right)$$

일 때

$$\begin{aligned} \dot{T} &= & \kappa_g S &+ \kappa_n \overline{N}, \\ \dot{S} &= -\kappa_g T & &+ \tau_g \overline{N}, \\ \dot{\overline{N}} &= -\kappa_n T & - \tau_g S, & \end{aligned}$$

임을 보여라.

4. 단위구면 $M = \{(x^1, x^2, x^3) \in \mathbb{R}^3 : (x^1)^2 + (x^2)^2 + (x^3)^2 = 1\}$에 대하여, 점 $\mathbf{p} = (1, 0, 0)$에서의 접벡터 ∂_3을 곡선 $\gamma_1(t) = (\cos t, \sin t, 0)$ $(0 \le t \le \pi/2)$을 따라서 평행운송된 접벡터를 다시 곡선 $\gamma_2(t) = (0, \cos t, \sin t)$ $(0 \le t \le \pi/2)$를 따라서 평행운송된 접벡터를 구하라.

4.4 가우스-보네 공식

삼각형의 내각 크기의 합은 평면에서는 π이지만 구면에서는 π보다 크다. 이 절에서는 삼각형의 내각 크기의 합에 대한 정리를 일반화한 정리인, 곡면에 놓인 단순닫힌 곡선에 대한 가우스-보네 공식을 알아 본다. 이때 곡면의 가우스 곡률과 곡면에 놓인 곡선의 측지적 곡률이 중요한 역할을 한다.

4.4.1 가우스-보네 공식

먼저, 곡선에 대하여 다음을 정의하자.

정의 4.9: 단순곡선과 닫힌 곡선

곡선 $\gamma\colon [a,b] \to \mathbb{R}^3$에 대하여, 다음을 정의한다.

(가) 만약

$$a \le s_1 < s_2 < b \text{ 또는 } a < s_1 < s_2 \le b\text{이면 } \gamma(s_1) \ne \gamma(s_2)\text{이다}$$

이면 곡선 γ는 **단순곡선**이라고 한다.

(나) 만약 $\gamma(a) = \gamma(b)$이면 곡선 γ는 **닫힌 곡선**이라고 한다.

(다) 만약 γ가 단순곡선이면서 닫힌 곡선이면 곡선 γ는 **단순닫힌 곡선**이라고 한다.

다음과 같이 조각마다 정칙인 곡선과 곡선의 분기점을 정의하자.

정의 4.10: 조각마다 정칙인 곡선

곡선 $\gamma\colon [a,b] \to \mathbb{R}^3$에 대하여, 만약 $a = t_0 < t_1 < \cdots < t_{n-1} < t_n = b$이고 $i = 1, 2, \ldots, n$일 때 곡선 γ가 구간 $[t_{i-1}, t_i]$에서 정칙이면 곡선 γ는 **조각마다 정칙**이라고 한다. 이때, $\gamma(t_1), \gamma(t_2), \ldots, \gamma(t_{n-1})$을 곡선 γ의 **분기점**이라고 한다. 만약 γ가 닫힌 곡선이면 $\gamma(a)$도 곡선 γ의 **분기점**이라고 한다.

정칙곡선 γ에 대하여, 속도벡터장 $\dot{\gamma}$의 벡터부분의 방향은 연속적으로 변한다. 그렇지만 조각마다 정칙인 곡선 γ의 경우에는 분기점 $\gamma(t_i)$에서 속도벡터장 $\dot{\gamma}$의 벡터부분의 방향이 비연속적으로 변하는데 이 변화량을 다음과 같이 정의한다.

정의 4.11: 곡선 분기점에서 꺾각

단위법선벡터장이 $\mathbf{n}$인 곡면 M에 놓인 조각마다 정칙인 단순닫힌 곡선 $\gamma\colon [a,b] \to M$에 대하여, $\gamma(t_i)$가 곡선 γ의 시작점이 아닌 분기점일 때 접평면 $T_{\gamma(t_i)}M$에서 $\lim_{t\to t_i-} \dot{\gamma}(t)$의 방향에서 $\lim_{t\to t_i+} \dot{\gamma}(t)$의 방향까지의 각을 분기점 $\gamma(t_i)$에서 γ의 **꺾각**이라고 한다. 만약 곡선 γ가 닫힌 곡선이면 접평면 $T_{\gamma(a)}(M)$에서 $\lim_{t\to b-} \dot{\gamma}(t)$의 방향에서 $\lim_{t\to a+} \dot{\gamma}(t)$의 방향까지의 각을 분기점 $\gamma(a)$에서 γ의 **꺾각**이라고 한다.

여기서 꺾각의 크기는 $-\pi$보다는 크고 π보다는 작을 경우만 생각한다.

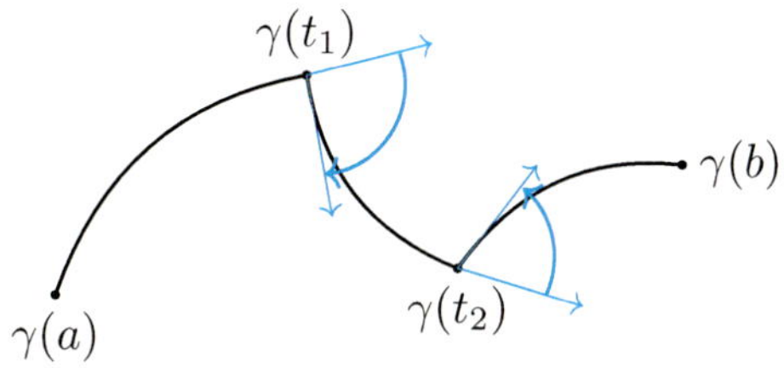

그림 4.13 곡선의 분기점에서 꺾각

보기 4.8. 그림 4.13에서와 같이, $(0,0,1)_{(u_1,u^2)}$이 단위법선벡터인 u^1u^2-평면에 놓인 곡선 $\gamma\colon [a,b] \to \mathbb{R}^2$에서 분기점 $\gamma(t_1)$에서 꺾각의 크기는 음수이지만 분기점 $\gamma(t_2)$에서 꺾각의 크기는 양수이다.

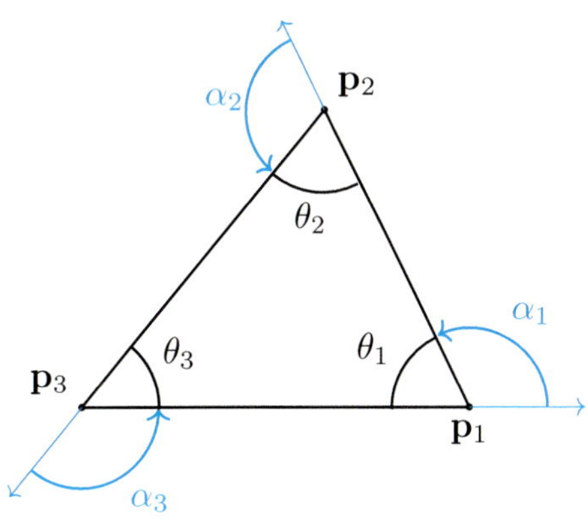

그림 4.14 평면에 놓인 삼각곡선에 대한 꺾각

그림 4.14에서와 같이, 평면에 놓인 양의 방향[1]으로 회전하는 단순닫힌 삼각곡선 $\gamma\colon [a,b] \to \mathbb{R}^2$에 대하여, 분기점을 각각 $\mathbf{p}_1, \mathbf{p}_2, \mathbf{p}_3$으로 놓자. $i = 1, 2, 3$일 때, 분기점 $\mathbf{p}_i$에서 꺾각의 크기를 α_i로 놓고 삼각형의 내각의 크기를 θ_i로 놓으면 $\alpha_i + \theta_i = \pi$이므로

$$(\alpha_1 + \alpha_2 + \alpha_3) + (\theta_1 + \theta_2 + \theta_3) = 3\pi$$

이다. 따라서, 내각 크기의 합이 π, 즉 $\theta_1 + \theta_2 + \theta_3 = \pi$임은 꺾각 크기의 합이 2π, 즉 $\alpha_1 + \alpha_2 + \alpha_3 = 2\pi$이기 위한 필요충분조건이다. 삼각형의 내각 크기의 합은 π이므로

$$\boxed{\alpha_1 + \alpha_2 + \alpha_3 = 2\pi}$$

임을 알 수 있다.

평면에서 삼각곡선의 꺾각 크기의 합이 2π라는 정리를 방향을 줄 수 있는 곡면에 놓인 단순닫힌 곡선에 대한 정리로 일반화할 수 있다. 먼저 다음을 정의하자.

정의 4.12: 단일연결영역

방향을 줄 수 있는 곡면 M에 놓인 영역 R에 대하여, 영역 R이 단위원판과 위상동형이고 경계 ∂R이 단순단힌 조각마다 정칙인 곡선의 상이면 R은 **단일연결영역**이라고 한다.[a]

[a]단일연결영역을 **단순연결영역**이라고도 한다.

방향이 주어진 곡면에 놓인 단순닫힌 곡선이 단일연결영역을 양의 방향으로 회전하면서 둘러쌀 때 다음이 성립한다.

정리 4.21: 가우스-보네 공식

단위법선벡터장이 $\mathbf{n}$인 곡면 M에 놓인 조각마다 정칙인 단순닫힌 곡선 $\gamma\colon [a,b] \to M$에 대하여, 곡면에서 곡선 γ가 양의 방향으로 회전하면서 단일연결영역인 R을 둘러싸고 곡선 γ의 분기점에서 꺾각의 크기가 각각 $\alpha_1, \alpha_2, \ldots, \alpha_n$이면

$$\iint_R K\, dA + \int_\gamma \kappa_g\, ds + \sum_{i=1}^{n} \alpha_i = 2\pi$$

이다.

[1]반시계방향

보기 4.9. 그림 4.14에서와 같이 평면의 가우스 곡률은 영함수이고 조각마다 직선인 단위속력곡선 γ의 측지적 곡률은 영함수이다. 따라서,

$$\iint_R K\,dA + \int_\gamma \kappa_g\,ds + \sum_{i=1}^{3} \alpha_i = 0 + 0 + 2\pi = 2\pi$$

이다.

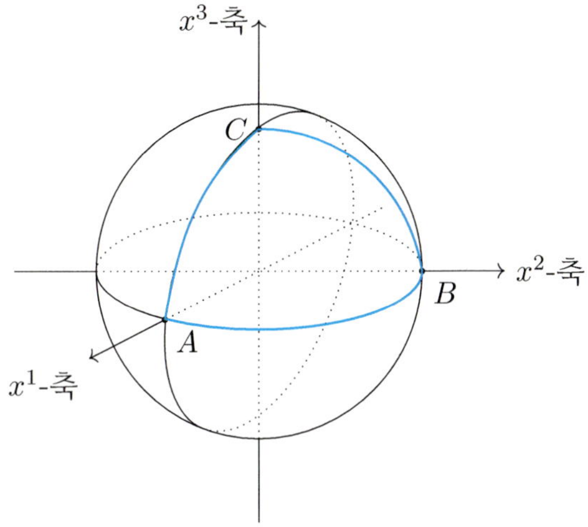

그림 4.15 구면에서의 가우스-보네 정리

보기 4.10. 그림 4.15에서와 같이, 단위법선벡터장이 바깥을 향하는 반지름이 r인 구면의 가우스 곡률은 값이 $1/r^2$인 상수함수이다. 조각마다 측지선인 단순닫힌 곡선 γ가 점 A를 출발하여 대원의 4분의 1을 이동한 후에, 점 B를 중심으로 $\pi/2$만큼 회전한 후 다시 대원의 4분의 1을 이동한 후에, 점 C를 중심으로 $\pi/2$만큼 회전한 후 다시 대원의 4분의 1을 이동한 후에 원래의 자리인 점 A로 돌아온다. 그러면, 분기점에서의 γ의 뛴각의 크기는 $\pi/2$이고 곡선 γ가 둘러싸는 영역의 넓이는 $4\pi r^2/8$이며 곡선 γ의 측지곡률 κ_g는 영함수이므로,

$$\iint_R K\,dA + \int_\gamma \kappa_g\,ds + \sum_{i=1}^{i} \alpha_i = \frac{1}{r^2}\frac{4\pi r^2}{8} + 0 + \left(\frac{\pi}{2} + \frac{\pi}{2} + \frac{\pi}{2}\right) = 2\pi$$

이다.

4.4.2 가우스-보네 공식의 증명

x^1x^2-평면에 놓인 단위속력곡선 $\gamma\colon I \to \mathbb{R}$에 대하여, 곡선 γ의 회전각 크기 θ와 곡선 γ의 평면곡률 k에 대한 관계를 생각하자. 점 s에서 $\theta(s)$를 x-축의 양의 방향에서 속도벡터 $\dot{\gamma}(s)$까지의 각의 크기라고 놓으면, $\dot{\gamma}(s) = (\cos\theta(s), \sin\theta(s))$이므로

$$\ddot{\gamma}(s) = \dot{\theta}(s)(-\sin\theta(s), \cos\theta(s)) = \dot{\theta}(s)S(x)$$

이다. 여기서 S는 γ의 평면법선벡터장이다. 따라서

$$k(s) = \dot{\theta}(s)$$

이다.

가우스-보네의 정리를 증명하기 위한 첫 번째 단계로, 곡선의 측지적 곡률을 곡선을 따라서 평행한 벡터에서 곡선의 속도벡터까지의 각의 크기의 곡선의 길이에 대한 변화율로 이해하자.

정리 4.22: 곡선의 길이에 대한 단위접벡터의 회전각의 변화율로서의 측지적 곡률

단위법선벡터장이 $\mathbf{n}$인 곡면 M에 놓인 단위속력곡선 $\gamma\colon [a, b] \to M$와 γ를 따라서 평행한 단위접벡터장 P에 대하여, $\theta(s)$는 접평면 $T_{\gamma(s)}M$에서 $P(s)$에서 $\dot{\gamma}(s)$까지의 각의 크기로서 $P(s) \times \dot{\gamma}(s) = \sin\theta(s)\mathbf{n}(\gamma(s))$이면

$$\kappa_g(s) = \dot{\theta}(s)$$

이다.

증명. 곡선 γ의 단위접벡터장을 $T = \dot{\gamma}$로 놓고 $\overline{N} = \mathbf{n} \circ \gamma$로 놓자. 단위접벡터장 P는 γ를 따라서 평행하므로, $\cos\theta(s) = P(s) \cdot T(s)$의 양변을 미분하면

$$(-\sin\theta(s))\dot{\theta}(s) = \dot{P}(s) \cdot T(s) + P(s) \cdot \dot{T}(s) = P(s) \cdot \dot{T}(s)$$

이고 $P(s) \times T(s) = (\sin\theta(s))\overline{N}(s)$의 양변을 미분하면

$$\dot{P} \times T + P \times \dot{T} = (\dot{\theta}\cos\theta)\overline{N} + \sin\theta\,\dot{\overline{N}}$$

이다.

$\sin\theta \neq 0$인 점에서

$$\begin{aligned}\kappa_g &= \dot{T}\cdot(\overline{N}\times T) = \overline{N}\cdot(T\times\dot{T}) = \frac{(P\times T)\cdot(T\times\dot{T})}{\sin\theta} \\ &= \frac{(T\times(T\times\dot{T}))\cdot P}{\sin\theta} = \frac{(-\dot{T})\cdot P}{\sin\theta} = \dot{\theta}\end{aligned}$$

이다. 또한 $\sin\theta = 0$인 점에서 $T = \pm P$이고 $\overline{N}\cdot(\dot{P}\times T) = 0$이므로

$$\kappa_g = \dot{T}\cdot(\overline{N}\times T) = \overline{N}\cdot(T\times\dot{T}) = \overline{N}\cdot(\pm(\dot{P}\times T + P\times\dot{T})) = \pm\dot{\theta}\cos\theta = \dot{\theta}$$

이다. 따라서, 모든 점에서 $\kappa_g = \dot{\theta}$이다. □

이제 측지적 좌표조각에서 가우스 곡률의 면적분을 다음과 같이 해석하자.

정리 4.23: 가우스 곡률의 면적분의 해설

곡면 M의 측지적 좌표조각 $\varphi\colon D \to M$와 $\varphi(D)$에 놓인 단일연결영역 R의 경계가 상인 조각마다 정칙인 단위속력곡선 $\gamma = \varphi\circ\eta$와 γ를 따라서 평행한 단위벡터장 P에 대하여, 접평면 $T_{\gamma(s)}M$에서 $\partial_1\varphi(\eta(s))$에서 $P(s)$까지의 각의 크기를 $\theta_P(s)$로 놓으면

$$\int_\gamma \dot{\theta}_P\, ds = \iint_R K\, dA$$

이다.

증명. 측지적 좌표조각 φ에 대하여 각 점에서 $(\partial_1\varphi, \partial_2\varphi/\|\partial_2\varphi\|)$는 정규직교좌표계이므로, 곡선 γ를 따라서 평행한 P에 대하여,

$$P = \{P\cdot(\partial_1\varphi\circ\eta)\}(\partial_1\varphi\circ\eta) + \left\{P\cdot\frac{\partial_2\varphi\circ\eta}{\|\partial_2\varphi\circ\eta\|}\right\}\frac{\partial_2\varphi\circ\eta}{\|\partial_2\varphi\circ\eta\|}$$

이고

$$\cos\theta_P = P\cdot(\partial_1\varphi\circ\eta), \quad \sin\theta_P = P\cdot\frac{\partial_2\varphi\circ\eta}{\|\partial_2\varphi\circ\eta\|}$$

이다. $\cos\theta_P = P\cdot(\partial_1\varphi\circ\eta)$의 양변을 미분하면, P가 곡선 $\gamma = \varphi\circ\eta$를 따라서 평행하므로

$$(-\sin\theta_P)\dot{\theta}_P = (\partial_1\varphi\circ\eta)\cdot\dot{P} + (\partial_1\dot{\varphi\circ}\eta)\cdot P = (\partial_1\dot{\varphi\circ}\eta)\cdot P$$

이다. 정리 4.16에 따라서, $h = \|\partial_2\varphi\|$일 때 ${\Gamma_{11}}^1 = {\Gamma_{11}}^2 = {\Gamma_{12}}^1 = 0$이고 ${\Gamma_{12}}^2 =$

$\partial_1 h/h$이므로,

$$\begin{aligned}(-\sin\theta_P)\dot\theta_P &= (\partial_1\dot{\varphi}\circ\eta)\cdot P = \{\dot\eta^1(\partial_1\partial_1\varphi\circ\eta)+\dot\eta^2(\partial_2\partial_1\varphi\circ\eta)\}\cdot P\\ &= \Big\{\dot\eta^1({\Gamma_{11}}^1\circ\eta)(\partial_1\varphi\circ\eta)+\dot\eta^1({\Gamma_{11}}^2\circ\eta)(\partial_2\varphi\circ\eta)\\ &\qquad +\dot\eta^2({\Gamma_{12}}^1\circ\eta)(\partial_1\varphi\circ\eta)+\dot\eta^2({\Gamma_{12}}^2\circ\eta)(\partial_2\varphi\circ\eta)\Big\}\cdot P\\ &= \dot\eta^2\frac{\partial_1 h\circ\eta}{h\circ\eta}(\partial_2\varphi\circ\eta)\cdot P = \dot\eta^2(\partial_1 h\circ\eta)\sin\theta_P\end{aligned}$$

이다. 따라서, $\dot\theta_P = -\dot\eta^2(\partial_1 h\circ\eta)$이므로 그린의 정리에 따라서

$$\int_\gamma \dot\theta_P\,ds = -\int_\eta(\partial_1 h\circ\eta)\frac{\dot\eta^2}{\|\dot\eta\|}\,ds = -\iint_{\varphi^{-1}(R)}\partial_1\partial_1 h\,dA$$

이다. 한편, φ가 측지적 좌표조각이므로 $\|\partial_1\varphi\times\partial_2\varphi\| = \|\partial_1\varphi\|\cdot\|\partial_2\varphi\| = h$이고 정리 4.16에 따라서 가우스 곡률이 $K = -\partial_1\partial_1 h/h$이므로

$$\int_\gamma \dot\theta_P\,ds = -\iint_{\varphi^{-1}(R)}\partial_1\partial_1 h\,dA = -\iint_{\varphi^{-1}(R)}\frac{\partial_1\partial_1 h}{h}h\,dA = \iint_R K\,dA$$

이다. □

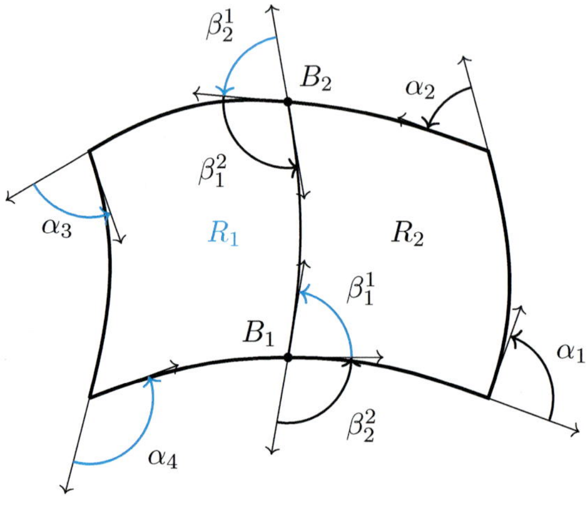

그림 4.16 영역의 분할과 가우스-보네 정리

그림 4.16에서와 같이 영역 R의 둘레를 양의 방향으로 회전하는 γ에 대한 가우스-

보네 공식

$$\iint_R K\,dA + \int_\gamma \kappa_g\,ds + \sum_{i=1}^{n} \alpha_i = 2\pi \tag{4.6}$$

과 영역 R을 R_1과 R_2로 분리할 때 영역 R_1의 둘레를 양의 방향으로 회전하는 곡선 γ_1에 대한 가우스-보네 공식

$$\iint_{R_1} K\,dA + \int_{\gamma_1} \kappa_g\,ds + (\beta_1^1 + \beta_2^1 + \alpha_3 + \alpha_4) = 2\pi \tag{4.7}$$

와 영역 R_2의 둘레를 양의 방향으로 회전하는 곡선 γ_2에 대한 가우스-보네 공식

$$\iint_{R_2} K\,dA + \int_{\gamma_2} \kappa_g\,ds + (\alpha_1 + \alpha_2 + \beta_1^2 + \beta_2^2) = 2\pi \tag{4.8}$$

을 비교하자. 먼저

$$\iint_R K\,dA = \iint_{R_1} K\,dA + \iint_{R_2} K\,dA$$

이다. 측지적 곡률 κ_g를 선적분하는 부분에서는, 점 B_1과 B_2를 연결하는 부분에서 곡선 γ_1의 측지적 곡률은 곡선 γ_2의 측지적 곡률과 부호가 다르므로 이 부분에서의 곡선 γ_1에 대한 측지적 곡률의 선적분과 곡선 γ_2에 대한 측지적 곡률의 선적분의 합은 영이다. 따라서,

$$\int_{\gamma_1} \kappa_g\,ds + \int_{\gamma_2} \kappa_g\,ds = \int_\gamma \kappa_g\,ds$$

이다. 점 B_1에서 곡선 γ_1에 대한 뛈각의 크기 β_1^1과 곡선 γ_2에 대한 뛈각의 크기 β_2^2에 대하여 $\beta_1^1 + \beta_2^2 = \pi$이고, 점 B_2에서 곡선 γ_1에 대한 뛈각의 크기 β_2^1와 곡선 γ_2에 대한 뛈각의 크기 β_1^2에 대하여 $\beta_2^1 + \beta_1^2 = \pi$이다. 그러므로, 영역 R_1의 둘레를 양의 방향으로 회전하는 곡선 γ_1에 대한 가우스-보네 공식 (4.7)와 영역 R_2의 둘레를 양의 방향으로 회전하는 곡선 γ_2에 대한 가우스-보네 공식 (4.8)이 성립하면, 식 (4.7)와 식 (4.8)을 합하여 영역 R의 둘레를 양의 방향으로 회전하는 곡선 γ에 대한 가우스-보네 공식 (4.6)을 구할 수 있다. 위의 방법을 적용하면, 가우스-보네의 공식이 성립함을 보이기 위하여 작은 영역의 둘레를 양이 방향으로 회전하는 곡선에 대하여 이 공식이 성립함을 보이는 것으로 충분함을 알 수 있다.

가우스-보네 공식의 증명: 가우스-보네 공식을 증명하기 위하여 작은 영역 R에서 공식이 성립함을 보이면 되므로, 곡면 M에 대한 측지적 좌표조각 $\varphi\colon D \to M$과 $\varphi(D)$에 놓인 단일연결영역 R을 생각하자. 이때, R의 경계를 양의 방향으로 회전하는 조각마다 정칙인 단위속력곡선 $\gamma\colon [a, b] \to \varphi(D)$에 대하여, 곡선 γ의 분기점에서의 뛈각의 크기를 각각 $\alpha_1, \alpha_2, \ldots, \alpha_n$이라고 놓자. 분기점이 아닌 점에서 곡선 γ의 단위접벡터

장을 T로 놓고, 곡선 γ를 따라 평행한 어떤 단위접벡터장을 P로 놓자. 각 점에서의 접평면에서 $\partial_1\varphi$에서 T까지의 각의 크기를 θ_T로 놓고 $\partial_1\varphi$에서 P까지의 각의 크기를 θ_P로 놓으며 P에서 T까지의 각의 크기를 θ로 놓으면, $\theta_T = \theta_P + \theta$이고 $\dot{\theta}_T = \dot{\theta}_P + \dot{\theta}$이므로

$$\begin{aligned} 2\pi &= \int_\gamma \dot{\theta}_T\, ds + \sum_{i=1}^n \alpha_i = \int_\gamma \dot{\theta}_P\, ds + \int_\gamma \dot{\theta}\, ds + \sum_{i=1}^n \alpha_i \\ &= \iint_R K\, dA + \int_\gamma \kappa_g\, ds + \sum_{i=1}^n \alpha_i \end{aligned}$$

이다. □

4.4.3 옹골찬 곡면에 대한 가우스-보네 정리

곡면에 놓인 다각형을 다음과 같이 정의하자.

정의 4.13: 곡면에 놓인 다각형

곡면 M에 놓인 조각마다 정칙인 단순닫힌 곡선 γ에 대하여, 곡선 γ의 상이 단일연결영역을 둘러싸고 각 곡선분이 측지선이면 γ는 **다각형**이라고 한다.

옹골찬 곡면 M이 유한개의 다각형으로 분해될 때, 모든 꼭지점을 개수를 V라고 놓고 모든 변의 개수를 E라고 놓으며 모든 면의 개수를 F라고 놓으면

$$V - E + F$$

는 위상적 불변량이다. 이때 $V - E + F$를 옹골찬 곡면 M의 **오일러 지표**라고 하고 $\chi(M)$으로 나타낸다.

정리 4.24: (가우스-보네) 옹골찬 곡면에 대한 가우스 곡률과 오일러 지표

곡면 M에 대하여, M이 옹골찬 곡면이면

$$\iint_M K\, dA = 2\pi\chi(M)$$

이다.

증명. 곡면 M에 대하여, 곡면에 놓인 다각형의 모임 $\{\gamma_i : 1 \le i \le F\}$이 존재하고 각 다각형 γ_i의 상이 유계영역 R_i의 경계라고 놓자. 이때, 각 유계영역 R_i의 내각의

크기를 $\{\alpha_i^j\}$로 놓자. 그러면 가우스-보네의 공식에 따라서

$$\begin{aligned}\iint_M K\,dA &= \sum_{i=1}^{F}\iint_{R_i} K\,dA = \sum_{i=1}^{F}\left(2\pi - \sum_j(\pi-\alpha_i^j)\right)\\ &= 2\pi F - \sum_{i=1}^{F}\sum_j \pi + \sum_{i=1}^{F}\sum_j \alpha_i^j\end{aligned}$$

이다. 각 $i = 1, 2, \ldots, F$에 대하여

$$\sum_j \pi = \pi(\gamma_i\text{의 꼭지점의 개수}) = \pi(\gamma_i\text{의 변의 개수})$$

이고 각 변은 두 개의 다각형에 속하므로 $\sum_{i=1}^{F}\sum_j \pi = 2\pi E$이다. 또한 $\sum_{i=1}^{F}\sum_j \alpha_i^j$는 모든 뭡각의 크기의 합이고 각 꼭지점에서의 뭡각의 크기 합은 2π이므로 $\sum_{i=1}^{F}\sum_j \alpha_i^j = 2\pi V$이다. 따라서,

$$\iint_M K\,dA = 2\pi F - 2\pi E + 2\pi V = 2\pi\chi(M)$$

이다. □

그림 4.17에서 왼쪽에 나타난 구면에 손잡이 하나를 붙여서 만든 옹골찬 곡면은 원환면과 위상동형이다. 오른쪽에 나타난 구면에 손잡이를 두 개 붙여서 만든 옹골찬 곡면은 구멍이 두 개인 원환면과 위상동형이다. 모든 옹골찬 곡면은 구면에 손잡이를 유한개 붙여서 만든 곡면과 위상동형이다. 이때 손잡이의 개수는 위상적 불변량으로 주어진 옹골찬 구면의 **종수**라고 한다.

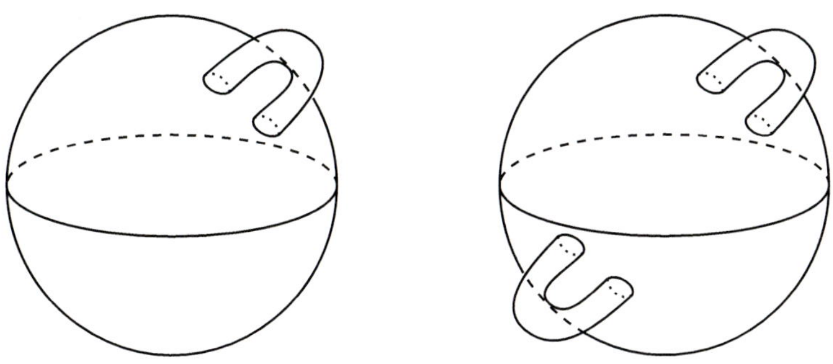

그림 4.17 옹골찬 곡면의 종수

옹골찬 곡면에 대하여, 오일러 지표와 종수에는 다음의 관계가 성립한다.

정리 4.25: 옹골찬 곡면에서의 오일러 지표와 종수

옹골찬 곡면 M에 대하여, g가 곡면의 종수이면

$$\chi(M) = 2(1-g)$$

이다.

증명. 종수 g에 대한 수학적 귀납법을 적용하자.

$g = 0$인 경우 곡면 M은 구면 S^2와 위상적으로 동형이다. 이때, $\chi(M) = 2$이고 $g = 0$이므로, $\chi(M) = 2 = 2(1-g)$이다.

종수가 $g = n$인 곡면에 대하여 정리가 성립한다고 가정하고, 곡면 M의 종수는 $g = n+1$이라고 가정하자. 곡면 M을 V개의 꼭지점과 E개의 변과 F개의 면이 존재하는 다각형으로 분할하자. 이때, 그림 4.18의 왼쪽에서와 같이 M의 한 손잡이가 삼각기둥과 위상적으로 동형일 때, 이 손잡이를 제거하여 그림 4.18의 오른쪽의 곡면 $\overline{M}$로 변형하자. 이 변경 과정에서 3개의 변이 사라지고, 3개의 면이 사라지고 2개의 면이 생긴다. 새로운 곡면 $\overline{M}$의 종수는 n이므로 수학적 귀납법의 가정에 따라서

$$\chi(\overline{M}) = 2(1-n)$$

이다. 그러면,

$$\chi(M) = \chi(\overline{M}) - (3) + (-2+3) = \chi(\overline{M}) - 2 = 2(1-n) - 2 = 2(1-g)$$

이다. □

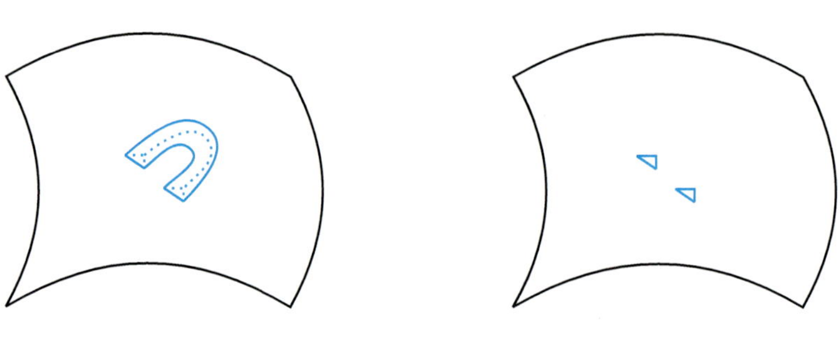

그림 4.18 옹골찬 곡면에서의 오일러 지표와 종수

연습문제 4.4

1. 아래 그림에서와 같이, 단위법선벡터장이 바깥을 향하는 반지름이 r인 구면의 가우스 곡률 K는 값이 $1/r^2$인 상수함수이다. 조각마다 측지선인 단순닫힌 곡선 γ가 점 A를 출발하여 대원의 2분의 1을 이동한 후에, 점 B를 중심으로 $\pi/2$만큼 회전한 후 다시 대원의 2분의 1을 이동한 후에 원래의 자리인 점 A로 돌아온다. 이때 가우스-보네 공식

$$\iint_R K\,dA + \int_\gamma \kappa_g\,ds + (\alpha_1 + \alpha_2) = 2\pi$$

가 성립함을 보여라.

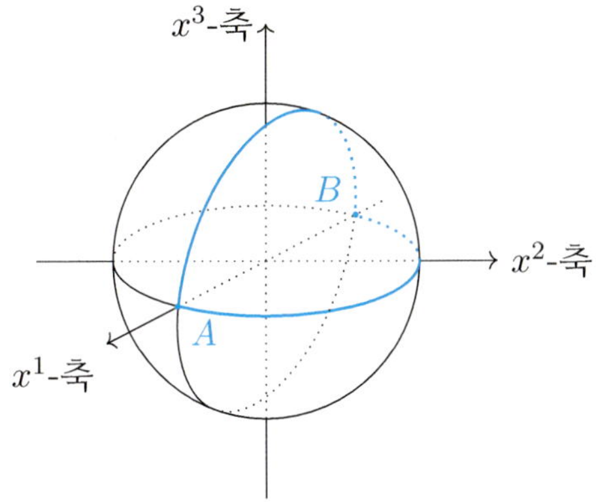

2. 곡면 M에 대하여, 모든 점에서 가우스 곡률이 음이면 모든 다각형 γ의 꼭지점의 개수는 3개 이상임을 보여라.

3. 원환면 T에 대하여,

$$\iint_T K\,dA$$

를 구하라. 여기서 K는 T의 가우스 곡률이다.

4. 다음 곡면에 대한 오일러 지표를 구하라.

(가) 구면,

(나) 원환면,

(다) 종수가 2인 옹골찬 곡면.

5. 곡면 M에 대하여, M이 옹골찬 곡면이면서 구면과 위상동형이 아니면 가우스 곡률이 양인 점과 영인 점 그리고 음인 점이 모두 존재함을 보여라.

6. 옹골찬 곡면 M에 대하여, 가우스 사상 $G\colon M \to S^2$가 위상동형사상이면

$$\iint_M K\,dA = 4\pi$$

임을 보여라. 여기서 K는 M의 가우스 곡률이다.

7. 옹골찬 곡면 M에 대하여, $P = \{\mathbf{p} \in M \,:\, K(\mathbf{p}) \geq 0\}$로 놓으면

$$\iint_P K\,dA \geq 4\pi$$

임을 보여라. 여기서 K는 M의 가우스 곡률이다.

참고 문헌

[1] Shoshichi Kobayashi. 곡선과 곡면의 미분기하학 (김병학 옮김). 청문각, 1999.

[2] Barrett O'Neil. 미분기하학, 제2판 (이승훈, 한동승 공역). 경문사, 2003.

[3] Andrew Pressley. 미분기하학, 제2판 (전재복, 채영도, 김병학 공역). 교우사, 2015.

[4] Manfredo P. Do Carmo. *Differential Geometry of Curves and Surfaces.* Prentice-Hall International, Inc., 1976.

[5] Richard S. Millman and George D. Parker. *Elements of Differential Geometry.* Prentice-Hall, Inc., 1977.

찾아보기

【 ㄷ 】

【 ㄹ 】

【 ㅁ 】

【 ㅂ 】

미분기하학

지은이 이선홍
펴낸이 조경희
펴낸곳 경문사
펴낸날 2021년 8월 2일 1판 1쇄
등 록 1979년 11월 9일 제1979-000023호

주 소 04057, 서울특별시 마포구 와우산로 174
전 화 (02)332-2004 팩스 (02)336-5193
이메일 kyungmoon@kyungmoon.com

값 19,000원

ISBN 979-11-6073-482-9